前言

考研数学作为全国硕士研究生招生考试统考科目中的极为重要一环，它分值高(150分)，有难度，历来都具有很大的区分度，考虑到实际的复习情况，如何能让大家在相对较短的时间内全面且高效的复习好数学呢？据我们多年的辅导经验，这可以考虑通过一个相对有技术的“手段”来实现，具体来说大概可以借助我们团队今年首次出版的《考研数学核心考点串讲》这一图书来实现。

本书不同于一般的复习教材，它是按照专题的形式(要点总结+经典例题)编写的，每个专题下汇总了常用的公式、结论等，这些总结读者要多翻、多读，熟稔于心。同时，例题的选取颇具有综合性及预测性，较有特色，且数量不多，适合读者在有限的时间内完成。

对于书中的专题，第一轮要全面复习，第二轮可挑选自己相对薄弱的或考试比较重要的专题单独复习，到了考前也可拿本书作全面复盘与回顾之用。总之，本书是读者在后期全面、高效复习数学并提高解题能力的重要手段与工具！

编者

2023.9

张宇考研数学系列丛书

2024版

考研数学核心考点串讲

（数学三）

○ 张　宇　高昆轮　主编

中国教育出版传媒集团
高等教育出版社·北京

图书在版编目(CIP)数据

考研数学核心考点串讲. 数学三／张宇,高昆轮主
编. -- 北京:高等教育出版社,2023.9
ISBN 978-7-04-061067-3

Ⅰ.①考… Ⅱ.①张… ②高… Ⅲ.①高等数学-研
究生-入学考试-自学参考资料 Ⅳ.①O13

中国国家版本馆 CIP 数据核字(2023)第 161760 号

考研数学核心考点串讲(数学三)

KAOYAN SHUXUE HEXIN KAODIAN CHUANJIANG (SHUXUESAN)

| 策划编辑 | 王 蓉 | 责任编辑 | 张耀明 | 封面设计 | 李卫青 | 版式设计 | 马 云 |
| 责任校对 | 高 歌 | 责任印制 | 刁 毅 | | | | |

出版发行	高等教育出版社	网　　址	http://www.hep.edu.cn
社　　址	北京市西城区德外大街4号		http://www.hep.com.cn
邮政编码	100120	网上订购	http://www.hepmall.com.cn
印　　刷	北京市鑫霸印务有限公司		http://www.hepmall.com
开　　本	787mm×1092mm　1/16		http://www.hepmall.cn
印　　张	16.5		
字　　数	280千字	版　　次	2023年9月第1版
购书热线	010-58581118	印　　次	2023年9月第1次印刷
咨询电话	400-810-0598	定　　价	60.00元

本书如有缺页、倒页、脱页等质量问题,请到所购图书销售部门联系调换

版权所有　侵权必究

物 料 号　61067-00

目录

第一篇 微积分

第二篇　线性代数

第三篇　概率论与数理统计

第一篇 微积分

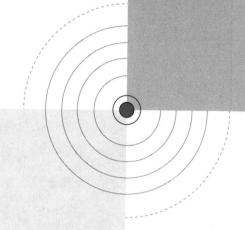

专题一　求极限及极限式中的参数

解题要点

1. 求函数极限首先要对其化简，然后判别类型，最后选择方法.

常用的化简技巧：恒等变形（约分、通分、有理化、换元、提取公因式等）；加减中极限存在的项先求出；乘除中极限不为 0 的因子先求出.

最重要的类型是“$\frac{0}{0}$”型与“1^{∞}”型，常用方法：等价代换、洛必达法则、泰勒公式、中值定理、导数定义.

2. 常用的等价代换（$\alpha\neq 0, x\to 0$）.

$(1+x)^{\alpha}-1\sim\alpha x$，推广：$(1+x)^{\alpha(x)}-1\sim\alpha(x)x$，这里要求 $\alpha(x)x\to 0$，且 $\alpha(x)\neq 0$，

$x-\sin x\sim\frac{1}{6}x^3$，$x-\arcsin x\sim-\frac{1}{6}x^3$，$x-\tan x\sim-\frac{1}{3}x^3$，$x-\arctan x\sim\frac{1}{3}x^3$，

$x-\ln(1+x)\sim\frac{1}{2}x^2$，$\tan x-\sin x\sim\frac{1}{2}x^3$，$e^x-1-x\sim\frac{1}{2}x^2$，$1-\cos^{\alpha}x\sim\frac{\alpha}{2}x^2$.

如，$\lim\limits_{x\to 0}\frac{(1+\tan x)^x-1}{x\ln(1+x)}=$ __1__，$\lim\limits_{x\to 0}\frac{1-\sqrt[3]{\cos 2x}}{x\ln(1+x)}=$ __$\frac{2}{3}$__.

3. 若 α 是 β 的高阶无穷小量，即 $\lim\frac{\alpha}{\beta}=0$，则 $\beta\pm\alpha\sim\beta$，即高阶无穷小量 α 在加减运算中可以忽略.

如，设 $\lim\limits_{x\to 0}\frac{a\tan x+b(1-\cos x)}{c\ln(1-2x)+d(1-e^{-x^2})}=2$，其中 $a^2+c^2\neq 0$，则 $a=$ __$-4c$__.

4. 常用的几个结论.

(1) $\lim\limits_{x\to x_0}f(x)=A\Leftrightarrow\lim\limits_{x\to x_0^-}f(x)=\lim\limits_{x\to x_0^+}f(x)=A$.

(2) $\lim\limits_{x\to x_0} f(x)=A \Leftrightarrow f(x)=A+\alpha$，其中$\lim\limits_{x\to x_0}\alpha=0$.

(3) 若$\lim\dfrac{f(x)}{g(x)}=A$，且 $\lim g(x)=0$，则 $\lim f(x)=0$.

(4) 若$\lim\dfrac{f(x)}{g(x)}=A\neq 0$，且$\lim f(x)=0$，则 $\lim g(x)=0$.

(5) 若 $\lim[f(x)\cdot g(x)]=A$，且 $\lim f(x)=\infty$，则 $\lim g(x)=0$.

(6) 当 $x\to+\infty$ 时，$\ln^{\alpha}x \ll x^{\beta} \ll a^{x}$，其中 α,β 是任意大于 0 的常数，a 是任意大于 1 的常数.

(7) $\lim\limits_{x\to 0^+} x^{\alpha}\ln x=0$，其中 α 是任意大于 0 的常数，$\lim\limits_{x\to 0^+} x^{x}=1$，$\lim\limits_{x\to +\infty} x^{\frac{1}{x}}=1$，$\lim\limits_{x\to\infty}\left(1+\dfrac{1}{x}\right)^{x}=\mathrm{e}$.

(8) 设 $f(x)$ 是以 T 为周期的可积函数，则 $\lim\limits_{x\to\infty}\dfrac{\int_0^x f(t)\,\mathrm{d}t}{x}=\dfrac{\int_0^T f(t)\,\mathrm{d}t}{T}$.

如，设函数 $S(x)=\int_0^x|\cos t|\,\mathrm{d}t$，则 $\lim\limits_{x\to+\infty}\dfrac{S(x)}{x}=\dfrac{\int_0^{\pi}|\cos t|\,\mathrm{d}t}{\pi}=\dfrac{2}{\pi}$.

1. $\lim\limits_{x\to 0}\left[\dfrac{\ln(x+\sqrt{1+x^2})}{x}\right]^{\frac{1}{1-\cos x}}=$________.

解

$\lim\limits_{x\to 0}\dfrac{\ln(x+\sqrt{1+x^2})}{x}=\lim\limits_{x\to 0}\dfrac{\frac{1}{\sqrt{1+x^2}}}{1}=1$，于是所求极限为“$1^{\infty}$”型.则

$\lim\limits_{x\to 0}\left[\dfrac{\ln(x+\sqrt{1+x^2})}{x}\right]^{\frac{1}{1-\cos x}}=\mathrm{e}^{A}$，这里 $A=\lim\limits_{x\to 0}\left\{\dfrac{1}{1-\cos x}\cdot\left[\dfrac{\ln(x+\sqrt{1+x^2})}{x}-1\right]\right\}=$

$$\lim_{x\to 0}\frac{\ln(x+\sqrt{1+x^2})-x}{x(1-\cos x)}=\lim_{x\to 0}\frac{\ln(x+\sqrt{1+x^2})-x}{x\cdot\frac{1}{2}x^2}=\lim_{x\to 0}\frac{\frac{1}{\sqrt{1+x^2}}-1}{\frac{3}{2}x^2}=\lim_{x\to 0}\frac{1-\sqrt{1+x^2}}{\frac{3}{2}x^2\cdot\sqrt{1+x^2}}=\lim_{x\to 0}\frac{-\frac{1}{2}x^2}{\frac{3}{2}x^2}=$$

$-\dfrac{1}{3}$，于是原极限为 $\mathrm{e}^{-\frac{1}{3}}$.

注

（1）若$\lim u(x)^{v(x)}$是“1^{∞}”型极限，则$\lim u(x)^{v(x)}=e^{\lim v(x)[u(x)-1]}$.

（2）实际上，当$x\to 0$时，$\ln(x+\sqrt{1+x^2})=x-\frac{1}{6}x^3+o(x^3)$，用此展开式解题更快.

2. 求极限$\lim\limits_{x\to 0^+}\frac{x^x-(\sin x)^x}{\tan x-\sin x}$.

解

当$x\to 0^+$时，$\tan x-\sin x=\tan x\cdot(1-\cos x)\sim\frac{1}{2}x^3$，且$x^x-(\sin x)^x=x^x\left[1-\left(\frac{\sin x}{x}\right)^x\right]$，于是原极限$I=\lim\limits_{x\to 0^+}\frac{x^x\left[1-\left(\frac{\sin x}{x}\right)^x\right]}{\frac{1}{2}x^3}=\lim\limits_{x\to 0^+}\frac{1-\left(\frac{\sin x}{x}\right)^x}{\frac{1}{2}x^3}$

$$=2\lim_{x\to 0^+}\frac{1-e^{x\ln\frac{\sin x}{x}}}{x^3}=2\lim_{x\to 0^+}\frac{-x\ln\frac{\sin x}{x}}{x^3}=-2\lim_{x\to 0^+}\frac{\ln\frac{\sin x}{x}}{x^2}=-2\lim_{x\to 0^+}\frac{\ln\left(1+\frac{\sin x}{x}-1\right)}{x^2}$$

$$=-2\lim_{x\to 0^+}\frac{\frac{\sin x}{x}-1}{x^2}=-2\lim_{x\to 0^+}\frac{\sin x-x}{x^3}=-2\lim_{x\to 0^+}\frac{-\frac{1}{6}x^3}{x^3}=\frac{1}{3}.$$

注

分子也可先指数化，然后利用拉格朗日中值定理，即$x^x-(\sin x)^x=e^{x\ln x}-e^{x\ln(\sin x)}=e^{\xi}\cdot[x\ln x-x\ln(\sin x)]=e^{\xi}\cdot x\ln\frac{x}{\sin x}$，这里$\xi$介于$x\ln x$和$x\ln(\sin x)$之间，而当$x\to 0^+$时，$x\ln x$和$x\ln(\sin x)$都趋于0，于是$\xi\to 0$，$e^{\xi}\to 1$，此时$x^x-(\sin x)^x\sim x\ln\frac{x}{\sin x}\sim x\left(\frac{x}{\sin x}-1\right)$.

3. 极限$\lim\limits_{x\to 0}\frac{\ln(1+\sin^2 x)-6(\sqrt[3]{2-\cos x}-1)}{x^4}$.

解

当 $x\to0$ 时，$\ln(1+\sin^2x)=\sin^2x-\frac{1}{2}\sin^4x+\cdots=\left(x-\frac{1}{6}x^3+\cdots\right)^2-\frac{1}{2}(x+\cdots)^4+\cdots=x^2-\frac{1}{3}x^4+\cdots-\frac{1}{2}x^4+\cdots=x^2-\frac{5}{6}x^4+\cdots$.

当 $x\to0$ 时，$\sqrt[3]{2-\cos x}=\sqrt[3]{1+1-\cos x}=1+\frac{1}{3}(1-\cos x)+\frac{\frac{1}{3}\left(\frac{1}{3}-1\right)}{2!}(1-\cos x)^2+\cdots$

$$=1+\frac{1}{3}\left(1-1+\frac{1}{2!}x^2-\frac{1}{4!}x^4+\cdots\right)-\frac{1}{9}\left(1-1+\frac{1}{2!}x^2+\cdots\right)^2+\cdots$$

$$=1+\frac{1}{6}x^2-\frac{1}{72}x^4+\cdots-\frac{1}{36}x^4+\cdots=1+\frac{1}{6}x^2-\frac{1}{24}x^4+\cdots.$$

于是 $\lim\limits_{x\to0}\frac{\ln(1+\sin^2x)-6(\sqrt[3]{2-\cos x}-1)}{x^4}=\lim\limits_{x\to0}\frac{x^2-\frac{5}{6}x^4+\cdots-6\left(1+\frac{1}{6}x^2-\frac{1}{24}x^4+\cdots-1\right)}{x^4}$

$$=\lim_{x\to0}\frac{-\frac{5}{6}x^4+\frac{1}{4}x^4+\cdots}{x^4}=-\frac{7}{12}.$$

4. 设 $a>0$，$f(x)$ 具有连续导数，则 $\lim\limits_{a\to0^+}\frac{\int_{-a}^{a}[f(t+a)-f(t-a)]\mathrm{d}t}{4a^2}=$ ________.

解

解法 1 记 $I(a)=\frac{1}{4a^2}\int_{-a}^{a}[f(t+a)-f(t-a)]\mathrm{d}t$，由积分中值定理可得

$$I(a)=\frac{1}{4a^2}[f(\xi+a)-f(\xi-a)]\cdot2a=\frac{1}{2a}[f(\xi+a)-f(\xi-a)],-a<\xi<a.$$

因为 $f(x)$ 有连续导数，应用拉格朗日中值定理可得

$$I(a)=\frac{1}{2a}f'(\eta)\cdot2a=f'(\eta),\xi-a<\eta<\xi+a,$$

于是
$$\lim_{a\to0^+}I(a)=\lim_{\eta\to0}f'(\eta)=f'(0).$$

解法 2　$\int_{-a}^{a} f(t+a)\,\mathrm{d}t \xlongequal{u=t+a} \int_{0}^{2a} f(u)\,\mathrm{d}u, \int_{-a}^{a} f(t-a)\,\mathrm{d}t \xlongequal{u=t-a} \int_{-2a}^{0} f(u)\,\mathrm{d}u$，于是

$$\lim_{a\to 0^+} I(a) = \lim_{a\to 0^+} \frac{\int_0^{2a} f(u)\,\mathrm{d}u - \int_{-2a}^{0} f(u)\,\mathrm{d}u}{4a^2} = \lim_{a\to 0^+} \frac{2f(2a) - (-2)[-f(-2a)]}{8a}$$

$$= \lim_{a\to 0^+} \frac{1}{4}[2f'(2a) + 2f'(-2a)] = f'(0).$$

5.（1）设 $f(x)$ 连续，且 $f(0)\neq 0$，求极限 $\lim\limits_{x\to 0} \dfrac{\int_0^x (x-t)f(t)\,\mathrm{d}t}{x\int_0^x f(x-t)\,\mathrm{d}t}$；

（2）设 $f(x)$ 在 $x=0$ 处一阶可导，且 $f(0)=0$，$f'(0)\neq 0$，求极限 $\lim\limits_{x\to 0} \dfrac{\int_0^x (x-t)f(t)\,\mathrm{d}t}{x\int_0^x f(x-t)\,\mathrm{d}t}$；

（3）设 $f(x)$ 在 $x=0$ 处二阶可导，且 $f(0)=f'(0)=0$，$f''(0)\neq 0$，求极限

$$\lim_{x\to 0} \frac{\int_0^x (x-t)f(t)\,\mathrm{d}t}{x\int_0^x f(x-t)\,\mathrm{d}t}.$$

解

（1）$\int_0^x (x-t)f(t)\,\mathrm{d}t = x\int_0^x f(t)\,\mathrm{d}t - \int_0^x tf(t)\,\mathrm{d}t, \int_0^x f(x-t)\,\mathrm{d}t = \int_0^x f(u)\,\mathrm{d}u$（作 $x-t=u$ 的换元）.

于是　　原式 $= \lim\limits_{x\to 0} \dfrac{x\int_0^x f(t)\,\mathrm{d}t - \int_0^x tf(t)\,\mathrm{d}t}{x\int_0^x f(u)\,\mathrm{d}u}$（"$\dfrac{0}{0}$"）

$$= \lim_{x\to 0} \frac{\int_0^x f(t)\,\mathrm{d}t + xf(x) - xf(x)}{\int_0^x f(u)\,\mathrm{d}u + xf(x)} = \lim_{x\to 0} \frac{\int_0^x f(t)\,\mathrm{d}t}{\int_0^x f(u)\,\mathrm{d}u + xf(x)}$$

$$= \lim_{x\to 0} \frac{f(\xi)\cdot x}{f(\xi)\cdot x + xf(x)} = \frac{f(0)}{f(0)+f(0)} = \frac{1}{2},$$

其中 ξ 介于 0 与 x 之间.

（2）同(1)，原式 $=\lim\limits_{x\to 0} \dfrac{\int_0^x f(t)\,\mathrm{d}t}{\int_0^x f(u)\,\mathrm{d}u + xf(x)}$，但此时不能效仿(1)那样再使用积分中值定理，因为这次 $f(0)=0$，考虑 $f(x)$ 的泰勒公式：$f(x)=f(0)+f'(0)x+o(x)=f'(0)x+o(x)$，于是

$$\text{原式}=\lim_{x\to 0}\frac{\int_0^x[f'(0)t+o(t)]\mathrm{d}t}{\int_0^x[f'(0)u+o(u)]\mathrm{d}u+x[f'(0)x+o(x)]}$$

$$=\lim_{x\to 0}\frac{\frac{f'(0)}{2}x^2+o(x^2)}{\frac{f'(0)}{2}x^2+o(x^2)+f'(0)x^2+o(x^2)}=\lim_{x\to 0}\frac{\frac{f'(0)}{2}x^2+o(x^2)}{\frac{3f'(0)}{2}x^2+o(x^2)}=\frac{1}{3}.$$

(3) 同(2)可得结果为$\frac{1}{4}$.

6. 设$\lim\limits_{x\to 0}\frac{(1+\tan 2x^2)^{\frac{1}{x^2}}-\mathrm{e}^2}{x^n}=a\neq 0$,求 n 及 a 的值.

解

$$\lim_{x\to 0}\frac{(1+\tan 2x^2)^{\frac{1}{x^2}}-\mathrm{e}^2}{x^n}=\lim_{x\to 0}\frac{\mathrm{e}^{\frac{\ln(1+\tan 2x^2)}{x^2}}-\mathrm{e}^2}{x^n}=\mathrm{e}^2\lim_{x\to 0}\frac{\mathrm{e}^{\frac{\ln(1+\tan 2x^2)}{x^2}-2}-1}{x^n}$$

$$=\mathrm{e}^2\lim_{x\to 0}\frac{\frac{\ln(1+\tan 2x^2)}{x^2}-2}{x^n}=\mathrm{e}^2\lim_{x\to 0}\frac{\ln(1+\tan 2x^2)-2x^2}{x^{n+2}}$$

$$=\mathrm{e}^2\lim_{x\to 0}\frac{\ln(1+\tan 2x^2)-\tan 2x^2+\tan 2x^2-2x^2}{x^{n+2}}$$

$$=\mathrm{e}^2\lim_{x\to 0}\frac{\ln(1+\tan 2x^2)-\tan 2x^2}{x^{n+2}}+\mathrm{e}^2\lim_{x\to 0}\frac{\tan 2x^2-2x^2}{x^{n+2}}$$

$$=\mathrm{e}^2\lim_{x\to 0}\frac{-\frac{1}{2}(\tan 2x^2)^2}{x^{n+2}}+\mathrm{e}^2\lim_{x\to 0}\frac{\frac{1}{3}(2x^2)^3}{x^{n+2}}=-2\mathrm{e}^2\lim_{x\to 0}\frac{x^4}{x^{n+2}}+\frac{8}{3}\mathrm{e}^2\lim_{x\to 0}\frac{x^6}{x^{n+2}}\quad(*),$$

取 $n+2=4$,即 $n=2$,此时$(*)=-2\mathrm{e}^2\neq 0$,满足题意,故 $n=2,a=-2\mathrm{e}^2$.

注

对 $\mathrm{e}^2\lim\limits_{x\to 0}\frac{\ln(1+\tan 2x^2)-2x^2}{x^{n+2}}$也可直接用洛必达法则求解,具体如下:

$$e^2\lim_{x\to0}\frac{\ln(1+\tan 2x^2)-2x^2}{x^{n+2}}=e^2\lim_{x\to0}\frac{\frac{4x\sec^2 2x^2}{1+\tan 2x^2}-4x}{(n+2)x^{n+1}}$$

$$=\frac{4e^2}{n+2}\lim_{x\to0}\frac{\sec^2 2x^2-(1+\tan 2x^2)}{x^n}$$

$$=\frac{4e^2}{n+2}\lim_{x\to0}\frac{\tan^2 2x^2-\tan 2x^2}{x^n}$$

$$=\frac{4e^2}{n+2}\lim_{x\to0}\frac{\tan 2x^2\cdot(\tan 2x^2-1)}{x^n}$$

$$=\frac{8e^2}{n+2}\lim_{x\to0}\frac{\tan 2x^2-1}{x^{n-2}}$$

$$=a\neq0,$$

于是 $n-2=0$，即 $n=2$，此时 $a=-2e^2$.

专题二 数列的极限

解题要点

1. 注意总结数列$\{x_n\}$的构造方式，如用积分来构造、用方程的根来构造、用切线的截距来构造，等等；

2. 求数列$\{x_n\}$的极限，常用的方法有以下几种：

(1) 先求和(积)，然后再求极限；(2) 分奇偶；(3) 夹逼准则；(4) 定积分定义；(5) 单调有界准则.

3. 几个常用的结论：

(1) 当$n\to\infty$时，$\ln^{\alpha}n \ll n^{\beta} \ll a^n \ll n! \ll n^n$，其中$\alpha,\beta$是任意大于0的常数，$a$是任意大于1的常数.

(2) $\lim\limits_{n\to\infty}\sqrt[n]{a}=1$，其中$a$是任意大于0的常数，$\lim\limits_{n\to\infty}\sqrt[n]{n}=1$，$\lim\limits_{n\to\infty}q^n=0$，其中$q$是满足$|q|<1$的常数.

(3) 设$f(x)$在$[0,1]$上连续，则$\lim\limits_{n\to\infty}\int_0^1 x^n f(x)\,\mathrm{d}x=0$，如$\lim\limits_{n\to\infty}\int_0^1 x^n\sqrt{x+3}\,\mathrm{d}x=0$.

(4) 设$f'(x)$在$[a,b]$上连续，则$\lim\limits_{n\to\infty}\int_a^b f(x)\sin nx\,\mathrm{d}x=\lim\limits_{n\to\infty}\int_a^b f(x)\cos nx\,\mathrm{d}x=0$.

(5) 设$a_i\geqslant 0(i=1,2,\cdots,m)$，则$\lim\limits_{n\to\infty}\sqrt[n]{a_1^n+a_2^n+\cdots+a_m^n}=\max\{a_1,a_2,\cdots,a_m\}$.

如$\lim\limits_{n\to\infty}\left(\dfrac{2^n+\mathrm{e}^n}{2}\right)^{\frac{1}{n}}=\lim\limits_{n\to\infty}\dfrac{(2^n+\mathrm{e}^n)^{\frac{1}{n}}}{2^{\frac{1}{n}}}=\lim\limits_{n\to\infty}\sqrt[n]{2^n+\mathrm{e}^n}=\mathrm{e}$.

1. 设$x_n=\dfrac{\mathrm{e}^{\frac{1}{n}}}{n+1}+\dfrac{\mathrm{e}^{\frac{2}{n}}}{n+\frac{1}{2}}+\cdots+\dfrac{\mathrm{e}^{\frac{n}{n}}}{n+\frac{1}{n}}$，则$\lim\limits_{n\to\infty}x_n=$________.

解

$x_n=\sum_{i=1}^{n}\dfrac{e^{\frac{i}{n}}}{n+\frac{1}{i}}$,显然它自己的极限不是定积分,考虑放缩,

$$\sum_{i=1}^{n}\frac{e^{\frac{i}{n}}}{n+1}<x_n=\sum_{i=1}^{n}\frac{e^{\frac{i}{n}}}{n+\frac{1}{i}}<\sum_{i=1}^{n}\frac{e^{\frac{i}{n}}}{n},$$

注意右端 $\sum_{i=1}^{n}\dfrac{e^{\frac{i}{n}}}{n}\to\int_0^1 e^x dx(n\to\infty)$, 而左端 $\sum_{i=1}^{n}\dfrac{e^{\frac{i}{n}}}{n+1}=\sum_{i=1}^{n}\dfrac{e^{\frac{i}{n}}}{n}\cdot\dfrac{n}{n+1}\to\int_0^1 e^x dx\cdot 1(n\to\infty)$,所以由夹逼准则知 $\lim\limits_{n\to\infty}x_n=e-1$.

2. $\lim\limits_{n\to\infty}\int_n^{n+p}\sin x^2 dx=$________.

解

$$\int_n^{n+p}\sin x^2 dx=-\int_n^{n+p}\frac{1}{2x}d(\cos x^2)=\frac{\cos n^2}{2n}-\frac{\cos(n+p)^2}{2(n+p)}-\int_n^{n+p}\frac{\cos x^2}{2x^2}dx,$$

$$\left|\int_n^{n+p}\sin x^2 dx\right|\leqslant\frac{1}{2n}+\frac{1}{2(n+p)}+\int_n^{n+p}\frac{1}{2x^2}dx=\frac{1}{2n}+\frac{1}{2(n+p)}-\frac{1}{2(n+p)}+\frac{1}{2n}$$
$$=\frac{1}{n}\to 0(n\to\infty).$$

由夹逼准则知 $\lim\limits_{n\to\infty}\int_n^{n+p}\sin x^2 dx=0$.

3. (1) 计算 $a_n=\int_0^{n\pi}t|\sin t|dt$,其中 n 为正整数;(2) 求极限 $\lim\limits_{x\to+\infty}\dfrac{1}{x^2}\int_0^{x\pi}t|\sin t|dt$.

解

(1) 考虑换元,令 $t=n\pi-u$,有 $a_n=\int_0^{n\pi}t|\sin t|dt=\int_0^{n\pi}(n\pi-u)|\sin(n\pi-u)|du=$ $\int_0^{n\pi}(n\pi-u)|\sin u|du=n\pi\int_0^{n\pi}|\sin u|du-\int_0^{n\pi}u|\sin u|du=n\pi\cdot n\int_0^{\pi}|\sin u|du-a_n=2n^2\pi-a_n$,

于是 $a_n=n^2\pi$,这里利用了 $|\sin u|$ 的周期为 π 的性质.

(2) 当 $n\leqslant x<n+1$ 时,有 $\int_0^{n\pi}t|\sin t|\mathrm{d}t\leqslant\int_0^{x\pi}t|\sin t|\mathrm{d}t<\int_0^{(n+1)\pi}t|\sin t|\mathrm{d}t$,

即 $n^2\pi\leqslant\int_0^{x\pi}t|\sin t|\mathrm{d}t<(n+1)^2\pi$,进而 $\dfrac{n^2\pi}{(n+1)^2}\leqslant\dfrac{\int_0^{x\pi}t|\sin t|\mathrm{d}t}{x^2}\leqslant\dfrac{(n+1)^2\pi}{n^2}$,

且当 $x\to+\infty$ 时,有 $n\to\infty$,根据夹逼准则,有 $\lim\limits_{x\to+\infty}\dfrac{1}{x^2}\int_0^{x\pi}t|\sin t|\mathrm{d}t=\pi$.

注

本题是用积分 $\int_0^{n\pi}t|\sin t|\mathrm{d}t$ 来构造数列 $\{a_n\}$,这种类型在 2019 年出现过.

再举一例,设 $a_n=\int_0^{\frac{\pi}{4}}\tan^n x\mathrm{d}x$, $n=1,2,\cdots$.(1) 计算 a_n+a_{n+2} 的值;(2) 求极限 $\lim\limits_{n\to\infty}na_n$.

解　(1) $a_n+a_{n+2}=\int_0^{\frac{\pi}{4}}\tan^n x(1+\tan^2 x)\mathrm{d}x=\int_0^{\frac{\pi}{4}}\tan^n x\sec^2 x\mathrm{d}x$

$$=\int_0^{\frac{\pi}{4}}\tan^n x\mathrm{d}(\tan x)=\frac{\tan^{n+1}x}{n+1}\bigg|_0^{\frac{\pi}{4}}=\frac{1}{n+1}.$$

(2) 注意到 $a_{n+1}=\int_0^{\frac{\pi}{4}}\tan^{n+1}x\mathrm{d}x<\int_0^{\frac{\pi}{4}}\tan^n x\mathrm{d}x\left(因为在\left[0,\dfrac{\pi}{4}\right]上 0\leqslant\tan x\leqslant1\right)=a_n$,即数列 $\{a_n\}$ 单调递减,并由(1)的 $a_n+a_{n+2}=\dfrac{1}{n+1}$,知 $\dfrac{1}{n+1}<a_n+a_n$,于是 $a_n>\dfrac{1}{2(n+1)}$,且 $\dfrac{1}{n+1}>a_{n+2}+a_{n+2}$,于是 $a_n<\dfrac{1}{2(n-1)}$,从而 $\dfrac{n}{2(n+1)}<na_n<\dfrac{n}{2(n-1)}$,由夹逼准则,知 $\lim\limits_{n\to\infty}na_n=\dfrac{1}{2}$.

4. 设 $f(x)$ 在 $[0,1]$ 上可导,对任意的 $x\in[0,1]$,有 $0<f(x)<1$,且 $|f'(x)|<1$.

(1) 证明:方程 $x=f(x)$ 在 $(0,1)$ 内有唯一根,记为 ξ;

(2) 对任意 $x_1\in[0,1]$, $x_{n+1}=\dfrac{1}{2}[x_n+f(x_n)]$ $(n=1,2,\cdots)$,证明 $\{x_n\}$ 极限存在,且 $\lim\limits_{n\to\infty}x_n=\xi$.

证明

(1) 令 $g(x)=x-f(x)$,则 $g(0)=-f(0)<0$, $g(1)=1-f(1)>0$,
且 $g'(x)=1-f'(x)>0$,于是存在唯一的 $\xi\in(0,1)$,使得 $g(\xi)=0$,即 $\xi=f(\xi)$.

（2）作差 $x_{n+1}-x_n=\frac{1}{2}[x_n+f(x_n)]-\frac{1}{2}[x_{n-1}+f(x_{n-1})]=\frac{1}{2}(x_n-x_{n-1})+\frac{1}{2}[f(x_n)-f(x_{n-1})]=\frac{1}{2}(x_n-x_{n-1})+\frac{1}{2}f'(\xi)(x_n-x_{n-1})=\frac{1}{2}[1+f'(\xi)](x_n-x_{n-1})$，根据$|f'(x)|<1$，知 $x_{n+1}-x_n$ 和 x_n-x_{n-1} 同号，故$\{x_n\}$单调. 再使用归纳法，易知$0\leqslant x_n\leqslant 1$，故$\{x_n\}$有界，于是$\lim\limits_{n\to\infty}x_n$ 存在，令$\lim\limits_{n\to\infty}x_n=A$，由 $x_{n+1}=\frac{1}{2}[x_n+f(x_n)]$，知 $A=\frac{1}{2}[A+f(A)]$，于是 $A=f(A)$，再根据(1)知，$A=\xi$.

5. 设函数 $\varphi(x)$ 可导，且满足 $\varphi(0)=0$. 又设 $\varphi'(x)$ 单调递减.

（1）证明：对 $x\in(0,1)$，有 $\varphi(1)x<\varphi(x)<\varphi'(0)x$；

（2）若 $\varphi(1)\geqslant 0,\varphi'(0)\leqslant 1$，任取 $x_0\in(0,1)$，令 $x_n=\varphi(x_{n-1})(n=1,2,\cdots)$，证明：$\lim\limits_{n\to\infty}x_n$ 存在，并求该极限值.

解

（1）记 $f(x)=\varphi'(0)x-\varphi(x)$，

$$f'(x)=\varphi'(0)-\varphi'(x)>0(x\in(0,1)).$$

所以 $f(x)$ 在$[0,1]$上单调递增，则

$$f(x)>f(0)=-\varphi(0)=0,$$

即 $\varphi(x)<\varphi'(0)x$.

下面证明 $\varphi(1)x<\varphi(x)(x\in(0,1))$.

将其转化为证明 $\varphi(1)<\frac{\varphi(x)}{x}$，$0<x<1$. 记 $f(x)=\frac{\varphi(x)}{x}-\varphi(1)$，则

$$f'(x)=\frac{x\varphi'(x)-\varphi(x)}{x^2}=\frac{x\varphi'(x)-[\varphi(x)-\varphi(0)]}{x^2}$$

$$=\frac{x\varphi'(x)-\varphi'(\xi)\cdot x}{x^2}=\frac{\varphi'(x)-\varphi'(\xi)}{x}，其中 0<\xi<x,$$

因为 $\varphi'(x)$ 单调递减，于是 $f'(x)<0$，所以 $f(x)$ 单调递减，

从而有 $f(x)>f(1)=0$，即$\frac{\varphi(x)}{x}>\varphi(1)$，亦即 $\varphi(x)>\varphi(1)x$.

（2）对 $x_0\in(0,1)$，有 $x_1=\varphi(x_0)$，根据(1)得 $\varphi(1)x_0<x_1=\varphi(x_0)<\varphi'(0)x_0$.

又 $\varphi(1)\geqslant 0,\varphi'(0)\leqslant 1$,于是 $0<x_1<x_0<1$.

假设 $0<x_{k+1}<x_k<1$,则 $x_{k+2}=\varphi(x_{k+1})$,根据(1)得 $\varphi(1)x_{k+1}<x_{k+2}=\varphi(x_{k+1})<\varphi'(0)x_{k+1}$.

又 $\varphi(1)\geqslant 0,\varphi'(0)\leqslant 1$,于是 $0<x_{k+2}<x_{k+1}<1$.

由数学归纳法知,对任意的 n,有 $0<x_{n+1}<x_n<1$.于是数列$\{x_n\}$单调减少且有下界.

于是$\lim\limits_{n\to\infty}x_n$ 存在,令$\lim\limits_{n\to\infty}x_n=A$,则 $0\leqslant A\leqslant x_0<1$.在 $x_n=\varphi(x_{n-1})$两端取极限,得 $A=\varphi(A)$.

若 $0<A\leqslant x_0<1$,根据(1)便会有 $\varphi(1)A<A=\varphi(A)<\varphi'(0)A$,又 $\varphi(1)\geqslant 0,\varphi'(0)\leqslant 1$,

于是 $0<A=\varphi(A)<A$,矛盾! 故 $A=0$,即$\lim\limits_{n\to\infty}x_n=0$.

专题三 无穷小的比阶

解题要点

1. 若 $a\neq0,k>0$，且当 $x\to0$ 时 $f(x)\sim ax^k$，则当 $x\to0$ 时，$f(x)$ 是 x 的 k 阶无穷小.

2. 若 $k>0$，使 $\lim\limits_{x\to0}\dfrac{f(x)}{x^k}=c\neq0$（常用洛必达法则），则当 $x\to0$ 时，$f(x)$ 是 x 的 k 阶无穷小.

3. 若 $f(x)=a_0+a_1x+\cdots+a_{k-1}x^{k-1}+a_kx^k+\cdots$，其中 $k\geqslant1$，$a_0=a_1=\cdots=a_{k-1}=0$，且 $a_k\neq0$，则当 $x\to0$ 时，$f(x)$ 是 x 的 k 阶无穷小.

4. 设 $f(x),g(x)$ 在 $x=0$ 的某邻域内连续，且当 $x\to0$ 时，$g(x)$ 是 x 的 n 阶无穷小，$f(x)$ 是 x 的 m 阶无穷小，则当 $x\to0$ 时，$\int_0^{g(x)}f(t)\,\mathrm{d}t$ 是 x 的 $(m+1)\cdot n$ 阶无穷小.

5. 若当 $x\to0$ 时，$f(x)$ 与 $g(x)$ 分别是 x 的 m 阶与 n 阶无穷小，又 $\lim\limits_{x\to0}h(x)=a\neq0$，则

(1) $f(x)h(x)$ 是 x 的 m 阶无穷小，$f(x)g(x)$ 是 x 的 $m+n$ 阶无穷小.

(2) 当 $m>n$ 时，$f(x)\pm g(x)$ 是 x 的 n 阶无穷小.

如，当 $x\to0$ 时，$f(x)=\ln(1+x^2)-2\sqrt[3]{(\mathrm{e}^x-1)^2}$ 是 x 的 k 阶无穷小，则 $k=$ $\underline{\dfrac{2}{3}}$.

(3) 当 $m=n$ 时，$f(x)\pm g(x)$ 是 x 的 n 阶或高于 n 阶的无穷小.

1. 当 $x\to0$ 时，$f(x)=\tan(\sin x)-\tan x$ 是 x 的（　　）.

（A）1 阶无穷小　（B）2 阶无穷小　（C）3 阶无穷小　（D）4 阶无穷小

解

解法 1　利用拉格朗日中值定理.

当 $x\to0$ 时，$f(x)=\tan(\sin x)-\tan x=\sec^2\xi\cdot(\sin x-x)\sim\sin x-x\sim-\dfrac{1}{6}x^3$，这里 ξ 介于 $\sin x$ 和 x 之间，而当 $x\to0$ 时，$\sin x$ 和 x 都趋于 0，故 $\xi\to0$，$\sec^2\xi\to1$. 选(C).

解法 2　利用泰勒公式.

$$f(x)=\tan(\sin x)-\tan x=\left[\sin x+\frac{1}{3}(\sin x)^3+\cdots\right]-\left(x+\frac{1}{3}x^3+\cdots\right)$$

$$=\left[\left(x-\frac{1}{6}x^3+\cdots\right)+\frac{1}{3}\left(x-\frac{1}{6}x^3+\cdots\right)^3+\cdots\right]-\left(x+\frac{1}{3}x^3+\cdots\right)$$

$$=\left(-\frac{1}{6}+\frac{1}{3}-\frac{1}{3}\right)x^3+\cdots$$

$$=-\frac{1}{6}x^3+\cdots,$$

选(C).

解法 3　利用待定系数法.

由$\lim\limits_{x\to 0}\dfrac{f(x)}{x^k}=c\neq 0$,结合洛必达法则反推 $k=3$.

2. 设 $y=y(x)$ 是微分方程 $y''+2y'+y=e^{3x}$ 满足 $y(0)=y'(0)=0$ 的解,则当 $x\to 0$ 时,与 $y(x)$ 等价的是(　　).

(A) $\ln(\cos x)$　　(B) $x\cos x-\sin x$　　(C) $e^{\tan x}-e^{\sin x}$　　(D) $\int_0^x \frac{\sin t^2}{t}dt$

解

将 $y(0)=y'(0)=0$ 代入微分方程 $y''+2y'+y=e^{3x}$,得 $y''(0)=1$.于是

$$y=y(0)+y'(0)x+\frac{y''(0)}{2!}x^2+o(x^2)=\frac{1}{2}x^2+o(x^2),$$

故当 $x\to 0$ 时,$y\sim\frac{1}{2}x^2$.

选项(A)$\ln(\cos x)=\ln(1+\cos x-1)\sim\cos x-1\sim-\frac{1}{2}x^2$.

选项(B)$x\cos x-\sin x=\cos x\cdot(x-\tan x)\sim 1\cdot\left(-\frac{1}{3}x^3\right)=-\frac{1}{3}x^3$.

选项(C)$e^{\tan x}-e^{\sin x}=e^{\sin x}\cdot(e^{\tan x-\sin x}-1)\sim 1\cdot(\tan x-\sin x)\sim\frac{1}{2}x^3$.

选项(D) $\int_0^x\frac{\sin t^2}{t}dt\sim\int_0^x t\,dt=\frac{1}{2}x^2$.

选(D).

注

见到 $f(0)$，$f'(0)$，$f''(0)$ 时，要立即写出 $f(x)=f(0)+f'(0)x+\dfrac{f''(0)}{2!}x^2+o(x^2)$.

3. 设 $f(x)=\mathrm{e}^{\sin x}$，$p(x)=a+bx+cx^2+dx^3$，且在 $x\to0$ 时，$p(x)$ 与 $f(x)$ 相差 $o(x^3)$，则以下不正确的是（　　）.

(A) $a=1$　　(B) $b=1$　　(C) $c=\dfrac{1}{2}$　　(D) $d=\dfrac{1}{2}$

解

首先得到 $f(x)=\mathrm{e}^{\sin x}=1+\sin x+\dfrac{1}{2}\sin^2x+\dfrac{1}{6}\sin^3x+o(\sin^3x)$，然后将 $\sin x$ 展开至 x^3 代入上式，并注意 $o(\sin^3x)=o(x^3)$，$x^k=o(x^3)(k>3)$，则有

$$\begin{aligned}f(x)=\mathrm{e}^{\sin x}&=1+\left[x-\frac{1}{6}x^3+o(x^3)\right]+\frac{1}{2}\left[x-\frac{1}{6}x^3+o(x^3)\right]^2+\frac{1}{6}\left[x-\frac{1}{6}x^3+o(x^3)\right]^3+o(x^3)\\&=1+\left[x-\frac{1}{6}x^3+o(x^3)\right]+\frac{1}{2}\left[x^2+o(x^3)\right]+\frac{1}{6}\left[x^3+o(x^3)\right]+o(x^3)\\&=1+x+\frac{1}{2}x^2+0x^3+o(x^3)\Rightarrow\text{(D)不正确.}\end{aligned}$$

注

也可首先得到 $f(x)=\mathrm{e}^{\sin x}=\mathrm{e}^{x-\frac{1}{6}x^3+o(x^3)}$，然后（广义）利用 e^x 的三阶泰勒公式求解.

4. 求 a,b 的值，使得 $f(x)=\ln(1-ax)+\dfrac{x}{1+bx}$ 在 $x\to0$ 时关于 x 的无穷小阶数能最高.

解

当 $x\to0$ 时，$\ln(1-ax)=-ax-\dfrac{1}{2}(-ax)^2+\dfrac{1}{3}(-ax)^3+\cdots$，

$$x\cdot\frac{1}{1+bx}=x\cdot\left[1-bx+(-bx)^2+\cdots\right]=x-bx^2+b^2x^3+\cdots,$$

故 $f(x)=\ln(1-ax)+\dfrac{x}{1+bx}=(-a+1)x-\left(\dfrac{1}{2}a^2+b\right)x^2+\left(-\dfrac{1}{3}a^3+b^2\right)x^3+\cdots$，

若想 $f(x)$ 在 $x\to0$ 时关于 x 的阶数能最高，则必须 $-a+1=0$，且 $-\left(\dfrac{1}{2}a^2+b\right)=0$，

即 $a=1$，$b=-\dfrac{1}{2}$，此时 $f(x)=-\dfrac{1}{12}x^3+\cdots\sim-\dfrac{1}{12}x^3(x\to0)$ 是 x 的 3 阶（最高阶）无穷小.

专题四 连续与间断点

解题要点

1. 若$\lim\limits_{x\to x_0}f(x)=f(x_0)$，则称$f(x)$在点$x_0$处连续.

2. 只有无定义点及分段点才可能成为间断点.

设x_0是$f(x)$的一个间断点.

(1) 可去间断点：x_0处的左、右极限都存在且相等.

(2) 跳跃间断点：x_0处的左、右极限都存在但不相等.

(3) 无穷间断点：$\lim\limits_{x\to x_0^+}f(x)=\infty$或$\lim\limits_{x\to x_0^-}f(x)=\infty$.

其中可去间断点与跳跃间断点统称为第一类间断点，不是第一类间断点的间断点统称为第二类间断点.

注 如何去掉可去间断点？如果x_0是$f(x)$的可去间断点，定义

$$F(x)=\begin{cases}f(x), & x\neq x_0,\\ \lim\limits_{x\to x_0}f(x), & x=x_0,\end{cases}$$

则$F(x)$在$x=x_0$处连续.

3. 闭区间上连续函数的性质.

设$f(x)$在$[a,b]$上连续.

(1) $f(x)$在$[a,b]$上必有界，且$f(x)$一定有最大值M和最小值m.

(2) 对于介于最小值m和最大值M之间的任意数μ，至少存在一点$\xi\in[a,b]$，使得$f(\xi)=\mu$.

(3) 若$f(a)\cdot f(b)<0$，则至少存在一点$\xi\in(a,b)$，使得$f(\xi)=0$.

4. 设$f(x)$在x_0处连续，且$f(x_0)>0$(或<0)，则存在x_0的某个邻域$U(x_0)$，当$x\in U(x_0)$时，$f(x)>0$(或<0).

1. 函数$f(x)=\dfrac{|x|^x-1}{x(x+1)\ln|x|}$的可去间断点的个数为(　　).

(A) 0　　(B) 1　　(C) 2　　(D) 3

解

由函数的表达式可知需要考察的点只有三个:0,-1,1,在其他点处函数均连续.

因为 $\lim\limits_{x\to0}\dfrac{|x|^x-1}{x(x+1)\ln|x|}=\lim\limits_{x\to0}\dfrac{e^{x\ln|x|}-1}{x(x+1)\ln|x|}=\lim\limits_{x\to0}\dfrac{x\ln|x|}{x(x+1)\ln|x|}=\lim\limits_{x\to0}\dfrac{1}{x+1}=1$,
可知$x=0$是函数的一个可去间断点;

$$\lim_{x\to1}\frac{|x|^x-1}{x(x+1)\ln|x|}=\lim_{x\to1}\frac{e^{x\ln|x|}-1}{x(x+1)\ln|x|}=\lim_{x\to1}\frac{x\ln|x|}{x(x+1)\ln|x|}=\lim_{x\to1}\frac{1}{x+1}=\frac{1}{2},$$

可知$x=1$是函数的另一个可去间断点;

而 $\lim\limits_{x\to-1}\dfrac{|x|^x-1}{x(x+1)\ln|x|}=\lim\limits_{x\to-1}\dfrac{e^{x\ln|x|}-1}{x(x+1)\ln|x|}=\lim\limits_{x\to-1}\dfrac{x\ln|x|}{x(x+1)\ln|x|}=\lim\limits_{x\to-1}\dfrac{1}{x+1}=\infty$,
可知$x=-1$是函数的无穷间断点,不是可去间断点.

综上可知,选项(C)符合题意.

2. 设$f(x)=\begin{cases}x^2,x\leqslant1,\\1-x,x>1,\end{cases}$ $g(x)=\begin{cases}x,x\leqslant2,\\2(x-1),2<x\leqslant5,\\x+3,x>5,\end{cases}$则$y=f[g(x)]$的间断点个数为(　　).

(A)0　　(B)1　　(C)2　　(D)3

解

解法1　先写出$f[g(x)]$的表达式.考察$g(x)$的值域:

$$g(x)\begin{cases}\leqslant1,x\leqslant1,\\>1,x>1,\end{cases}\qquad f[g(x)]=\begin{cases}g^2(x),x\leqslant1,\\1-g(x),x>1,\end{cases}$$

即$f[g(x)]=\begin{cases}x^2, & x\leqslant1,\\1-x, & 1<x\leqslant2,\\1-2(x-1), & 2<x\leqslant5,\\1-(x+3), & x>5,\end{cases}$亦即$f[g(x)]=\begin{cases}x^2, & x\leqslant1,\\1-x, & 1<x\leqslant2,\\3-2x, & 2<x\leqslant5,\\-(x+2), & x>5.\end{cases}$

当$x\neq1,2,5$时$f[g(x)]$分别在不同的区间与某初等函数相同,故连续.当$x=2,5$时,分别由左、右连续得连续.当$x=1$时,$\lim\limits_{x\to1^+}f[g(x)]=\lim\limits_{x\to1^+}(1-x)=0$,$\lim\limits_{x\to1^-}f[g(x)]=\lim\limits_{x\to1^-}x^2=1$.从而$x=1$是$f[g(x)]$的第一类间断点(跳跃间断点).

解法2　注意 $u=g(x)=\begin{cases}x, & x\leqslant 2,\\ 2(x-1), & 2<x\leqslant 5,\\ x+3, & x>5,\end{cases}$ 从而 $g(x)$ 处处连续；

$y=f(u)=\begin{cases}u^2, & u\leqslant 1,\\ 1-u, & u>1.\end{cases}$ 当 $u\neq 1$ 时连续，由复合函数连续性可知，当 $g(x)\neq 1$ 即 $x\neq 1$ 时，$f[g(x)]$ 连续. 对 $x=1$，有

$$\lim_{x\to 1^+}f[g(x)]\xlongequal{g(x)=x}\lim_{x\to 1^+}f(x)=\lim_{x\to 1^+}(1-x)=0,$$

$$\lim_{x\to 1^-}f[g(x)]\xlongequal{g(x)=x}\lim_{x\to 1^-}f(x)=\lim_{x\to 1^-}x^2=1.$$

从而 $x=1$ 是 $f[g(x)]$ 的间断点.

3. 设 $f(x)=\lim\limits_{n\to\infty}\dfrac{2\mathrm{e}^{(n+1)x}+1}{\mathrm{e}^{nx}+x^n+1}$，则 $f(x)$（　　）.

（A）仅有一个可去间断点　　（B）仅有一个跳跃间断点

（C）有两个可去间断点　　（D）有两个跳跃间断点

解

由于 $\lim\limits_{n\to\infty}x^n=\begin{cases}0, & |x|<1,\\ \infty, & |x|>1,\\ 1, & x=1,\\ \text{不存在}, & x=-1;\end{cases}$ $\lim\limits_{n\to\infty}\mathrm{e}^{nx}=\begin{cases}+\infty, & x>0,\\ 0, & x<0,\\ 1, & x=0,\end{cases}$ 得

$$f(x)=\lim_{n\to\infty}\frac{2\mathrm{e}^{(n+1)x}+1}{\mathrm{e}^{nx}+x^n+1}=\begin{cases}0, & x<-1,\\ \text{不存在}, & x=-1,\\ 1, & -1<x<0,\\ \dfrac{3}{2}, & x=0,\\ 2\mathrm{e}^x, & x>0,\end{cases}$$

显然选（D）.

注

只要 $x>0$，就有 $\mathrm{e}^{nx}\to+\infty\ (n\to\infty)$，且指数函数的增长速度远快于幂函数的增长速度，所以此时不再关心 $x^n(n\to\infty)$ 的变化趋势，即不再区分 $0<x<1$，$x=1$ 及 $x>1$.

专题五 导数的定义及其几何意义

解题要点

1. $f'(x_0)=\lim\limits_{\Delta x\to 0}\dfrac{f(x_0+\Delta x)-f(x_0)}{\Delta x}=\lim\limits_{x\to x_0}\dfrac{f(x)-f(x_0)}{x-x_0}$.

2. $f'(x_0)=A\Leftrightarrow f'_-(x_0)=f'_+(x_0)=A$.

3. 若$f(x)$在x_0处可导,则$f(x)$在x_0处必连续,反之不一定成立.

注 实际上,只要$f'_-(x_0)$和$f'_+(x_0)$都存在(未必相等),就有$f(x)$在x_0处连续,如$f(x)=|x|$在点$x=0$的情况.

4. 若$f(x)$是可导的奇(偶)函数,则$f'(x)$是偶(奇)函数.

5. 若$f(x)$是可导的以T为周期的周期函数,则$f'(x)$是以T为周期的周期函数.

6. 导数$f'(x_0)$就是曲线$y=f(x)$在点$(x_0,f(x_0))$处的切线斜率,切线方程是

$$y-f(x_0)=f'(x_0)(x-x_0).$$

7. 设$f(x)$在x_0处连续,且$\lim\limits_{x\to x_0}\dfrac{f(x)}{x-x_0}=k$,则$f(x_0)=0,f'(x_0)=k$.

8. 设$f(x)$在x_0处可导,则

(1) 当$f(x_0)>0$时,$y=|f(x)|$在x_0处可导,且其导数值为$y'\Big|_{x=x_0}=f'(x_0)$;

(2) 当$f(x_0)<0$时,$y=|f(x)|$在x_0处可导,且其导数值为$y'\Big|_{x=x_0}=-f'(x_0)$;

(3) 当$f(x_0)=0$,而$f'(x_0)\neq 0$时,$y=|f(x)|$在x_0处不可导;

(4) 当$f(x_0)=0$,且$f'(x_0)=0$时,$y=|f(x)|$在x_0处可导,其导数值为$y'\Big|_{x=x_0}=0$.

9. 设$f(x)=|x-x_0|g(x)$,$g(x)$在$x=x_0$的某邻域内有定义.则$f(x)$在$x=x_0$可导的充要条件是$\lim\limits_{x\to x_0^+}g(x)$与$\lim\limits_{x\to x_0^-}g(x)$都存在且$\lim\limits_{x\to x_0^+}g(x)=\lim\limits_{x\to x_0^-}g(x)$.

进一步，设 $f(x)=|x-x_0|g(x)$，$g(x)$ 在 $x=x_0$ 连续，则 $f(x)$ 在 $x=x_0$ 可导的充要条件是 $g(x_0)=0$.

10. 设 $f(x)=\varphi(x)|\psi(x)|$，如 $\psi(x)$ 有一次因式 $\gamma(x)$ 而 $\varphi(x)$ 没有，则 $\gamma(x)$ 的零点为 $f(x)$ 的不可导点；如果 $\psi(x)$ 有一次因式 $\gamma(x)$ 而 $\varphi(x)$ 也有，则 $\gamma(x)$ 的零点就是 $f(x)$ 的可导的点.

由上述结论，容易判断函数

$$f(x)=|x^3-x|\sqrt[3]{x^2-2x-3}=|x||x-1||x+1|\sqrt[3]{(x+1)(x-3)}$$

的不可导点. 易见，$x=0$ 及 $x=1$ 均为 $f(x)$ 的不可导点；但 $x=-1$ 却是 $f(x)$ 的可导点. 另外还要注意，$x=-3$ 也是 $f(x)$ 的不可导点.

1. 设 $f(x)$ 在 $(-\infty,+\infty)$ 内有定义，在 $[0,2]$ 上 $f(x)=x(x^2-4)$，若对任意 x 都满足 $f(x)=kf(x+2)$，其中 k 是常数，若 $f(x)$ 在 $x=0$ 处可导，则 $k=$________.

解

当 $-2\leqslant x<0$，即 $0\leqslant x+2<2$ 时，

$$f(x)=kf(x+2)=k(x+2)[(x+2)^2-4]=kx(x+2)(x+4).$$

由题设知 $f(0)=0$，则 $f'_+(0)=\lim\limits_{x\to0^+}\dfrac{f(x)-f(0)}{x}=\lim\limits_{x\to0^+}\dfrac{x(x^2-4)}{x}=-4$，且

$$f'_-(0)=\lim_{x\to0^-}\frac{f(x)-f(0)}{x}=\lim_{x\to0^-}\frac{kx(x+2)(x+4)}{x}=8k,$$

若 $f'(0)$ 存在，则 $-4=8k$，即 $k=-\dfrac{1}{2}$.

2. 设 $f(x)$ 在 $x=a$ 的某邻域内有定义，在 $x=a$ 的某去心邻域内可导，下列论断正确的是 (　　).

(A) 若 $\lim\limits_{x\to a}f'(x)=A$，则 $f'(a)=A$

(B) 若 $f'(a)=A$，则 $\lim\limits_{x\to a}f'(x)=A$

(C) 若 $\lim\limits_{x\to a}f'(x)=\infty$，则 $f'(a)$ 不存在

(D) 若 $f'(a)$ 不存在，则 $\lim\limits_{x\to a}f'(x)=\infty$

解

对(A)和(D)举反例，$f(x)=\begin{cases}x, x\neq 0,\\ 1, x=0,\end{cases}$对(B)举反例，$f(x)=\begin{cases}x^2\sin\frac{1}{x}, & x\neq 0,\\ 0, & x=0,\end{cases}$选(C).

以下证明(C)，假设$f'(a)$存在，则$f(x)$在$x=a$处连续，此时在条件$\lim\limits_{x\to a}f'(x)=\infty$下，有$f'(a)=\lim\limits_{x\to a}\frac{f(x)-f(a)}{x-a}=\lim\limits_{x\to a}\frac{f'(x)}{1}=\infty$，这与假设的$f'(a)$存在矛盾！所以假设不成立，即在条件$\lim\limits_{x\to a}f'(x)=\infty$下，$f'(a)$不存在.

3. 设$f(x)$在$x=a$处连续，在$x=a$的某去心邻域内可导，下列论断正确的是(　　).

(A) 若$\lim\limits_{x\to a}f'(x)=A$，则$f'(a)=A$

(B) 若$f'(a)=A$，则$\lim\limits_{x\to a}f'(x)=A$

(C) 若$\lim\limits_{x\to a}f'(x)$不存在，则$f'(a)$也不存在

(D) 若$f'(a)$不存在，则$\lim\limits_{x\to a}f'(x)$也不存在

解

在$f(x)$在$x=a$处连续的情况下，有$f'(a)=\lim\limits_{x\to a}\frac{f(x)-f(a)}{x-a}=\lim\limits_{x\to a}\frac{f'(x)}{1}=A$，故(A)正确.

对(B)和(C)可给出反例$f(x)=\begin{cases}x^2\sin\frac{1}{x}, & x\neq 0,\\ 0, & x=0,\end{cases}$故(B)(C)错误.

对(D)可给出反例$f(x)=\begin{cases}x, x\neq 0,\\ 1, x=0,\end{cases}$故(D)错误.

注

(A)选项实际上就是“导函数的极限定理”，该定理表明若$f(x)$在$x=a$处连续，那么当导函数$f'(x)$在$x=a$处的极限若为A(实际上此A可为∞)时，那么必定有导数值$f'(a)=A$，但是当导函数$f'(x)$在$x=a$处的极限不存在也不为∞时，未必导数值$f'(a)$也不存在，如(C)选项.以上结论也适用于$f(x)$在$x=a$处单侧连续且导函数$f'(x)$在$x=a$处相应的单侧极限为A时的情况.

4. 设 $f(x)$ 在 $x=a$ 处连续，则 $f(x)$ 在 $x=a$ 处可导是 $|f(x)|$ 在 $x=a$ 处可导的(　　).

(A) 充分非必要条件　　(B) 必要非充分条件

(C) 充分且必要条件　　(D) 既非充分也非必要条件

解

由解题要点知，$f(x)$ 在 $x=a$ 处可导时，未必有 $|f(x)|$ 在 $x=a$ 处可导.以下证明反之是正确的.

设 $f(a)\neq 0$，不妨设 $f(a)>0$，由于 $f(x)$ 在 $x=a$ 处连续，故存在 $\delta>0$，当 $x\in(a-\delta,a+\delta)$ 时 $f(x)>0$，于是在此区间上 $f(x)\equiv|f(x)|$，故 $f'(a)=[|f(x)|]'_{x=a}$ 存在.若 $f(a)<0$ 可类似证明.

若 $f(a)=0$，则

$$[|f(x)|]'_{x=a}=\lim_{x\to a}\frac{|f(x)|-|f(a)|}{x-a}=\lim_{x\to a}\frac{|f(x)|}{x-a}=\lim_{x\to a}\frac{|f(x)-f(a)|}{x-a}\text{存在,}$$

于是
$$[|f(x)|]'_{x=a}=\lim_{x\to a^+}\frac{|f(x)-f(a)|}{x-a}=\lim_{x\to a^+}\left|\frac{f(x)-f(a)}{x-a}\right|\geqslant 0,$$

$$[|f(x)|]'_{x=a}=\lim_{x\to a^-}\frac{|f(x)-f(a)|}{x-a}=-\lim_{x\to a^-}\left|\frac{f(x)-f(a)}{x-a}\right|\leqslant 0.$$

从而可知 $\lim\limits_{x\to a}\left|\dfrac{f(x)-f(a)}{x-a}\right|=0$，进而 $\lim\limits_{x\to a}\dfrac{f(x)-f(a)}{x-a}=0$，也就是 $f'(a)=0$.

5. 设函数 $y=f(x)$ 由方程 $y-x=e^{x(1-y)}$ 确定，则 $\lim\limits_{n\to\infty}n\left[f\left(\dfrac{1}{n}\right)-1\right]=$ ________.

解

将 y 看作 x 的函数，在方程 $y-x=e^{x(1-y)}$ 两边关于 x 求导，得

$$y'-1=e^{x(1-y)}(1-y-xy').$$

将 $x=0$ 代入 $y-x=e^{x(1-y)}$，得 $y\Big|_{x=0}=f(0)=1$；

将 $x=0,y=1$ 代入 $y'-1=e^{x(1-y)}(1-y-xy')$，得 $y'\Big|_{x=0}=f'(0)=1$.

于是有

$$\lim_{n\to\infty} n\left[f\left(\frac{1}{n}\right)-1\right]=\lim_{n\to\infty}\frac{f\left(\frac{1}{n}\right)-f(0)}{\frac{1}{n}}=f'_{+}(0)=1.$$

6. 设 $f(x)$ 具有一阶连续导数，且 $f(0)=0$，$f'(0)=1$，记 u 是曲线 $y=f(x)$ 在点 $(x,f(x))$ 处的切线在 x 轴上的截距，则极限 $\lim\limits_{x\to 0}\frac{xf(u)}{uf(x)}=$ ________.

解

曲线在点 $(x,f(x))$ 处的切线方程为 $Y-f(x)=f'(x)(X-x)$.

令 $Y=0$ 得 $X=x-\frac{f(x)}{f'(x)}$，即 $u=x-\frac{f(x)}{f'(x)}$. 因为

$$\lim_{x\to 0} u=\lim_{x\to 0}\left[x-\frac{f(x)}{f'(x)}\right]=-\frac{f(0)}{f'(0)}=0,$$

故

$$\lim_{x\to 0}\frac{xf(u)}{uf(x)}=\lim_{x\to 0}\frac{x}{f(x)}\cdot\lim_{u\to 0}\frac{f(u)}{u}=\lim_{x\to 0}\frac{1}{\frac{f(x)-f(0)}{x-0}}\cdot\lim_{u\to 0}\frac{f(u)-f(0)}{u-0}$$

$$=\frac{1}{f'(0)}\cdot f'(0)=1.$$

专题六 求各类函数的导数

解题要点

1. 求导的基础是导数公式，方法是四则运算法则、复合函数求导法则、反函数求导法则、隐函数求导法则及参数方程求导法则.

注 (1) 反函数的二阶导数 $\frac{\mathrm{d}^2x}{\mathrm{d}y^2}=-\frac{y''_x}{{y'_x}^3}$ 或 $\frac{\mathrm{d}^2y}{\mathrm{d}x^2}=-\frac{x''_y}{{x'_y}^3}$；

(2) 参数方程 $\begin{cases}x=x(t),\\y=y(t)\end{cases}$ 的二阶导数 $\frac{\mathrm{d}^2y}{\mathrm{d}x^2}=\frac{y''_t\cdot x'_t-x''_t\cdot y'_t}{{x'_t}^3}$.

2. 幂指函数 $y=f(x)^{g(x)}$ 应先改写为 $y=\mathrm{e}^{g(x)\ln f(x)}$ 或先取对数 $\ln y=g(x)\ln f(x)$，再求导.

3. 设 $f(x)$ 在 $[a,b]$ 上连续，可导函数 $\varphi_1(x)$，$\varphi_2(x)$ 的值域包含于 $[a,b]$，则 $F(x)=\int_{\varphi_1(x)}^{\varphi_2(x)}f(t)\mathrm{d}t$ 可导，且

$$F'(x)=\left[\int_{\varphi_1(x)}^{\varphi_2(x)}f(t)\mathrm{d}t\right]'=f[\varphi_2(x)]\varphi_2'(x)-f[\varphi_1(x)]\varphi_1'(x).$$

4. 分段函数在分段点处的导数一般使用导数定义求解，并要会讨论分段函数导数的连续性.

5. 高阶（2 阶及以上）导数一般用归纳法、分解法及公式法（莱布尼茨公式和泰勒公式）求解.

注 $(\mathrm{e}^{ax+b})^{(n)}=a^n\mathrm{e}^{ax+b}$；

$[\sin(ax+b)]^{(n)}=a^n\sin\left(ax+b+\frac{n\pi}{2}\right)$；

$[\cos(ax+b)]^{(n)}=a^n\cos\left(ax+b+\frac{n\pi}{2}\right)$；

$$[\ln(ax+b)]^{(n)}=(-1)^{n-1}a^n\frac{(n-1)!}{(ax+b)^n};$$

$$\left(\frac{1}{ax+b}\right)^{(n)}=(-1)^n a^n\frac{n!}{(ax+b)^{n+1}}.$$

6. 有时把$\frac{dy}{dx}$看作 dy 与 dx 之商可能更方便.

如，设 $y=\frac{\sin x}{x}$，则 $\frac{dy}{d(x^2)}=\frac{d\left(\frac{\sin x}{x}\right)}{d(x^2)}=\frac{\left(\frac{\sin x}{x}\right)'dx}{(x^2)'dx}=\frac{x\cos x-\sin x}{2x^3}$.

1. 设函数 $y=y(x)$ 由参数方程 $\begin{cases}x=x(t),\\ y=\int_0^{t^2}\ln(1+u)\,du\end{cases}$ 确定，其中 $x(t)$ 是初值问题 $\begin{cases}\frac{dx}{dt}-2te^{-x}=0,\\ x\big|_{t=0}=0\end{cases}$ 的解，求$\frac{d^2y}{dx^2}$.

解

由$\frac{dx}{dt}-2te^{-x}=0$ 得 $e^x dx=2t dt$，两边积分并由条件 $x\big|_{t=0}=0$，得 $e^x=1+t^2$，即 $x=\ln(1+t^2)$.

$$\frac{dy}{dx}=\frac{\frac{dy}{dt}}{\frac{dx}{dt}}=\frac{\ln(1+t^2)\cdot 2t}{\frac{2t}{1+t^2}}=(1+t^2)\ln(1+t^2),$$

$$\frac{d^2y}{dx^2}=\frac{d}{dx}\left(\frac{dy}{dx}\right)=\frac{\frac{d}{dt}[(1+t^2)\ln(1+t^2)]}{\frac{dx}{dt}}$$

$$=\frac{2t\ln(1+t^2)+2t}{\frac{2t}{1+t^2}}=(1+t^2)[\ln(1+t^2)+1].$$

2. 设 $f(x)$ 为连续函数，记 $F(x)=\int_0^{\tan x}f(tx^2)\,dt$，$-\frac{\pi}{2}<x<\frac{\pi}{2}$. (1) 求 $F'(x)$；(2) 证明 $F'(x)$ 连续.

解

(1) 解 当$-\frac{\pi}{2}<x<\frac{\pi}{2}$，且 $x\neq 0$ 时，由

$$F(x)=\int_0^{\tan x} f(tx^2)\,\mathrm{d}t \xlongequal{\text{令 } u=tx^2} \frac{1}{x^2}\int_0^{x^2\tan x} f(u)\,\mathrm{d}u,$$

得

$$F'(x)=\frac{x^2\cdot\frac{\mathrm{d}}{\mathrm{d}x}\int_0^{x^2\tan x} f(u)\,\mathrm{d}u-2x\int_0^{x^2\tan x} f(u)\,\mathrm{d}u}{x^4}$$

$$=\frac{x^2\cdot f(x^2\tan x)\cdot(2x\tan x+x^2\sec^2 x)-2x\int_0^{x^2\tan x} f(u)\,\mathrm{d}u}{x^4}$$

$$=\frac{(2x^2\tan x+x^3\sec^2 x)f(x^2\tan x)-2\int_0^{x^2\tan x} f(u)\,\mathrm{d}u}{x^3}.$$

此外，由 $F(0)=0$ 得

$$F'(0)=\lim_{x\to 0}\frac{F(x)-F(0)}{x}=\lim_{x\to 0}\frac{\frac{1}{x^2}\int_0^{x^2\tan x} f(u)\,\mathrm{d}u}{x}$$

$$=\lim_{x\to 0}\frac{\int_0^{x^2\tan x} f(u)\,\mathrm{d}u}{x^3}\xlongequal{\text{洛必达法则}}\lim_{x\to 0}\frac{f(x^2\tan x)\cdot(2x\tan x+x^2\sec^2 x)}{3x^2}$$

$$=f(0)\left(\lim_{x\to 0}\frac{2\tan x}{3x}+\lim_{x\to 0}\frac{\sec^2 x}{3}\right)=f(0)\left(\frac{2}{3}+\frac{1}{3}\right)=f(0).$$

因此

$$F'(x)=\begin{cases}\dfrac{(2x^2\tan x+x^3\sec^2 x)f(x^2\tan x)-2\int_0^{x^2\tan x} f(u)\,\mathrm{d}u}{x^3}, & -\dfrac{\pi}{2}<x<\dfrac{\pi}{2}, \text{且 } x\neq 0,\\ f(0), & x=0.\end{cases}$$

(2) 证明 由于当$-\frac{\pi}{2}<x<\frac{\pi}{2}$，且$x\neq 0$时，$F'(x)=\dfrac{(2x^2\tan x+x^3\sec^2 x)f(x^2\tan x)-2\int_0^{x^2\tan x} f(u)\mathrm{d}u}{x^3}$

连续，此外由

$$\lim_{x\to0}F'(x)=\lim_{x\to0}\frac{(2x^2\tan x+x^3\sec^2x)f(x^2\tan x)-2\int_0^{x^2\tan x}f(u)\mathrm{d}u}{x^3}$$

$$=\lim_{x\to0}\left[\frac{2\tan x}{x}f(x^2\tan x)\right]+\lim_{x\to0}\sec^2xf(x^2\tan x)-2\lim_{x\to0}\frac{\int_0^{x^2\tan x}f(u)\mathrm{d}u}{x^3}$$

$$=2f(0)+f(0)-2f(0)\left(\text{其中}\lim_{x\to0}\frac{\int_0^{x^2\tan x}f(u)\mathrm{d}u}{x^3}=f(0)\text{ 的计算见}(1)\right)$$

$$=f(0)=F'(0),$$

知 $F'(x)$ 在点 $x=0$ 处连续,因此 $F'(x)$ 是连续函数.

3. 设 $y=\ln(1+x)\ln(1-x)$,则 $y^{(4)}(0)=$ ________.

解

$$y=\ln(1+x)\ln(1-x)=\left(x-\frac{1}{2}x^2+\frac{1}{3}x^3+\cdots\right)\left(-x-\frac{1}{2}x^2-\frac{1}{3}x^3+\cdots\right)$$

$$=-x^2-\frac{1}{2}x^3-\frac{1}{3}x^4+\frac{1}{2}x^3+\frac{1}{4}x^4-\frac{1}{3}x^4+\cdots=-x^2-\frac{5}{12}x^4+\cdots,$$

于是 $y^{(4)}(0)=-\frac{5}{12}\cdot4!=-10.$

4. 设 $f(x)=\begin{cases}\dfrac{\int_0^x\frac{\sin t}{t}\mathrm{d}t}{x}, & x\neq0,\\ a, & x=0\end{cases}$ 在 $x=0$ 处连续,则 $f^{(8)}(0)=$ ________.

解

当 $x\neq0$ 时,$f(x)=\dfrac{\int_0^x\frac{\sin t}{t}\mathrm{d}t}{x}=\dfrac{\int_0^x\dfrac{t-\frac{1}{3!}t^3+\cdots+\frac{1}{9!}t^9+\cdots}{t}\mathrm{d}t}{x}$

$$=\frac{\int_0^x\left(1-\frac{1}{3!}t^2+\cdots+\frac{1}{9!}t^8+\cdots\right)\mathrm{d}t}{x}$$

$$=\frac{x-\frac{1}{3!}\cdot\frac{1}{3}x^3+\cdots+\frac{1}{9!}\cdot\frac{1}{9}x^9+\cdots}{x}$$

$$=1-\frac{1}{3!}\cdot\frac{1}{3}x^2+\cdots+\frac{1}{9!}\cdot\frac{1}{9}x^8+\cdots.$$

当 $x=0$ 时，$f(0)=a=\lim\limits_{x\to0}\frac{\int_0^x\frac{\sin t}{t}\mathrm{d}t}{x}=\lim\limits_{x\to0}\frac{\frac{\sin x}{x}}{1}=1$，且 $1-\frac{1}{3!}\cdot\frac{1}{3}x^2+\cdots+\frac{1}{9!}\cdot\frac{1}{9}x^8+\cdots=1$.

于是对任意 x，有 $f(x)=1-\frac{1}{3!}\cdot\frac{1}{3}x^2+\cdots+\frac{1}{9!}\cdot\frac{1}{9}x^8+\cdots$. 故 $f^{(8)}(0)=\frac{1}{9!}\cdot\frac{1}{9}\cdot8!=\frac{1}{81}$.

5. 设 $f(x)=\begin{cases}x^2+ax+1, & x\leqslant0,\\ \mathrm{e}^x+b\sin x^2, & x>0\end{cases}$ 在 $x=0$ 处二阶导数存在，则常数 a,b 分别是(　　).

(A) $a=1,b=1$　　(B) $a=1,b=\frac{1}{2}$

(C) $a=1,b=2$　　(D) $a=2,b=1$

解

考虑分段函数

$$f(x)=\begin{cases}f_1(x), & x<x_0,\\ f_2(x), & x\geqslant x_0,\end{cases}$$

其中 $f_1(x)$ 和 $f_2(x)$ 均在 $x=x_0$ 的邻域 k 阶可导，则 $f(x)$ 在分界点 $x=x_0$ 处有 k 阶导数的充要条件是 $f_1(x)$ 和 $f_2(x)$ 在 $x=x_0$ 处有相同的 k 阶泰勒公式：

$$f_1(x)=f_2(x)=a_0+a_1(x-x_0)+a_2(x-x_0)^2+\cdots+a_k(x-x_0)^k+o((x-x_0)^k)\ (x\to x_0).$$

把这一结论用于本题：取 $x_0=0$.

$$f_1(x)=1+ax+x^2,$$

$$f_2(x)=\mathrm{e}^x+b\sin x^2$$

$$=1+x+\frac{1}{2}x^2+o(x^2)+b(x^2+o(x^2))$$

$$=1+x+\left(b+\frac{1}{2}\right)x^2+o(x^2).$$

因此$f(x)$在$x=0$时二阶可导$\Leftrightarrow a=1, b+\frac{1}{2}=1$，即$a=1, b=\frac{1}{2}$.

选(B).

专题七　用导数研究函数的性态及求最值

解题要点

1. 若函数$f(x)$在区间I上连续，在I上除有限个点外均满足$f'(x)>0$，则$f(x)$在I上单调递增，只有驻点与不可导点才可能成为单调区间的分界点.

2. 若函数$f(x)$在$x=x_0$处取得极值，则$f'(x_0)=0$或$f'(x_0)$不存在.

3. 连续函数从单调递增(减)变为单调递减(增)的分界点是该函数的极大(小)值点.

4. 设$f(x)$在$x=x_0$处有二阶导数，$f'(x_0)=0$，$f''(x_0)\neq 0$.

(1) 当$f''(x_0)<0$时，x_0是$f(x)$的极大值点.

(2) 当$f''(x_0)>0$时，x_0是$f(x)$的极小值点.

5. 若$f'(x)$在区间I上单调递增或$f''(x)>0$，则曲线$y=f(x)$在区间I上是凹弧.

6. 连续曲线凹弧与凸弧的分界点是拐点.

7. 若点$(x_0,f(x_0))$是曲线$y=f(x)$的拐点，则$f''(x_0)=0$或$f''(x_0)$不存在.

8. 设$f(x)$在$x=x_0$的某邻域内三阶可导，且$f''(x_0)=0$，$f'''(x_0)\neq 0$，则$(x_0,f(x_0))$是拐点.

9. 求连续函数$f(x)$在$[a,b]$上的最值的步骤.

(1) 求出$f(x)$在(a,b)内的所有驻点和不可导点$x_1,x_2,\cdots,x_n$，以及这些点的函数值$f(x_1),f(x_2),\cdots,f(x_n)$.

(2) 求出$f(x)$在端点a,b处的函数值$f(a),f(b)$.

(3) 比较以上所有函数值的大小，其中最大的即为$f(x)$在$[a,b]$上的最大值，最小的即为$f(x)$在$[a,b]$上的最小值.

10. 若连续函数$f(x)$在$[a,b]$上只有一个极值点，则此极值点就是$f(x)$在$[a,b]$上的最值点，且若$f(x)$在该点处取极大值(或极小值)，则$f(x)$在该点处的函数值就是$f(x)$在$[a,b]$上的最大值(或最小值).

1. 求常数 k 的取值范围,使得 $f(x)=k\ln(1+x)-\arctan x$ 当 $x>0$ 时单调递增.

解

解法 1 当 $x\in(0,+\infty)$ 时 $f(x)$ 单调递增 $\Leftrightarrow f'(x)\geqslant 0(x\in(0,+\infty))$,且在 $(0,+\infty)$ 的任意子区间上 $f'(x)\not\equiv 0$.

$f(x)=k\ln(1+x)-\arctan x$,则

$$f'(x)=\frac{k}{1+x}-\frac{1}{1+x^2}=\frac{k(1+x^2)-(1+x)}{(1+x)(1+x^2)}=\frac{kx^2-x+k-1}{(1+x)(1+x^2)}.$$

若 $k\leqslant 0$,则 $f'(x)<0(x>0)$,于是只需考察 $k>0$ 的情形.

令 $g(x)=kx^2-x+k-1$,则当 $x>0$ 时 $f'(x)$ 与 $g(x)$ 同号.

由于 $g(x)$ 满足

$$g'(x)=2kx-1\begin{cases}<0, & 0<x<\dfrac{1}{2k},\\ =0, & x=\dfrac{1}{2k},\\ >0, & x>\dfrac{1}{2k},\end{cases}$$

由此可见 $g(x)$ 在 $(0,+\infty)$ 上的最小值 $\min\limits_{x>0}\{g(x)\}=g\left(\dfrac{1}{2k}\right)=\dfrac{k}{4k^2}-\dfrac{1}{2k}+k-1=k-1-\dfrac{1}{4k}$. 为使 $\min\limits_{x>0}\{g(x)\}\geqslant 0$ 必须且只需正数 k 满足 $k-1-\dfrac{1}{4k}\geqslant 0\Leftrightarrow 4k(k-1)\geqslant 1\Leftrightarrow k^2-k-\dfrac{1}{4}\geqslant 0\Leftrightarrow k\geqslant \dfrac{1}{2}(\sqrt{2}+1)$. 即使得 $f(x)=k\ln(1+x)-\arctan x$ 当 $x>0$ 时是单调递增函数的 k 是大于或等于 $\dfrac{1}{2}(\sqrt{2}+1)$ 的一切正数.

解法 2 只需在 $x>0$ 时,$f'(x)=\dfrac{k}{1+x}-\dfrac{1}{1+x^2}\geqslant 0$ 即可. 也就是当 $x>0$ 时,$k\geqslant\dfrac{1+x}{1+x^2}$. 令 $g(x)=\dfrac{1+x}{1+x^2}$,$x>0$. 则 $g'(x)=\dfrac{1+x^2-(1+x)\cdot 2x}{(1+x^2)^2}=\dfrac{1-2x-x^2}{(1+x^2)^2}$.

令 $g'(x)=0$,得 $1-2x-x^2=0$,解得唯一驻点 $x=-1+\sqrt{2}\in(0,+\infty)$.

在 $x=-1+\sqrt{2}$ 两侧 $g'(x)$ 由正变负,于是 $x=-1+\sqrt{2}$ 是唯一极值点,且是极大值点.

于是 $[g(-1+\sqrt{2})]_{\max}=\left.\dfrac{1+x}{1+x^2}\right|_{x=-1+\sqrt{2}}=\dfrac{\sqrt{2}+1}{2}$. 综上,$k\geqslant\dfrac{\sqrt{2}+1}{2}$.

2. 设 $f(x)$ 的二阶导数连续,且 $(x-1)f''(x)-2(x-1)f'(x)=1-\mathrm{e}^{1-x}$. 如果 $x=a$ 是 $f(x)$ 的

极值点,则 $x=a$ 是 $f(x)$ 的( ).

(A) 极大值点

(B) 极小值点

(C) 当 $a\neq 1$ 时,是极小值点,而当 $a=1$ 时,是极大值点

(D) 当 $a\neq 1$ 时,是极大值点,而当 $a=1$ 时,是极小值点

解

(1) 如果 $x=a\neq 1$ 是 $f(x)$ 的极值点,则 $f'(a)=0$,且此时 $f''(a)=\dfrac{1-e^{1-a}}{a-1}=\dfrac{e^0-e^{1-a}}{a-1}=\dfrac{e^{\xi}(-1+a)}{a-1}=e^{\xi}>0$,于是 $x=a$ 是 $f(x)$ 的极小值点.

(2) 如果 $x=a=1$ 是 $f(x)$ 的极值点,则 $f'(1)=0$,则此时

$$f''(1)=\lim_{x\to 1}f''(x)=\lim_{x\to 1}\frac{1-e^{1-x}+2(x-1)f'(x)}{x-1}=\lim_{x\to 1}\frac{1-e^{1-x}}{x-1}+\lim_{x\to 1}2f'(x)=1+0=1>0,$$

于是 $x=1$ 还是 $f(x)$ 的极小值点.

3. 设 $f(x)=\begin{cases}x^2\ln|x|, & x\neq 0,\\ 0, & x=0,\end{cases}$ 则( ).

(A) $f(x)$ 有 3 个驻点,且都是极值点

(B) $f(x)$ 有 3 个驻点,且只有两个是极值点

(C) $f(x)$ 有 2 个驻点,且都是极值点

(D) $f(x)$ 有 2 个驻点,且只有一个是极值点

解

由 $f(x)$ 的定义可知,当 $x\neq 0$ 时 $f'(x)=2x\ln|x|+x^2\cdot\dfrac{1}{x}=x(2\ln|x|+1)$,当 $x=0$ 时,

$f'(0)=\lim\limits_{x\to 0}\dfrac{f(x)-f(0)}{x-0}=\lim\limits_{x\to 0}\dfrac{x^2\ln|x|}{x}=\lim\limits_{x\to 0}x\ln|x|=0$,从而

$$f'(x)=\begin{cases}x(2\ln|x|+1), & x\neq 0,\\ 0, & x=0.\end{cases}$$

这表明 $f(x)$ 有三个驻点 $x_1=-e^{-\frac{1}{2}},x_2=0,x_3=e^{-\frac{1}{2}}$.列表讨论 $f(x)$ 的单调性如下:

x	$\left(-\infty,-\frac{1}{\sqrt{e}}\right)$	$-\frac{1}{\sqrt{e}}$	$\left(-\frac{1}{\sqrt{e}},0\right)$	0	$\left(0,\frac{1}{\sqrt{e}}\right)$	$\frac{1}{\sqrt{e}}$	$\left(\frac{1}{\sqrt{e}},+\infty\right)$
$f'(x)$	-	0	+	0	-	0	+
$f(x)$	↘	极小值	↗	极大值	↘	极小值	↗

即 $x=0$ 是 $f(x)$ 的极大值点，$x=\pm e^{-\frac{1}{2}}=\pm\frac{1}{\sqrt{e}}$ 是 $f(x)$ 的极小值点.

注：实际上 $f(x)$ 是偶函数，对 x_1 和 x_3 只需判别一个即可.

4. 设 $x=\int_0^y e^{-t^2}dt$，它的反函数是 $y=y(x)$，则曲线 $y=y(x)$ 的拐点个数为(　　).

(A) 0　　(B) 1　　(C) 2　　(D) 3

解

解法 1　由变限积分求导法得 $\frac{dx}{dy}=e^{-y^2}$，又由反函数求导法得 $\frac{dy}{dx}=e^{y^2}$，再由复合函数求导法得

$$\frac{d^2y}{dx^2}=\frac{d}{dy}(e^{y^2})\frac{dy}{dx}=2ye^{2y^2}.$$

在定义域中考察 $y=y(x)$：

$$\frac{d^2y}{dx^2}=0\Leftrightarrow y=0\Leftrightarrow x=0.$$

即

$$\left.\frac{d^2y}{dx^2}\right|_{x=0}=0,\ \left.\frac{d^2y}{dx^2}\right|_{x\neq0}\neq0.$$

再求 $\left.\frac{d^3y}{dx^3}\right|_{x=0}=\left.\left[\frac{d}{dy}(2ye^{2y^2})\frac{dy}{dx}\right]\right|_{x=0}=\left.[(2e^{2y^2}+8y^2e^{2y^2})e^{y^2}]\right|_{x=0}=2\neq0\Rightarrow$ 只有拐点 $(0,0)$.

解法 2　$x'_y=e^{-y^2}$，$x''_y=-2ye^{-y^2}$. 令 $x''_y=-2ye^{-y^2}=0$，得唯一 $y=0$.

且 x''_y 在 $y=0$ 两侧变号，于是 $(0,0)$ 是曲线 $x=\int_0^y e^{-t^2}dt$ 的唯一的拐点.

而注意到 $x=\int_0^y e^{-t^2}dt$ 与它的反函数 $y=y(x)$ 是同一条曲线，

故曲线 $y=y(x)$ 的拐点也只有唯一拐点 $(0,0)$.

5. 使不等式 $\ln x \leqslant x^{\alpha}$($\alpha$ 为常数)对任意的正数 x 都成立的最小的 α 为________.

解

当 $0<x\leqslant 1$ 时,不等式显然对任意 α 都成立,只需考虑 $x>1$ 的情况.

当 $x>1$ 时,$\ln x \leqslant x^{\alpha} \Leftrightarrow \ln\ln x \leqslant \alpha \ln x$,即

$$\alpha \geqslant \frac{\ln\ln x}{\ln x},$$

于是最小的 α 等效于 $f(x)=\dfrac{\ln\ln x}{\ln x}$ 的最大值.由 $f'(x)=\dfrac{\dfrac{1}{x}-\dfrac{\ln\ln x}{x}}{\ln^2 x}=0$,

得唯一驻点 $x=\mathrm{e}^{\mathrm{e}}$,当 $1<x<\mathrm{e}^{\mathrm{e}}$ 时,$f'(x)>0$,当 $x>\mathrm{e}^{\mathrm{e}}$ 时,$f'(x)<0$,

于是 $f(\mathrm{e}^{\mathrm{e}})=\dfrac{1}{\mathrm{e}}$ 是最大值,从而最小的 α 为 $\dfrac{1}{\mathrm{e}}$.

6. 已知曲线 $y=f(x)$ 在任意点处的切线的斜率为 ax^2-3x-6,且当 $x=-1$ 时,$y=\dfrac{11}{2}$ 是极值,试确定 $f(x)$,并求 $f(x)$ 的极小值.

解

由题设知,$f'(x)=ax^2-3x-6$,两边积分,得 $f(x)=\dfrac{1}{3}ax^3-\dfrac{3}{2}x^2-6x+C$,

由 $f'(-1)=0$ 和 $f(-1)=\dfrac{11}{2}$,即 $\begin{cases} a+3-6=0, \\ -\dfrac{1}{3}a-\dfrac{3}{2}+6+C=\dfrac{11}{2}, \end{cases}$ 解得 $a=3, C=2$,

故 $f(x)=x^3-\dfrac{3}{2}x^2-6x+2$,由 $f''(-1)=-9<0$,知 $x=-1$ 是 $f(x)$ 的极大值点.

又由 $f'(x)=0$,得另一个驻点 $x=2$,且 $f''(2)=9>0$,故 $x=2$ 是 $f(x)$ 的极小值点,且极小值为 $f(2)=-8$.

专题八　渐近线

解题要点

1. 水平渐近线：

若 $\lim\limits_{x\to+\infty} f(x)=a$ 或 $\lim\limits_{x\to-\infty} f(x)=a$，则称 $y=a$ 是 $f(x)$ 在右侧或左侧的水平渐近线.

2. 铅垂渐近线：

若 $\lim\limits_{x\to x_0^+} f(x)=\infty$ 或 $\lim\limits_{x\to x_0^-} f(x)=\infty$，则称 $x=x_0$ 是 $f(x)$ 的铅垂渐近线.

注　一般将函数的无定义点作为铅垂渐近线的考察对象，如分母为 0 的点、对数的真数为 0 的点.

3. 斜渐近线：

若 $\lim\limits_{x\to+\infty}\dfrac{f(x)}{x}=k\neq 0$，$\lim\limits_{x\to+\infty}[f(x)-kx]=b$，则称 $y=kx+b$ 是 $f(x)$ 在右侧的斜渐近线；

若 $\lim\limits_{x\to-\infty}\dfrac{f(x)}{x}=k\neq 0$，$\lim\limits_{x\to-\infty}[f(x)-kx]=b$，则称 $y=kx+b$ 是 $f(x)$ 在左侧的斜渐近线.

注　在同一侧，水平渐近线与斜渐近线不会同时存在.

1. 设可导函数 $f(x)$ 满足微分方程 $xf'(x)-f(x)=\dfrac{x^2}{1+x^2}$，且 $f(1)=\dfrac{\pi}{4}$.

（1）求 $f(x)$ 的表达式；（2）求曲线 $y=f(x)$ 的所有渐近线.

解

（1）方程 $xf'(x)-f(x)=\dfrac{x^2}{1+x^2}$ 可写成

$$f'(x)-\frac{1}{x}f(x)=\frac{x}{1+x^2}\,(x\neq 0),$$

这是一阶线性微分方程,其通解为$f(x)=x(\arctan x+C)$.

由于$f(1)=\dfrac{\pi}{4}$,故$C=0$,故$f(x)=x\arctan x(-\infty<x<+\infty$,且$x\neq0)$

又从题中可知$f(0)=0$,于是$f(x)=x\arctan x,-\infty<x<+\infty$.

(2) $\lim\limits_{x\to+\infty}\dfrac{f(x)}{x}=\lim\limits_{x\to+\infty}\arctan x=\dfrac{\pi}{2}$,

$$\lim_{x\to+\infty}\left[f(x)-\frac{\pi}{2}x\right]=\lim_{x\to+\infty}x\left(\arctan x-\frac{\pi}{2}\right)=\lim_{x\to+\infty}\frac{\arctan x-\dfrac{\pi}{2}}{\dfrac{1}{x}}=\lim_{x\to+\infty}\frac{\dfrac{1}{1+x^2}}{-\dfrac{1}{x^2}}=-1,$$

直线$y=\dfrac{\pi}{2}x-1$是曲线$y=f(x)$的斜渐近线.

注意到$f(x)=x\arctan x(-\infty<x<+\infty)$是偶函数,

于是$y=-\dfrac{\pi}{2}x-1$也是一条斜渐近线.

注

奇偶性对讨论函数性态、方程根、不等式、积分等有重要辅助作用.

2. 求曲线$y=xe^{\frac{1}{x}}\arctan\dfrac{x^2+x+1}{(x+1)(x+2)}$的斜渐近线.

解

$$k=\lim_{x\to\infty}\frac{y}{x}=\lim_{x\to\infty}e^{\frac{1}{x}}\arctan\frac{x^2+x+1}{(x+1)(x+2)}=e^0\cdot\arctan1=\frac{\pi}{4}.$$

$$\begin{aligned}b&=\lim_{x\to\infty}(y-kx)=\lim_{x\to\infty}\left[xe^{\frac{1}{x}}\arctan\frac{x^2+x+1}{(x+1)(x+2)}-\frac{\pi}{4}x\right]\\&=\lim_{x\to\infty}\left[x(e^{\frac{1}{x}}-1+1)\arctan\frac{x^2+x+1}{(x+1)(x+2)}-\frac{\pi}{4}x\right]\\&=\lim_{x\to\infty}\left[x(e^{\frac{1}{x}}-1)\arctan\frac{x^2+x+1}{(x+1)(x+2)}\right]+\lim_{x\to\infty}\left[x\arctan\frac{x^2+x+1}{(x+1)(x+2)}-\frac{\pi}{4}x\right]\\&=\lim_{x\to\infty}x\cdot\frac{1}{x}\arctan\frac{x^2+x+1}{(x+1)(x+2)}+\lim_{x\to\infty}x\left[\arctan\frac{x^2+x+1}{(x+1)(x+2)}-\frac{\pi}{4}\right]\end{aligned}$$

$$=\frac{\pi}{4}+\lim_{x\to\infty}x\left[\arctan\frac{x^2+x+1}{(x+1)(x+2)}-\arctan 1\right]\quad (*)$$

$$=\frac{\pi}{4}+\lim_{x\to\infty}x\cdot\frac{1}{1+\xi^2}\left[\frac{x^2+x+1}{(x+1)(x+2)}-1\right]\text{（其中 }\xi\text{ 介于}\frac{x^2+x+1}{(x+1)(x+2)}\text{和 1 之间）}$$

$$=\frac{\pi}{4}+\lim_{x\to\infty}x\cdot\frac{1}{1+\xi^2}\cdot\frac{-2x-1}{(x+1)(x+2)}=\frac{\pi}{4}-1,$$

这里 $x\to\infty$，$\xi\to 1$.综上，斜渐近线为 $y=\frac{\pi}{4}x+\frac{\pi}{4}-1$.

注

（$*$）处也可利用公式 $\arctan b-\arctan a=\arctan\frac{b-a}{1+ab}$ 处理.

专题九 不等式的证明

解题要点

1. 利用函数的单调性：若 $f'(x)\geqslant 0$ 且 $f(a)=0, x\in[a,b]$，则 $f(x)\geqslant 0, x\in[a,b]$.

2. 利用最值：若 $[f(x)]_{\min}\geqslant 0, x\in[a,b]$，则 $f(x)\geqslant 0, x\in[a,b]$.

3. 利用中值定理：$f(b)-f(a)=f'(\xi)(b-a)$，结合条件对中值 ξ 进行放缩.

4. 利用曲线的凹凸性：若曲线 $f(x)$ 在 $[a,b]$ 上是凸弧，则对 $\forall x_1, x_2\in[a,b]$，且 $x_1\neq x_2$，有

$$f\left(\frac{x_1+x_2}{2}\right)>\frac{f(x_1)+f(x_2)}{2};$$

若曲线 $f(x)$ 在 $[a,b]$ 上是凸弧，则对 $\forall x, x_0\in[a,b]$，且 $x\neq x_0$，有

$$f(x)<f(x_0)+f'(x_0)(x-x_0);$$

若曲线 $f(x)$ 在 $[a,b]$ 上是凸弧，则对 $\forall x\in[a,b]$，有 $f(x)>\dfrac{b-x}{b-a}f(a)+\dfrac{x-a}{b-a}f(b)$.

5. 利用带拉格朗日余项的泰勒公式.

1. 设函数 $f(x)$ 在 (a,b) 内具有连续的导数，$\lim\limits_{x\to a^+}f(x)=+\infty$，$\lim\limits_{x\to b^-}f(x)=-\infty$，且对任意 $x\in(a,b)$，有 $f'(x)+f^2(x)+1>0$，则必有（　　）.

(A) $b-a>\pi$　　(B) $b-a=\pi$　　(C) $b-a<\pi$　　(D) $b-a$ 与 π 的关系不确定

解

令 $F(x)=\arctan f(x)+x$，则 $F'(x)=\dfrac{f'(x)}{1+f^2(x)}+1=\dfrac{f'(x)+1+f^2(x)}{1+f^2(x)}>0, x\in(a,b)$，

于是 $F(x)$ 在 (a,b) 内单调递增，故 $\lim\limits_{x\to a^+}F(x)<\lim\limits_{x\to b^-}F(x)$，即 $\lim\limits_{x\to a^+}[\arctan f(x)+x]<\lim\limits_{x\to b^-}[\arctan f(x)+x]$，注意 $\lim\limits_{x\to a^+}f(x)=+\infty$，$\lim\limits_{x\to b^-}f(x)=-\infty$，于是 $\dfrac{\pi}{2}+a<-\dfrac{\pi}{2}+b$，所以 $b-a>\pi$.

2. 设函数$f(x)$在$[0,1]$上连续，在$(0,1)$内二阶可导，且$f''(x)>0$. 对任意$n\in\mathbf{N}$，记$g(x)=f\left(\frac{1}{n+1}\right)+f'\left(\frac{1}{n+1}\right)\left(x-\frac{1}{n+1}\right)$，$h(x)=f(0)(1-x)+f(1)x$，则（　　）.

(A) $f(x)\leqslant g(x)\leqslant h(x)$　　(B) $f(x)\leqslant h(x)\leqslant g(x)$

(C) $g(x)\leqslant f(x)\leqslant h(x)$　　(D) $g(x)\leqslant h(x)\leqslant f(x)$

解

$f''(x)>0\Rightarrow f(x)$是凹曲线.

$g(x)=f\left(\frac{1}{n+1}\right)+f'\left(\frac{1}{n+1}\right)\left(x-\frac{1}{n+1}\right)$是$f(x)$在$x=\frac{1}{n+1}$处的切线，

$h(x)=f(0)(1-x)+f(1)x$是$f(x)$在$(0,f(0))$和$(1,f(1))$处的连线，

所以$g(x)\leqslant f(x)\leqslant h(x)$，选(C).

3. 证明：$2^n\geqslant 1+n\sqrt{2^{n-1}}\ (n=1,2,\cdots)$.

解

令$f(x)=2^x-1-x\cdot 2^{\frac{x-1}{2}}$，$x\geqslant 1$，显然$f(1)=0$，则

$$f'(x)=2^x\cdot\ln 2-2^{\frac{x-1}{2}}-x\cdot 2^{\frac{x-1}{2}}\cdot\ln 2\cdot\frac{1}{2}=\frac{\ln 2}{2}\cdot 2^{\frac{x-1}{2}}\cdot\left(2\cdot 2^{\frac{x+1}{2}}-\frac{2}{\ln 2}-x\right),$$

再令$g(x)=2\cdot 2^{\frac{x+1}{2}}-\frac{2}{\ln 2}-x$，$x\geqslant 1$，显然$g(1)=3-\frac{2}{\ln 2}=\frac{3\ln 2-2}{\ln 2}=\frac{\ln 2^3-\ln e^2}{\ln 2}>0$，

$$\Rightarrow g'(x)=2\cdot 2^{\frac{x+1}{2}}\cdot\ln 2\cdot\frac{1}{2}-1=2^{\frac{x+1}{2}}\cdot\ln 2-1>0,$$

于是$g(x)$单调递增，从而$g(x)\geqslant g(1)>0$，进而$f'(x)=\frac{\ln 2}{2}\cdot 2^{\frac{x-1}{2}}\cdot g(x)>0$，

于是$f(x)$单调递增，从而$f(x)\geqslant f(1)=0$，故$2^n\geqslant 1+n\sqrt{2^{n-1}}\ (n=1,2,\cdots)$.

专题十 方程的根(函数的零点)

解题要点

1. 当题中条件及结论只涉及连续函数时,一般使用零点定理说明有根.

2. 当题中条件及结论涉及导数时,一般使用罗尔定理说明有根.

3. 当说明至多有 n 个根时,往往考虑单调性或罗尔定理的推论(若 $f^{(n)}(x)\neq 0$,则 $f(x)=0$ 至多有 n 个根);当然还可使用反证法去说明至多有 n 个根.

4. 对于函数 $f(x)$ 在区间 I 上零点的问题或含有参数的方程 $F(x,k)=0$ 在区间 I 上根的问题,主要利用导数把区间 I 划分成若干个单调区间,并结合每个单调区间的端点值进行讨论.

1. 若函数 $f(x)=\dfrac{1}{x-ae^x}$ 在 $(-\infty,+\infty)$ 上有两个间断点,则(　　).

(A) $a\leqslant 0$　　(B) $0<a<e^{-1}$　　(C) $a\geqslant e^{-1}$　　(D) a 任意

解

$f(x)$ 在 $(-\infty,+\infty)$ 上有两个间断点 $\Leftrightarrow x-ae^x=0$ 在 $(-\infty,+\infty)$ 上有两个根.

而 $x-ae^x=0\Leftrightarrow \dfrac{x}{e^x}=a,-\infty<x<+\infty$,令 $g(x)=\dfrac{x}{e^x},-\infty<x<+\infty$,

则 $g'(x)=\dfrac{e^x-xe^x}{e^{2x}}=\dfrac{1-x}{e^x}$,于是当 $-\infty<x<1$ 时,$g(x)$ 单调递增,当 $1<x<+\infty$ 时,$g(x)$ 单调递减,$g(-\infty)=\lim\limits_{x\to-\infty}\dfrac{x}{e^x}=-\infty$,$g(1)=e^{-1}$,$g(+\infty)=\lim\limits_{x\to+\infty}\dfrac{x}{e^x}=0$,所以 $0<a<e^{-1}$.

2. 试确定方程 $\int_0^x e^{-t^2}dt=x^3-x$ 的实根个数.

解

令 $f(x)=\int_0^x e^{-t^2}dt-x^3+x$，显然 $f(x)$ 是 $(-\infty,+\infty)$ 上的奇函数，从而 $f(x)$ 在 $(-\infty,0)$ 和 $(0,+\infty)$ 上的实根个数相同，因此只需讨论 $[0,+\infty)$ 上即可.

又 $f(0)=0$，$f'(x)=e^{-x^2}-3x^2+1$，$f'(0)=2>0$，$\lim\limits_{x\to+\infty}f'(x)=-\infty$，$f''(x)=-2xe^{-x^2}-6x<0$，则存在唯一的 $x_0\in(0,+\infty)$，使得 $f'(x_0)=0$，且当 $x\in(0,x_0)$ 时，$f'(x)>0$，当 $x\in(x_0,+\infty)$ 时，$f'(x)<0$，$f(x_0)>0$. $\lim\limits_{x\to+\infty}f(x)=-\infty$，因此 $f(x)$ 在 $(0,x_0)$ 上无实根，在 $(x_0,+\infty)$ 上有唯一实根，所以原方程在 $(-\infty,+\infty)$ 上有且只有三个实根.

3. 设 $y=y(x)$ 满足 $x^2y'+y=x^2e^{\frac{1}{x}}(x\neq0)$，且 $y(1)=3e$.

(1) 求 $y(x)$ 的表达式；(2) 讨论方程 $y(x)=k$ 不同实根的个数，其中 k 为参数.

解

(1) 已知方程可化为 $y'+\frac{1}{x^2}y=e^{\frac{1}{x}}$，为一阶线性微分方程，解得

$$\begin{aligned}y&=e^{-\int\frac{1}{x^2}dx}\left(\int e^{\frac{1}{x}}\cdot e^{\int\frac{1}{x^2}dx}dx+C\right)\\&=e^{\frac{1}{x}}(x+C).\end{aligned}$$

由 $y(1)=3e$，得 $C=2$，故 $y=y(x)=(x+2)e^{\frac{1}{x}}$.

(2) 令 $f(x)=(x+2)e^{\frac{1}{x}}-k$，$x\in(-\infty,0)\cup(0,+\infty)$，则

$$f'(x)=e^{\frac{1}{x}}-\frac{x+2}{x^2}e^{\frac{1}{x}}=e^{\frac{1}{x}}\cdot\frac{x^2-x-2}{x^2}\overset{令}{=\!=}0,$$

得驻点 $x=-1$，$x=2$ 及不可导点 $x=0$.

当 $x<-1$ 时，$f'(x)>0$；当 $-1<x<0$ 时，$f'(x)<0$；当 $0<x<2$ 时，$f'(x)<0$；当 $x>2$ 时，$f'(x)>0$. 且

$$\lim_{x\to0^+}f(x)=\lim_{x\to0^+}(x+2)e^{\frac{1}{x}}-k=+\infty,\ \lim_{x\to0^-}f(x)=\lim_{x\to0^-}(x+2)e^{\frac{1}{x}}-k=-k,$$

$$\lim_{x\to+\infty}f(x)=\lim_{x\to+\infty}(x+2)e^{\frac{1}{x}}-k=+\infty,\ \lim_{x\to-\infty}f(x)=\lim_{x\to-\infty}(x+2)e^{\frac{1}{x}}-k=-\infty,$$

故 $f(-1)=\frac{1}{e}-k$ 为极大值，$f(2)=4\sqrt{e}-k$ 为极小值.

其大致图形如图 1-10-1 所示（此题不涉及凹凸性，考生可不必研究 $f''(x)$）.

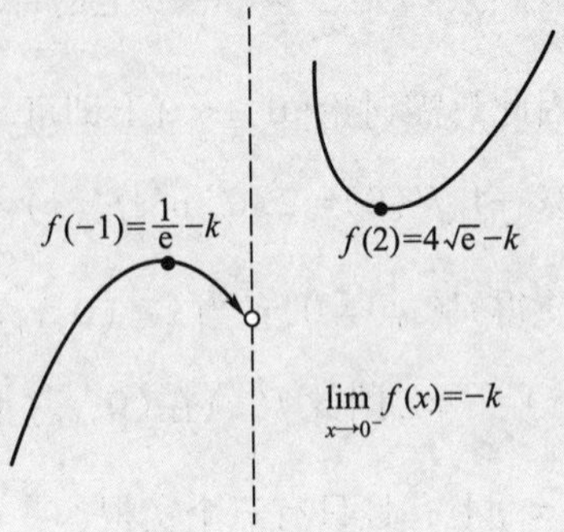

图 1-10-1

结合图形，讨论如下：

① 当 $f(-1)=\frac{1}{e}-k<0$ 且 $f(2)=4\sqrt{e}-k>0$，即 $\frac{1}{e}<k<4\sqrt{e}$ 时，方程无实根［如图 1-10-2(a)］；

② 当 $\lim\limits_{x\to0^-}f(x)=-k>0$，即 $k<0$ 时，方程有且仅有一个实根［如图 1-10-2(b)］；

③ 当 $k=0$ 或 $\frac{1}{e}$ 或 $4\sqrt{e}$ 时，方程有且仅有一个实根且分别为 $x=-2,x=-1,x=2$［分别如图 1-10-2(c)，(d)，(e)］；

④ 当 $0<k<\frac{1}{e}$ 时，方程恰有两个不同实根，分别位于 $(-2,-1)$ 与 $(-1,0)$ 内［如图 1-10-2(f)］；

⑤ 当 $k>4\sqrt{e}$ 时，方程恰有两个不同实根，分别位于 $(0,2)$ 与 $(2,+\infty)$ 内［如图 1-10-2(g)］.

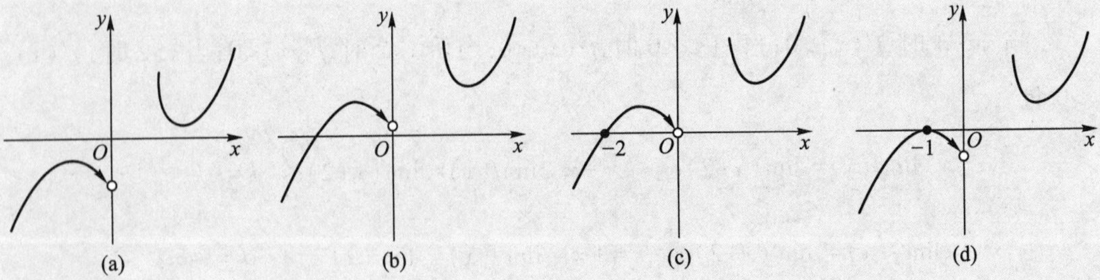

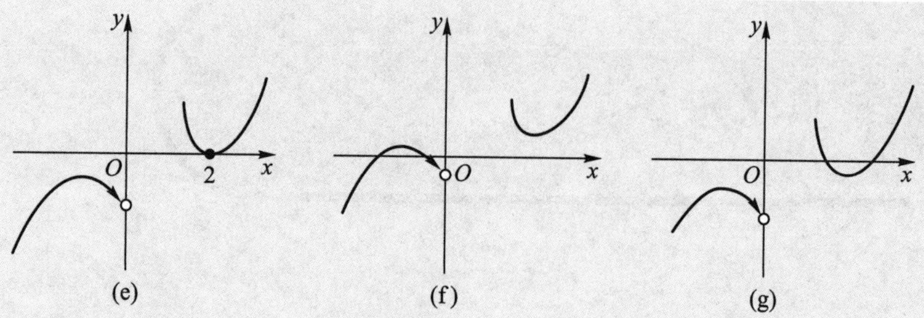

图 1-10-2

4. 设 $f(x)$ 在 $[0,1]$ 上非负且连续，在 $(0,1)$ 内可导，且 $f'(x)>-\dfrac{2f(x)}{x}$.

证明方程 $xf(x)=\int_x^1 f(t)\,\mathrm{d}t$ 在 $(0,1)$ 内有唯一实根.

证明

令 $F(x)=x\cdot\left[-\int_x^1 f(t)\,\mathrm{d}t\right]$，显然 $F(0)=F(1)=0$.

由罗尔定理知，存在 $\xi\in(0,1)$，使得 $F'(\xi)=0$，

即 $\left(xf(x)-\int_x^1 f(t)\,\mathrm{d}t\right)\Big|_{x=\xi}=0$. 故 $xf(x)-\int_x^1 f(t)\,\mathrm{d}t=0$ 在 $(0,1)$ 内有根.

又 $\left[xf(x)-\int_x^1 f(t)\,\mathrm{d}t\right]'=f(x)+xf'(x)+f(x)=2f(x)+xf'(x)$.

由于 $f'(x)>-\dfrac{2f(x)}{x}$，于是 $xf'(x)+2f(x)>0, 0<x<1$.

所以 $xf(x)-\int_x^1 f(t)\,\mathrm{d}t$ 在 $(0,1)$ 内单调增加，所以方程 $xf(x)-\int_x^1 f(t)\,\mathrm{d}t=0$ 在 $(0,1)$ 内有唯一实根 ξ.

专题十一　中值定理

解题要点

1. 证明存在$\xi \in (a,b)$，使$f^{(n)}(\xi)=0(n=1,2)$.

一般不需要构造辅助函数，只需对$f^{(n-1)}(x)$在$[a,b]$或$[a,b]$的某一子区间上使用罗尔定理.

2. 证明存在$\xi \in (a,b)$，使$H[\xi, f(\xi), f'(\xi), f''(\xi)]=0$.

一般需要构造辅助函数$F(x)$，对$F(x)$在$[a,b]$或$[a,b]$的某一子区间上使用罗尔定理.

如：证明存在$\xi \in (a,b)$，使$f'(\xi)+g(\xi)f(\xi)=0$，构造$F(x)=f(x)\mathrm{e}^{\int g(x)\mathrm{d}x}$并使用罗尔定理.

3. 出现$f(x)$三个点的函数值时，往往相邻两点之间使用拉格朗日中值定理.

4. 证明存在$\xi \in (a,b)$，使得在这点处的高阶导数不等式$f^{(n)}(\xi)<k$成立.

若$n=2$，一般可考虑多次使用拉格朗日中值定理或泰勒公式，但若$n\geqslant 3$，则一般使用泰勒公式.

1. 设$f(x)$在$[a,b]$上连续，在(a,b)内可导，$f(a)=a$，$\int_a^b f(x)\mathrm{d}x=\frac{1}{2}(b^2-a^2)$.

证明：(1) 存在$c\in(a,b)$，使得$f(c)=c$；　(2) 存在$\xi\in(a,b)$，使得$f'(\xi)=f(\xi)-\xi+1$.

证明

(1) 由

$$\int_a^b f(x)\mathrm{d}x=\frac{1}{2}(b^2-a^2)\Rightarrow\int_a^b[f(x)-x]\mathrm{d}x=0,$$

对上面的右式应用积分中值定理，存在$c\in(a,b)$，使得

$$\int_a^b [f(x)-x]\mathrm{d}x=[f(c)-c](b-a)=0,$$

于是 $f(c)-c=0(a<c<b)$.

（2）取辅助函数

$$F(x)=\mathrm{e}^{-x}[f(x)-x],$$

则 $F(a)=F(c)=0$，且 $F(x)$ 在 $[a,c]$ 上连续，在 (a,c) 内可导，应用罗尔定理，存在 $\xi\in(a,c)\subset(a,b)$，使得 $F'(\xi)=0$. 因为

$$F'(x)=\mathrm{e}^{-x}[f'(x)-1-f(x)+x],$$

所以 $F'(\xi)=\mathrm{e}^{-\xi}[f'(\xi)-1-f(\xi)+\xi]=0$，即

$$f'(\xi)=f(\xi)-\xi+1.$$

2. 设连续周期函数 $f(x)$ 的周期为 1，且 $f(1)=0$，在 $(0,1)$ 内可导，令 $M=\max\limits_{x\in[0,1]}|f(x)|$. 证明：存在 $\xi\in(1,2)$，使得 $|f'(\xi)|\geqslant 2M$.

证明

因为 $f(x)$ 连续，所以 $|f(x)|$ 也连续，注意到 $\max\limits_{x\in[0,1]}|f(x)|=M\geqslant 0$，

（1）若 $M=0$，则 $f(x)\equiv 0$，此时对任意 $\xi\in(1,2)$，都有 $|f'(\xi)|\geqslant 2M$.

（2）若 $M>0$，因为 $f(1)=f(2)=0$，于是 $|f(x)|$ 必在 $(1,2)$ 内部某点 c 处取到最大值 M，即 $|f(c)|=M$，$1<c<2$，此时不妨设 $f(c)=M$（对 $f(c)=-M$ 同理可证）.

在 $[1,c]$ 和 $[c,2]$ 上分别对 $f(x)$ 使用拉格朗日中值定理，得

$f(c)-f(1)=f'(\xi_1)(c-1)$，即 $M=f'(\xi_1)(c-1)$，$1<\xi_1<c$.

$f(2)-f(c)=f'(\xi_2)(2-c)$，即 $-M=f'(\xi_2)(2-c)$，$c<\xi_2<2$.

上述两式各自取绝对值并相加，得 $2M=|f'(\xi_1)|(c-1)+|f'(\xi_2)|(2-c)$，记 $|f'(\xi)|=\max\{|f'(\xi_1)|,|f'(\xi_2)|\}$，则 $\xi\in(1,2)$，且 $2M\leqslant|f'(\xi)|(c-1+2-c)=|f'(\xi)|$.

3. 设 $f(x)$ 在 $[0,1]$ 上可微，且 $f(0)=0$，$|f'(x)|\leqslant p|f(x)|$，其中 $0<p<1$. 证明：$f(x)\equiv 0$，$x\in[0,1]$.

证明

端点 $f(0)=0$，可考虑拉格朗日中值定理.

证法 1 任取 $x\in(0,1]$，则 $|f(x)|=|f(x)-f(0)|=|f'(\xi_1)x|\leqslant p|f(\xi_1)|$，这里 $0<\xi_1<x\leqslant 1$，而 $|f(\xi_1)|=|f(\xi_1)-f(0)|=|f'(\xi_2)\xi_1|\leqslant p|f(\xi_2)|$，这里 $0<\xi_2<\xi_1$，代入上式，有

$$|f(x)|\leqslant p|f(\xi_1)|\leqslant p^2|f(\xi_2)|,$$

依次类推使用拉格朗日中值定理，有

$$|f(x)|\leqslant p|f(\xi_1)|\leqslant p^2|f(\xi_2)|\leqslant\cdots\leqslant p^n|f(\xi_n)|,$$

这里 $0<\xi_n<\cdots<\xi_2<\xi_1<1$，注意到 $0<p<1$，则 $\lim\limits_{n\to\infty}p^n=0$，且 $f(x)$ 是有界的，于是 $\lim\limits_{n\to\infty}p^n|f(\xi_n)|=0$，根据夹逼准则，有 $|f(x)|=0$，故 $f(x)\equiv 0, x\in[0,1]$.

证法 2 由条件可知 $|f(x)|$ 在 $[0,1]$ 上连续，设其在 $x_0\in[0,1]$ 处取得最大值，由拉格朗日中值定理，存在 $x_1\in(0,x_0)$，使

$$M=|f(x_0)|=|f(x_0)-f(0)|=|f'(x_1)x_0|\leqslant|f'(x_1)|\text{（因为 }0\leqslant x_0\leqslant 1\text{）}$$
$$\leqslant p|f(x_1)|\leqslant pM,$$

而 $0<p<1$，从而 $M=0$，因此 $|f(x)|$ 在 $[0,1]$ 上恒等于零，即 $f(x)\equiv 0, x\in[0,1]$.

注

效仿证法 1 可把本题作进一步推广，如下例.

设 $f(x)$ 在 $[0,+\infty)$ 上可微，$f(0)=0$，并设有实数 $A>0$，使得 $|f'(x)|\leqslant A|f(x)|$ 在 $[0,+\infty)$ 上成立，试证：在 $[0,+\infty)$ 上 $f(x)\equiv 0$.

证明 由于 $f(x)$ 在 $[0,+\infty)$ 上可微，$f(0)=0$，根据拉格朗日中值定理，存在 $\xi\in(0,x)$，使得

$$|f(x)|=|f(0)+f'(\xi_1)(x-0)|\leqslant A|f(\xi_1)|x.$$

不妨先限制 $x\in\left(0,\dfrac{1}{2A}\right]$，则得 $|f(x)|\leqslant\dfrac{1}{2}|f(\xi_1)|$. 重复上述过程，可得

$$|f(x)|\leqslant\frac{1}{2}|f(\xi_1)|\leqslant\frac{1}{4}|f(\xi_2)|\leqslant\cdots\leqslant\frac{1}{2^n}|f(\xi_n)|,$$

其中，$0<\xi_n<\xi_{n-1}<\cdots<\xi_1<x\leqslant\dfrac{1}{2A}$. 由 $f(x)$ 的连续性可知，存在 $M>0$，使得 $x\in\left[0,\dfrac{1}{2A}\right]$ 时，$|f(x)|\leqslant M$，从而 $|f(x)|\leqslant\dfrac{M}{2^n}(n=1,2,\cdots)$，进而 $f(x)=0$.

按照上述方法，运用数学归纳法可证，在一切$\left[\frac{i-1}{2A},\frac{i}{2A}\right]$$(i=1,2,\cdots)$上恒有$f(x)=0$（只需将区间的左端点$\frac{i-1}{2A}$理解为上述证明中区间$\left[0,\frac{1}{2A}\right]$的左端点0即可，这里$f\left(\frac{i-1}{2A}\right)=0$）. 故在$[0,+\infty)$上$f(x)\equiv 0$.

4. 设$f(x)$在$(x_0-\delta,x_0+\delta)$内有三阶连续导数，且$f''(x_0)=0$，$f'''(x_0)\neq 0$，当$0<|h|<\delta$时，有$f(x_0+h)-f(x_0)=hf'(x_0+\theta h)$，$0<\theta<1$，则$\lim\limits_{h\to 0}\theta=$________.

解

利用泰勒公式，有

$$f(x_0+h)-f(x_0)=f'(x_0)h+\frac{f''(x_0)}{2!}h^2+\frac{f'''(\xi)}{3!}h^3$$
$$=f'(x_0)h+\frac{f'''(\xi)}{6}h^3,$$

其中ξ在x_0与x_0+h之间，与原题等式对比，有

$$f'(x_0)h+\frac{f'''(\xi)}{6}h^3=hf'(x_0+\theta h),$$

即
$$f'(x_0)+\frac{f'''(\xi)}{6}h^2=f'(x_0+\theta h). \qquad ①$$

再利用泰勒公式，有

$$f'(x_0+\theta h)-f'(x_0)=f''(x_0)\cdot\theta h+\frac{f'''(\eta)}{2!}(\theta h)^2=\frac{f'''(\eta)}{2}(\theta h)^2, \qquad ②$$

其中η在x_0与$x_0+\theta h$之间，对比①和②，有$\frac{f'''(\eta)}{2}(\theta h)^2=\frac{f'''(\xi)}{6}h^2$，即$f'''(\eta)\theta^2=\frac{1}{3}f'''(\xi)$，

令$h\to 0$，此时有$\xi,\eta\to x_0$，借助$f'''(x)$连续且$f'''(x_0)\neq 0$，有$\lim\limits_{h\to 0}\theta^2=\frac{1}{3}$，于是$\lim\limits_{h\to 0}\theta=\frac{1}{\sqrt{3}}$.

5. 设$f(x+h)=f(x)+hf'(x)+\frac{h^2}{2!}f''(x)+\cdots+\frac{h^n}{n!}f^{(n)}(x+\theta h)\ (0<\theta<1)$，$f^{(n+1)}(x)$连续且$f^{(n+1)}(x)\neq 0$，求$\lim\limits_{h\to 0}\theta$.

解

根据泰勒公式，有

$$f(x+h)=f(x)+hf'(x)+\frac{h^2}{2!}f''(x)+\cdots+\frac{h^n}{n!}f^{(n)}(x)+\frac{h^{n+1}}{(n+1)!}f^{(n+1)}(\xi),$$

这里 ξ 在 $x+h$ 和 x 之间.将题中所给等式与上述等式作差，得

$$0=\frac{h^n}{n!}[f^{(n)}(x+\theta h)-f^{(n)}(x)]-\frac{h^{n+1}}{(n+1)!}f^{(n+1)}(\xi),$$

再用拉格朗日中值定理，得

$$0=\frac{h^n}{n!}f^{(n+1)}(\eta)\cdot\theta h-\frac{h^{n+1}}{(n+1)!}f^{(n+1)}(\xi),$$

这里 η 在 $x+\theta h$ 和 x 之间，整理得 $f^{(n+1)}(\eta)\cdot\theta=\frac{1}{n+1}f^{(n+1)}(\xi)$，两边令 $h\to 0$，此时不论是 ξ 还是 η，都会趋于 x，再根据 $f^{(n+1)}(x)$ 连续，得 $f^{(n+1)}(x)\lim\limits_{h\to 0}\theta=\frac{1}{n+1}f^{(n+1)}(x)$，注意到 $f^{(n+1)}(x)\neq 0$，于是 $\lim\limits_{h\to 0}\theta=\frac{1}{n+1}$.

注

将本题的 n 取为 2，便会得到 $\lim\limits_{h\to 0}\theta=\frac{1}{3}$.

专题十二 积分（定积分、二重积分）比大小

解题要点

1. 若连续函数 $f(x)$, $g(x)$ 在 $[a,b]$ 上满足 $f(x)\leqslant g(x)$，且至少存在一点 $x_0\in[a,b]$，使 $f(x_0)\neq g(x_0)$，则 $\int_a^b f(x)\,\mathrm{d}x<\int_a^b g(x)\,\mathrm{d}x$（二重积分类似）.

2. 若连续函数 $f(x)$ 在 $[a,b]$ 上非负，$[c,d]\subset[a,b]$，则 $\int_c^d f(x)\,\mathrm{d}x\leqslant\int_a^b f(x)\,\mathrm{d}x$（二重积分类似）.

3. 若 $f''(x)>0$，即曲线 $f(x)$ 是凹的，则

$$f\left(\frac{a+b}{2}\right)\cdot(b-a)<\int_a^b f(x)\,\mathrm{d}x<\frac{f(a)+f(b)}{2}\cdot(b-a).$$

1. 设 $I_1=\int_0^{\frac{\pi}{2}}\frac{\sin x}{1+x^2}\mathrm{d}x$, $I_2=\int_0^{\frac{\pi}{2}}\frac{\cos x}{1+x^2}\mathrm{d}x$, $I_3=\int_0^{\frac{\pi}{2}}\frac{x}{1+\left(x-\frac{\pi}{2}\right)^2}\mathrm{d}x$，则（　　）.

（A）$I_1>I_2>I_3$　　（B）$I_3>I_1>I_2$　　（C）$I_2>I_1>I_3$　　（D）$I_3>I_2>I_1$

解

$$I_1-I_2=\int_0^{\frac{\pi}{2}}\frac{\sin x-\cos x}{1+x^2}\mathrm{d}x=\int_0^{\frac{\pi}{4}}\frac{\sin x-\cos x}{1+x^2}\mathrm{d}x+\int_{\frac{\pi}{4}}^{\frac{\pi}{2}}\frac{\sin x-\cos x}{1+x^2}\mathrm{d}x$$

$$=\frac{1}{1+\xi^2}\int_0^{\frac{\pi}{4}}(\sin x-\cos x)\,\mathrm{d}x+\frac{1}{1+\eta^2}\int_{\frac{\pi}{4}}^{\frac{\pi}{2}}(\sin x-\cos x)\,\mathrm{d}x,$$

这里 $0<\xi<\frac{\pi}{4}$，且 $\frac{\pi}{4}<\eta<\frac{\pi}{2}$，于是 $\frac{1}{1+\xi^2}>\frac{1}{1+\eta^2}$，于是 $I_1-I_2<0$，即 $I_1<I_2$.

另外，$I_2=\int_0^{\frac{\pi}{2}}\frac{\cos x}{1+x^2}\mathrm{d}x$（令 $x=\frac{\pi}{2}-t$）$=\int_0^{\frac{\pi}{2}}\frac{\sin t}{1+\left(\frac{\pi}{2}-t\right)^2}\mathrm{d}t<\int_0^{\frac{\pi}{2}}\frac{t}{1+\left(\frac{\pi}{2}-t\right)^2}\mathrm{d}t=I_3$.

综上，$I_1<I_2<I_3$，选(D).

2. 设 $D=\left\{(x,y)\,\middle|\,x^2+y^2\leqslant\frac{3}{4}\right\}$，记

$$I=\iint\limits_D \mathrm{e}^{-(x^2+y^2)}\mathrm{d}x\mathrm{d}y,J=\iint\limits_D\cos(x^2+y^2)\mathrm{d}x\mathrm{d}y,K=\iint\limits_D[1-\sin(x^2+y^2)]\mathrm{d}x\mathrm{d}y,$$

则 I,J,K 的大小顺序为(　　).

(A) $I<J<K$　　(B) $J<K<I$　　(C) $I<K<J$　　(D) $K<I<J$

解

令 $x^2+y^2=t$，则转化成比较 $\mathrm{e}^{-t},\cos t,1-\sin t$ 的大小，这里 $0<t\leqslant\frac{3}{4}<\frac{\pi}{4}$.

等价于比较 $1,\mathrm{e}^t\cos t,\mathrm{e}^t(1-\sin t)$ 的大小，这里 $0<t\leqslant\frac{3}{4}<\frac{\pi}{4}$.

令 $f(t)=1-\mathrm{e}^t\cos t$，则 $f'(t)=-\mathrm{e}^t(\cos t-\sin t)<0$，得 $f(t)<f(0)=0$，于是 $1<\mathrm{e}^t\cos t$.

令 $g(t)=1-\mathrm{e}^t(1-\sin t)$，则 $g'(t)=-\mathrm{e}^t(1-\sin t-\cos t)=-\mathrm{e}^t\left[1-\sqrt{2}\sin\left(t+\frac{\pi}{4}\right)\right]>0$，得 $g(t)>g(0)=0$，于是 $1>\mathrm{e}^t(1-\sin t)$.

综上，$\mathrm{e}^t(1-\sin t)<1<\mathrm{e}^t\cos t$，即 $1-\sin t<\mathrm{e}^{-t}<\cos t$. 于是 $K<I<J$，选(D).

专题十三 求积分的方法与技巧

解题要点

1. 求不定积分的基础是积分公式,方法有凑微分、换元及分部积分,技巧有拆项、分子加减一个量、分子与分母同乘(除以)一个量.

注 $\int\sqrt{x^2+a^2}\,dx=\frac{x}{2}\sqrt{x^2+a^2}+\frac{a^2}{2}\ln(x+\sqrt{x^2+a^2})+C.$

$\int\sqrt{x^2-a^2}\,dx=\frac{x}{2}\sqrt{x^2-a^2}-\frac{a^2}{2}\ln\left|x+\sqrt{x^2-a^2}\right|+C.$

$\int\sqrt{a^2-x^2}\,dx=\frac{x}{2}\sqrt{a^2-x^2}+\frac{a^2}{2}\arcsin\frac{x}{a}+C.$

2. 牛顿-莱布尼茨公式 $\int_a^b f(x)\,dx=F(x)\Big|_a^b=F(b)-F(a)$,这里 $F'(x)=f(x)$,$x\in[a,b]$.

3. 计算定积分时几个重要结论.

(1) $\int_{-a}^{a}f(x)\,dx=\int_0^a[f(x)+f(-x)]\,dx=\begin{cases}0, & f(x)\text{ 是奇函数},\\ 2\int_0^a f(x)\,dx, & f(x)\text{ 是偶函数}.\end{cases}$

(2) 若 $f(x)$ 以 T 为周期,则对任意 a,有

$$\int_a^{a+T}f(x)\,dx=\int_0^T f(x)\,dx,\quad \int_a^b f(x)\,dx=\int_{a+T}^{b+T}f(x)\,dx.$$

(3) $\int_0^{\frac{\pi}{2}}\sin^n x\,dx=\int_0^{\frac{\pi}{2}}\cos^n x\,dx=\begin{cases}\frac{n-1}{n}\cdot\frac{n-3}{n-2}\cdot\cdots\cdot\frac{2}{3}, & n\text{ 是大于 1 的奇数},\\ \frac{n-1}{n}\cdot\frac{n-3}{n-2}\cdot\cdots\cdot\frac{1}{2}\cdot\frac{\pi}{2}, & n\text{ 是正偶数}.\end{cases}$

(4) $\int_0^{\pi}\sin^n x\mathrm{d}x=2\int_0^{\frac{\pi}{2}}\sin^n x\mathrm{d}x(n\in\mathbf{N}^*)$，$\int_0^{\pi}\cos^n x\mathrm{d}x=\begin{cases}0, & n\text{ 是正奇数},\\ 2\int_0^{\frac{\pi}{2}}\cos^n x\mathrm{d}x, & n\text{ 是正偶数}.\end{cases}$

(5) $\int_0^{2\pi}\sin^n x\mathrm{d}x=\int_0^{2\pi}\cos^n x\mathrm{d}x=\begin{cases}0, & n\text{ 是正奇数},\\ 4\int_0^{\frac{\pi}{2}}\sin^n x\mathrm{d}x, & n\text{ 是正偶数}.\end{cases}$

(6) $\int_{\frac{\pi}{2}k_1}^{\frac{\pi}{2}k_2}\sin^2 nx\mathrm{d}x=\frac{1}{2}\left(\frac{\pi}{2}k_2-\frac{\pi}{2}k_1\right)$，如 $\int_0^{3\pi}\sin^2 7x\mathrm{d}x=\frac{3\pi}{2}$；

$\int_{\frac{\pi}{2}k_1}^{\frac{\pi}{2}k_2}\cos^2 nx\mathrm{d}x=\frac{1}{2}\left(\frac{\pi}{2}k_2-\frac{\pi}{2}k_1\right)$，如 $\int_{-\frac{\pi}{2}}^{\pi}\cos^2 3x\mathrm{d}x=\frac{3\pi}{4}$.

其中 k_1,k_2,n 是任意的整数. 此类积分值都是积分区间长度的一半.

(7) 三角函数系的正交性：

函数的集合 $F=\{1,\cos x,\sin x,\cos 2x,\sin 2x,\cdots,\cos mx,\sin mx,\cdots\}$ 称为三角函数系. 任取 F 中两个不同的函数，它们的乘积在 $[0,2\pi]$ 上的积分都为零，如

$$\int_0^{2\pi}\cos 2x\sin 3x\mathrm{d}x=0,\quad \int_0^{2\pi}\cos 7x\mathrm{d}x=0.$$

注　由三角函数的周期性，对任何区间长度为 2π 上的积分这一结论都成立.

(8) $\int_a^b f(x)\mathrm{d}x=\int_a^b f(a+b-x)\mathrm{d}x$.

(9) $\int_0^1 x^m(1-x)^n\mathrm{d}x=\int_0^1 x^n(1-x)^m\mathrm{d}x$.

(10) $\int_0^{\frac{\pi}{2}}f(\sin x,\cos x)\mathrm{d}x=\int_0^{\frac{\pi}{2}}f(\cos x,\sin x)\mathrm{d}x$.

(11) $\int_0^{\pi}xf(\sin x)\mathrm{d}x=\frac{\pi}{2}\int_0^{\pi}f(\sin x)\mathrm{d}x$.

1. 设 $F(x)$ 是 $f(x)$ 的原函数，且 $F(x)f(x)=\frac{xe^x}{2(1+x)^2}$，$F(0)=1$，则 $f(x)=$ ______.

解

由 $F(x)\cdot f(x)=F(x)\cdot F'(x)=\frac{1}{2}[F^2(x)]'=\frac{xe^x}{2(1+x)^2}$，因而

$$F^2(x)=\int\frac{xe^x}{(1+x)^2}dx=\int\frac{(x+1-1)e^x}{(1+x)^2}dx=\int\frac{e^x}{1+x}dx-\int\frac{e^x}{(1+x)^2}dx.$$

又
$$\int\frac{e^x}{(1+x)^2}dx=-\frac{e^x}{1+x}+\int\frac{e^x}{1+x}dx,$$

所以
$$F^2(x)=\int\frac{e^x}{1+x}dx+\frac{e^x}{1+x}-\int\frac{e^x}{1+x}dx+C=\frac{e^x}{1+x}+C.$$

由 $F(0)=1$，推出 $C=0$，即 $F^2(x)=\frac{e^x}{1+x}$，故 $F(x)=\sqrt{\frac{e^x}{1+x}}$，从而

$$f(x)=\frac{\frac{xe^x}{2(1+x)^2}}{F(x)}=\frac{x\sqrt{e^x}}{2(1+x)^{\frac{3}{2}}}.$$

2. 设 $f(x)=\begin{cases}e^{\sin x}\cdot\cos x, x\leqslant 0,\\ \sin\sqrt{x}+1, x>0,\end{cases}$ 求 $f(x)$ 的原函数 $F(x)$，且 $F(-\pi)=\frac{1}{2}$.

解

当 $x\leqslant 0$ 时，$\int f(x)dx=\int e^{\sin x}\cdot\cos x dx=e^{\sin x}+C_1$.

当 $x>0$ 时，$\int f(x)dx=\int(\sin\sqrt{x}+1)dx=\int\sin\sqrt{x}dx+x=2\int t\sin t dt+x=-2\int t d\cos t+x$

$=-2\left(t\cos t-\int\cos t dt\right)+x=-2(t\cos t-\sin t)+x+C_2=-2(\sqrt{x}\cos\sqrt{x}-\sin\sqrt{x})+x+C_2.$

于是 $F(x)=\begin{cases}e^{\sin x}+C_1, x\leqslant 0,\\ -2(\sqrt{x}\cos\sqrt{x}-\sin\sqrt{x})+x+C_2, x>0,\end{cases}$

这里需要保证 $F(x)$ 在 $x=0$ 处连续，于是必有 $\lim\limits_{x\to 0^-}F(x)=\lim\limits_{x\to 0^+}F(x)=F(0)$，

即 $1+C_1=C_2$，记 $C_1=C$，则 $C_2=1+C$，其中 C 是任意常数，于是

$$F(x)=\begin{cases}e^{\sin x}+C, x\leqslant 0,\\ -2(\sqrt{x}\cos\sqrt{x}-\sin\sqrt{x})+x+1+C, x>0,\end{cases}$$

再由 $F(-\pi)=\frac{1}{2}$，得 $C=-\frac{1}{2}$，所以 $F(x)=\begin{cases}e^{\sin x}-\frac{1}{2}, x\leqslant 0,\\ -2(\sqrt{x}\cos\sqrt{x}-\sin\sqrt{x})+x+\frac{1}{2}, x>0.\end{cases}$

3. 设可导函数 $f(x)$ 满足 $\int x^3 f'(x)\mathrm{d}x=x^2\cos x-4x\sin x-6\cos x+C$，且 $f(2\pi)=\dfrac{1}{2\pi}$. 求：(1) $f(x)$ 的表达式；(2) $\lim\limits_{x\to 0}\dfrac{f(x)}{x}$.

解

(1) $\int x^3 f'(x)\mathrm{d}x=x^2\cos x-4x\sin x-6\cos x+C$ 两边对 x 求导，得

$$x^3 f'(x)=2\sin x-2x\cos x-x^2\sin x,$$

即 $f'(x)=\dfrac{2\sin x}{x^3}-\dfrac{2\cos x}{x^2}-\dfrac{\sin x}{x}$，于是

$$\begin{aligned}
f(x)&=\int\frac{2\sin x}{x^3}\mathrm{d}x-\int\frac{2\cos x}{x^2}\mathrm{d}x-\int\frac{\sin x}{x}\mathrm{d}x=-\int\sin x\,\mathrm{d}\frac{1}{x^2}-\int\frac{2\cos x}{x^2}\mathrm{d}x-\int\frac{\sin x}{x}\mathrm{d}x\\
&=-\frac{\sin x}{x^2}-\int\frac{\cos x}{x^2}\mathrm{d}x-\int\frac{\sin x}{x}\mathrm{d}x=-\frac{\sin x}{x^2}+\int\cos x\,\mathrm{d}\frac{1}{x}-\int\frac{\sin x}{x}\mathrm{d}x\\
&=-\frac{\sin x}{x^2}+\frac{\cos x}{x}+\int\frac{\sin x}{x}\mathrm{d}x-\int\frac{\sin x}{x}\mathrm{d}x=-\frac{\sin x}{x^2}+\frac{\cos x}{x}+C,
\end{aligned}$$

又 $f(2\pi)=\dfrac{1}{2\pi}$，则 $C=0$，所以 $f(x)=-\dfrac{\sin x}{x^2}+\dfrac{\cos x}{x}$.

(2) $\lim\limits_{x\to 0}\dfrac{f(x)}{x}=\lim\limits_{x\to 0}\dfrac{-\dfrac{\sin x}{x^2}+\dfrac{\cos x}{x}}{x}=\lim\limits_{x\to 0}\dfrac{-\sin x+x\cos x}{x^3}=\lim\limits_{x\to 0}\dfrac{\cos x\cdot(x-\tan x)}{x^3}=-\dfrac{1}{3}$.

4. $\int_{-\frac{\pi}{2}}^{\frac{\pi}{2}}\sin^2 x\cdot\arctan \mathrm{e}^x\mathrm{d}x=$ ________.

解

$$\begin{aligned}
I&=\int_0^{\frac{\pi}{2}}[\sin^2 x\cdot\arctan \mathrm{e}^x+\sin^2(-x)\cdot\arctan \mathrm{e}^{-x}]\mathrm{d}x\\
&=\int_0^{\frac{\pi}{2}}\sin^2 x(\arctan \mathrm{e}^x+\arctan \mathrm{e}^{-x})\mathrm{d}x\\
&=\int_0^{\frac{\pi}{2}}\sin^2 x\cdot\frac{\pi}{2}\mathrm{d}x=\frac{\pi}{2}\cdot\frac{1}{2}\cdot\frac{\pi}{2}=\frac{\pi^2}{8}.
\end{aligned}$$

注

$\arctan e^x+\arctan e^{-x}=\dfrac{\pi}{2}$这个等式不容易直接看出来，事实上，$(\arctan e^x+\arctan e^{-x})'=0$，于是 $\arctan e^x+\arctan e^{-x}=C$（常数），取 $x=0$，则 $C=\dfrac{\pi}{2}$，于是 $\arctan e^x+\arctan e^{-x}=\dfrac{\pi}{2}$，进一步，有

$$\arctan x+\arctan\frac{1}{x}=\begin{cases}\dfrac{\pi}{2}, & x>0,\\ -\dfrac{\pi}{2}, & x<0.\end{cases}$$

5. $\displaystyle\int_{\frac{\pi}{6}}^{\frac{\pi}{3}}\frac{\cos^2 x}{x(\pi-2x)}\mathrm{d}x=$________.

解

考虑区间再现换元，令 $x=\dfrac{\pi}{3}+\dfrac{\pi}{6}-t$，则

$$\begin{aligned}\int_{\frac{\pi}{6}}^{\frac{\pi}{3}}\frac{\cos^2 x}{x(\pi-2x)}\mathrm{d}x &= \int_{\frac{\pi}{3}}^{\frac{\pi}{6}}\frac{\cos^2\left(\dfrac{\pi}{2}-t\right)}{\left(\dfrac{\pi}{2}-t\right)(\pi-\pi+2t)}(-\mathrm{d}t)\\ &=\int_{\frac{\pi}{6}}^{\frac{\pi}{3}}\frac{\sin^2 t}{t(\pi-2t)}\mathrm{d}t=\int_{\frac{\pi}{6}}^{\frac{\pi}{3}}\frac{\sin^2 x}{x(\pi-2x)}\mathrm{d}x,\end{aligned}$$

于是

$$\begin{aligned}\text{原式}&=\frac{1}{2}\left[\int_{\frac{\pi}{6}}^{\frac{\pi}{3}}\frac{\cos^2 x}{x(\pi-2x)}\mathrm{d}x+\int_{\frac{\pi}{6}}^{\frac{\pi}{3}}\frac{\sin^2 x}{x(\pi-2x)}\mathrm{d}x\right]\\ &=\frac{1}{2}\int_{\frac{\pi}{6}}^{\frac{\pi}{3}}\frac{1}{x(\pi-2x)}\mathrm{d}x=\frac{1}{2\pi}\int_{\frac{\pi}{6}}^{\frac{\pi}{3}}\left(\frac{1}{x}+\frac{2}{\pi-2x}\right)\mathrm{d}x\\ &=\frac{1}{2\pi}\ln\frac{x}{\pi-2x}\Bigg|_{\frac{\pi}{6}}^{\frac{\pi}{3}}=\frac{1}{\pi}\ln 2.\end{aligned}$$

6. 设 $f'(x)=\arcsin(x-1)^2$，$f(0)=0$，求 $\displaystyle\int_0^1 f(x)\mathrm{d}x$.

解

利用分部积分把 $f(x)$ 和 $f'(x)$ 联系在一起.

$$\int_0^1 f(x)\mathrm{d}x = xf(x)\Big|_0^1 - \int_0^1 xf'(x)\mathrm{d}x = f(1) - \int_0^1 xf'(x)\mathrm{d}x,$$

注意到 $f(1)=\int_0^1 f'(x)\mathrm{d}x + f(0)$，且 $f(0)=0$，代入上式，得

$$\begin{aligned}\int_0^1 f(x)\mathrm{d}x &= \int_0^1 f'(x)\mathrm{d}x - \int_0^1 xf'(x)\mathrm{d}x \\ &= \int_0^1 (1-x)f'(x)\mathrm{d}x \\ &= \int_0^1 (1-x)\arcsin(x-1)^2\mathrm{d}x\,(\text{令 } x-1=t) \\ &= \int_{-1}^0 -t\arcsin t^2\mathrm{d}t \\ &= -\frac{1}{2}\int_{-1}^0 \arcsin t^2\mathrm{d}t^2 \\ &= -\frac{1}{2}t^2\arcsin t^2\Big|_{-1}^0 + \frac{1}{2}\int_{-1}^0 t^2\cdot\frac{2t}{\sqrt{1-t^4}}\mathrm{d}t \\ &= \frac{\pi}{4} - \frac{1}{2}\sqrt{1-t^4}\Big|_{-1}^0 \\ &= \frac{\pi}{4} - \frac{1}{2}.\end{aligned}$$

注

要会逆用牛顿-莱布尼茨公式 $f(b)-f(a)=\int_a^b f'(x)\mathrm{d}x$.

专题十四　变限积分函数

解题要点

1. 若函数$f(x)$在$[a,b]$上可积，则$F(x)=\int_{x_0}^{x} f(t)\mathrm{d}t$在$[a,b]$上是连续的，且过定点$(x_0,0)$.

2. 若$f(x)$在$[-a,a]$上是可积的奇（偶）函数，则$\int_0^x f(t)\mathrm{d}t$是偶（奇）函数.

3. $F(x)=\int_{-a}^{a}|x-t|f(t)\mathrm{d}t(-\infty<x<+\infty)$的奇偶性与$f(x)$的奇偶性一致.

如，$F(x)=\int_{-1}^{1}|x-t|\mathrm{e}^{-t^2}\mathrm{d}t(-1<x<1)$是偶函数.

4. 若$f(x)$是以T为周期的可积函数，则当且仅当$\int_0^T f(t)\mathrm{d}t=0$时，$\int_a^x f(t)\mathrm{d}t$也以$T$为周期.

5. 若$f(x)$是以T为周期的可积函数，则$\int_a^x f(t)\mathrm{d}t-\dfrac{\int_0^T f(t)\mathrm{d}t}{T}x$也以$T$为周期.

如2008年数学三（18）题，设连续函数$f(x)$以2为周期，证明：$G(x)=\int_0^x\left[2f(t)-\int_t^{t+2}f(s)\mathrm{d}s\right]\mathrm{d}t$也以2为周期.

6. 若$f(x)$在$[a,b]$上连续，则$F(x)=\int_{x_0}^{x} f(x)\mathrm{d}t$在$[a,b]$上可导.

7. 若$f(x)$在$[a,b]$上除$x=c$点外处处连续，则$F(x)=\int_{x_0}^{x} f(t)\mathrm{d}t$在除$x=c$点外处处可导，而$F(x)$在$x=c$点$\begin{cases}\text{可导}, & \text{若 } x=c \text{ 是 } f(x) \text{ 的可去间断点},\\ \text{不可导}, & \text{若 } x=c \text{ 是 } f(x) \text{ 的跳跃间断点}.\end{cases}$

1. 设$f(x)=\begin{cases}2x+\dfrac{3}{2}x^2, & -1\leqslant x<0,\\ \dfrac{xe^x}{(e^x+1)^2}, & 0\leqslant x\leqslant 1,\end{cases}$ 求函数 $F(x)=\int_{-1}^{x}f(t)\,dt$ 的表达式.

解

当 $x\in[-1,0)$ 时,

$$F(x)=\int_{-1}^{x}f(t)\,dt=\int_{-1}^{x}\left(2t+\frac{3}{2}t^2\right)dt=\left(t^2+\frac{1}{2}t^3\right)\Big|_{-1}^{x}=\frac{1}{2}x^3+x^2-\frac{1}{2};$$

当 $x\in[0,1]$ 时,

$$F(x)=\int_{-1}^{x}f(t)\,dt=\int_{-1}^{0}f(t)\,dt+\int_{0}^{x}f(t)\,dt=\left(t^2+\frac{1}{2}t^3\right)\Big|_{-1}^{0}+\int_{0}^{x}\frac{te^t}{(e^t+1)^2}dt$$

$$=-\frac{1}{2}+\int_{0}^{x}(-t)\,d\left(\frac{1}{e^t+1}\right)=-\frac{1}{2}-\frac{t}{e^t+1}\Big|_{0}^{x}+\int_{0}^{x}\frac{dt}{e^t+1}$$

$$=-\frac{1}{2}-\frac{x}{e^x+1}+\int_{0}^{x}\frac{de^t}{e^t(e^t+1)}=-\frac{1}{2}-\frac{x}{e^x+1}+\int_{0}^{x}\left(\frac{1}{e^t}-\frac{1}{e^t+1}\right)de^t$$

$$=-\frac{1}{2}-\frac{x}{e^x+1}+\ln\frac{e^t}{e^t+1}\Big|_{0}^{x}$$

$$=-\frac{1}{2}-\frac{x}{e^x+1}+\ln\frac{e^x}{e^x+1}-\ln\frac{1}{2}.$$

2. 设$f(x)=\int_{0}^{x}\cos\frac{1}{t}dt$,则$f'(0)=($　　$)$.

(A) 1　　(B) −1　　(C) 0　　(D) 不存在

解

$$f'(0)=\lim_{x\to0}\frac{f(x)-f(0)}{x}=\lim_{x\to0}\frac{\int_{0}^{x}\cos\frac{1}{t}dt}{x}=\lim_{x\to0}\frac{-\int_{0}^{x}t^2\,d\sin\frac{1}{t}}{x}$$

$$=\lim_{x\to0}\frac{-t^2\sin\frac{1}{t}\Big|_{0}^{x}+\int_{0}^{x}\sin\frac{1}{t}\cdot 2t\,dt}{x}=\lim_{x\to0}\frac{-x^2\sin\frac{1}{x}+\int_{0}^{x}\sin\frac{1}{t}\cdot 2t\,dt}{x}$$

$$=\lim_{x\to0}\left(-x\sin\frac{1}{x}\right)+\lim_{x\to0}\frac{\int_0^x\sin\frac{1}{t}\cdot2t\mathrm{d}t}{x}=0+\lim_{x\to0}\frac{\sin\frac{1}{x}\cdot2x}{1}=0.$$

3. 求证：当 n 为奇数时，$F(x)=\int_0^x\sin^n t\mathrm{d}t$ 及 $G(x)=\int_0^x\cos^n t\mathrm{d}t$ 是以 2π 为周期的周期函数；而 n 为偶数时，则其中的任何一个均为线性函数与周期函数的和.

证明

由 $F(x)=\int_0^x\sin^n t\mathrm{d}t=\int_0^x(\sin^n t-a)\mathrm{d}t+ax$（其中 a 为待定系数）.

令 $F_1(x)=\int_0^x(\sin^n t-a)\mathrm{d}t$

$\Rightarrow F_1(x+2\pi)=\int_0^{x+2\pi}(\sin^n t-a)\mathrm{d}t=\int_0^x(\sin^n t-a)\mathrm{d}t+\int_x^{x+2\pi}(\sin^n t-a)\mathrm{d}t$

$=F_1(x)+\int_0^{2\pi}\sin^n t\mathrm{d}t-2\pi a$（因为 $\sin^n t$ 是以 2π 为周期）$=F_1(x)+\int_{-\pi}^{\pi}\sin^n t\mathrm{d}t-2\pi a$，

故① 当 n 为奇数时，由于 $\int_{-\pi}^{\pi}\sin^n t\mathrm{d}t=0$，取 $a=0$，$F_1(x+2\pi)=F_1(x)$，且 $F_1(x)=F(x)$，即 $F(x)$ 以 2π 为周期.

② 当 n 为偶数时，取 $a=\frac{1}{2\pi}\int_{-\pi}^{\pi}\sin^n t\mathrm{d}t\Rightarrow F_1(x+2\pi)=F_1(x)$，即 $F_1(x)$ 是以 2π 为周期的函数，而 $F(x)=F_1(x)+ax$，即 $F(x)$ 是线性函数与周期函数的和.

$G(x)$ 的情形同理可证.

4. 设 $f(x)$ 是连续的偶函数，$f(x)>0$，且 $g(x)=\int_{-a}^{a}|x-t|f(t)\mathrm{d}t$.

（1）证明 $g(x)$ 是偶函数；

（2）求 $g(x)$ 的表达式；

（3）求 $g(x)$ 在 $[-a,a]$ 上的最小值点.

解

（1）证明　$g(-x)=\int_{-a}^{a}|-x-t|f(t)\mathrm{d}t=\int_{-a}^{a}|x+t|f(t)\mathrm{d}t=\int_{a}^{-a}|x-u|f(-u)(-\mathrm{d}u)$

$=\int_{-a}^{a}|x-u|f(u)\mathrm{d}u$（$f(x)$ 是偶函数）$=g(x)\Rightarrow g(x)$ 是偶函数.

(2) 当 $x>a$ 时，$g(x)=\int_{-a}^{a}(x-t)f(t)\,\mathrm{d}t$；

当 $x<-a$ 时，$g(x)=\int_{-a}^{a}(t-x)f(t)\,\mathrm{d}t$；

当 $-a\leqslant x\leqslant a$ 时，

$$g(x)=\int_{-a}^{a}|x-t|f(t)\,\mathrm{d}t=\int_{-a}^{x}(x-t)f(t)\,\mathrm{d}t+\int_{x}^{a}(t-x)f(t)\,\mathrm{d}t$$

$$=x\int_{-a}^{x}f(t)\,\mathrm{d}t-\int_{-a}^{x}tf(t)\,\mathrm{d}t+\int_{x}^{a}tf(t)\,\mathrm{d}t-x\int_{x}^{a}f(t)\,\mathrm{d}t.$$

(3) 当 $x\in[-a,a]$ 时，由(1)知 $g(x)$ 是偶函数，于是只需研究 $[0,a]$ 即可. 由(2)知

$$g(x)=x\int_{-a}^{x}f(t)\,\mathrm{d}t-\int_{-a}^{x}tf(t)\,\mathrm{d}t+\int_{x}^{a}tf(t)\,\mathrm{d}t-x\int_{x}^{a}f(t)\,\mathrm{d}t,$$

$$g'(x)=\int_{-a}^{x}f(t)\,\mathrm{d}t-\int_{x}^{a}f(t)\,\mathrm{d}t\geqslant 0\ (x\in[0,a]),$$

于是 $g(x)$ 在 $[0,a]$ 上单调递增，故 $x=0$ 是 $g(x)$ 在 $[-a,a]$ 上的最小值点.

专题十五 积分等式的证明

解题要点

1. 换元法(适用于被积函数或其主要部分仅告知连续的情况).
2. 分部积分法(适用于被积函数含导数或变限积分的情况).
3. 泰勒公式法(适用于被积函数具有二阶或二阶以上连续导数的情况).

1. 设$f''(x)$在$[a,b]$上连续,且$f(a)=f(b)=0$,证明:

$$\int_a^b f(x)\,\mathrm{d}x=\frac{1}{2}\int_a^b (x-a)(x-b)f''(x)\,\mathrm{d}x.$$

证明

$$\begin{aligned}
&\frac{1}{2}\int_a^b (x-a)(x-b)f''(x)\,\mathrm{d}x\\
&=\frac{1}{2}\int_a^b (x-a)(x-b)\,\mathrm{d}[f'(x)]\\
&=\frac{1}{2}(x-a)(x-b)f'(x)\Big|_a^b-\frac{1}{2}\int_a^b f'(x)[2x-(a+b)]\,\mathrm{d}x\\
&=-\frac{1}{2}\int_a^b [2x-(a+b)]\,\mathrm{d}[f(x)]\\
&=-\frac{1}{2}[2x-(a+b)]f(x)\Big|_a^b+\frac{1}{2}\int_a^b f(x)\cdot 2\,\mathrm{d}x\\
&=\int_a^b f(x)\,\mathrm{d}x.
\end{aligned}$$

注

对于等式的证明，有时从右往左推导更简便，比如本题.

2. 设函数 $f(x)$ 在 $[a,b]$ 上连续，函数 $g(x)$ 在 $[a,b]$ 上非负、单调递减且具有连续导数.

证明：存在 $\xi\in[a,b]$，使得 $\int_a^b f(x)g(x)\,\mathrm{d}x=g(a)\int_a^{\xi}f(x)\,\mathrm{d}x$.

证明

因为 $f(x)$ 在 $[a,b]$ 上连续，于是构造 $F(x)=\int_a^x f(t)\,\mathrm{d}t$，$F'(x)=f(x)$，$F(a)=0$，记 $F(x)$ 在 $[a,b]$ 上的最小值和最大值分别为 m 和 M.

此时 $\int_a^b f(x)g(x)\,\mathrm{d}x=\int_a^b F'(x)g(x)\,\mathrm{d}x=\int_a^b g(x)\,\mathrm{d}F(x)=F(b)g(b)-\int_a^b F(x)g'(x)\,\mathrm{d}x$.

注意到 $g(x)$ 在 $[a,b]$ 上非负、单调递减且具有连续导数，于是 $g'(x)\leqslant 0$，于是

$$\int_a^b F(x)g'(x)\,\mathrm{d}x\leqslant\int_a^b mg'(x)\,\mathrm{d}x=m[g(b)-g(a)],$$

同时 $\int_a^b F(x)g'(x)\,\mathrm{d}x\geqslant\int_a^b Mg'(x)\,\mathrm{d}x=M[g(b)-g(a)]$.

所以 $M[g(b)-g(a)]\leqslant\int_a^b F(x)g'(x)\,\mathrm{d}x\leqslant m[g(b)-g(a)]$，而且

$$mg(b)\leqslant F(b)g(b)\leqslant Mg(b),$$

所以 $mg(b)-m[g(b)-g(a)]\leqslant\int_a^b f(x)g(x)\,\mathrm{d}x\leqslant Mg(b)-M[g(b)-g(a)]$，

即 $mg(a)\leqslant\int_a^b f(x)g(x)\,\mathrm{d}x\leqslant Mg(a)$，进一步 $m\leqslant\dfrac{\int_a^b f(x)g(x)\,\mathrm{d}x}{g(a)}\leqslant M$.

根据介值定理，知存在 $\xi\in[a,b]$，使得 $F(\xi)=\dfrac{\int_a^b f(x)g(x)\,\mathrm{d}x}{g(a)}$，

即 $\int_a^{\xi}f(t)\,\mathrm{d}t=\dfrac{\int_a^b f(x)g(x)\,\mathrm{d}x}{g(a)}$，亦即 $\int_a^b f(x)g(x)\,\mathrm{d}x=g(a)\int_a^{\xi}f(x)\,\mathrm{d}x$.

3. 设函数 $f(x)$ 在闭区间 $[0,1]$ 上二阶可导，且 $f(0)=f(1)=0$，当 $x\in[0,1]$ 时，有 $xf''(x)+2f'(x)=f(x)$.

证明：(1) $f(x)=\int_0^x\left(1-\frac{t}{x}\right)f(t)\,\mathrm{d}t$；(2) $f(x)\equiv 0, x\in[0,1]$.

证明

(1) 当 $x\in[0,1]$ 时，$(x^2f'(x))'=2xf'(x)+x^2f''(x)=x(xf''(x)+2f'(x))=xf(x)$，于是 $x^2f'(x)=\int_0^x tf(t)\,\mathrm{d}t$，从而 $f'(x)=\frac{1}{x^2}\int_0^x tf(t)\,\mathrm{d}t, x\in(0,1]$，而

$$f'(0)=\lim_{x\to0^+}f'(x)=\lim_{x\to0^+}\frac{1}{x^2}\int_0^x tf(t)\,\mathrm{d}t=\lim_{x\to0^+}\frac{xf(x)}{2x}=\lim_{x\to0^+}\frac{f(x)}{2}=\frac{f(0)}{2}=0,$$

于是 $f(x)=\int_0^x f'(s)\,\mathrm{d}s=\int_0^x\left(\frac{1}{s^2}\int_0^s tf(t)\,\mathrm{d}t\right)\mathrm{d}s=-\int_0^x\left(\int_0^s tf(t)\,\mathrm{d}t\right)\mathrm{d}\,\frac{1}{s}$

$$=-\frac{1}{s}\int_0^s tf(t)\,\mathrm{d}t\,\Bigg|_{s=0}^{s=x}+\int_0^x\frac{1}{s}\cdot sf(s)\,\mathrm{d}s=-\frac{1}{x}\int_0^x tf(t)\,\mathrm{d}t+\lim_{s\to0^+}\frac{1}{s}\int_0^s tf(t)\,\mathrm{d}t+\int_0^x f(s)\,\mathrm{d}s$$

$$=\lim_{s\to0^+}f(s)+\int_0^x\left[f(t)-\frac{1}{x}tf(t)\right]\mathrm{d}t=\int_0^x\left(1-\frac{t}{x}\right)f(t)\,\mathrm{d}t.$$

(2) 反证法.假设函数 $f(x)$ 在 $[0,1]$ 上不恒为零，由连续性知，存在 $\xi,\eta\in[0,1]$，使得 $f(\xi)=\max\limits_{0\leqslant x\leqslant1}f(x)=M$，$f(\eta)=\min\limits_{0\leqslant x\leqslant1}f(x)=m$，则要么 $M>0$，要么 $m<0$.

若 $M>0$，由于 ξ 是函数 $f(x)$ 在 $[0,1]$ 上的最大值点，且 $f(0)=f(1)=0$，则 $\xi\in(0,1)$，同时 $f'(\xi)=0$，$f''(\xi)\leqslant0$，于是

$$\xi f''(\xi)+2f'(\xi)-f(\xi)=\xi f''(\xi)-M<0,$$

与对任意 $x\in[0,1]$，有 $xf''(x)+2f'(x)-f(x)=0$，矛盾.

若 $m<0$，由于 η 是函数 $f(x)$ 在 $[0,1]$ 上的最小值点，且 $f(0)=f(1)=0$，则 $\eta\in(0,1)$，同时，$f'(\eta)=0$，$f''(\eta)\geqslant0$，于是

$$\eta f''(\eta)+2f'(\eta)-f(\eta)=\eta f''(\eta)-m>0,$$

与对任意 $x\in[0,1]$，有 $xf''(x)+2f'(x)-f(x)=0$，矛盾.

综上所述，对任意 $x\in[0,1]$，有 $f(x)\equiv0$.

注

在(1)中得到 $f(x)=\int_0^x\left(1-\frac{t}{x}\right)f(t)\,\mathrm{d}t$ 后，自然有 $|f(x)|=\left|\int_0^x\left(1-\frac{t}{x}\right)f(t)\,\mathrm{d}t\right|\leqslant\int_0^x\left|1-\frac{t}{x}\right|\cdot|f(t)|\,\mathrm{d}t\leqslant\int_0^x|f(t)|\,\mathrm{d}t$ $\left(因为 0<t<x，此时 0<\frac{t}{x}<1\right)$，即得到 $|f(x)|\leqslant$

$\int_0^x |f(t)|\mathrm{d}t$，那么利用此不等式也可解决第(2)问，如下：

令 $F(x)=\int_0^x |f(t)|\mathrm{d}t, x\in[0,1]$. 由(1)知，$F'(x)\leqslant F(x)$，于是当 $x\in[0,1]$ 时，

$$(\mathrm{e}^{-x}F(x))'=\mathrm{e}^{-x}(F'(x)-F(x))\leqslant 0,$$

函数 $\mathrm{e}^{-x}F(x)$ 在 $[0,1]$ 上单调递减，则 $0\leqslant \mathrm{e}^{-x}F(x)\leqslant F(0)=0$，即 $F(x)\equiv 0, x\in[0,1]$.

故当 $x\in[0,1]$ 时，$|f(x)|=F'(x)\equiv 0$，则 $f(x)\equiv 0$.

专题十六 积分不等式的证明

解题要点

1. 对仅已知被积函数$f(x)$连续的命题的证法.

首先,将某一积分限(通常取上限)改为变量x,然后,移项构造辅助函数,利用单调性证明.

2. 对已知被积函数$f(x)$一阶可导,又至少告知一个端点处的函数值为0的命题的证法.

先写出含该点的拉格朗日中值定理:$f(x)=f(x)-f(a)=f'(\xi)(x-a)\ (f(a)=0)$(适用于所证明的式子中定积分的被积函数不含$f'(x)$的情形)或写出含该点的牛顿-莱布尼茨公式:$f(x)=f(x)-f(a)=\int_a^x f'(t)\mathrm{d}t\ (f(a)=0)$(适用于所证明的式子中定积分的被积函数含有$f'(x)$的情形),然后根据题设条件结合定积分的性质进一步处理.

3. 已知被积函数$f(x)$二阶或二阶以上可导的命题的证法.

直接写出$f(x)$的泰勒展开式,然后根据题设条件结合定积分的性质进一步处理.

4. 利用分部积分法.

5. 几个常用的积分不等式:

(1) 设$f(x)$和$g(x)$都在$[a,b]$上连续,则

$$\left[\int_a^b f(x)g(x)\mathrm{d}x\right]^2\leqslant\int_a^b f^2(x)\mathrm{d}x\cdot\int_a^b g^2(x)\mathrm{d}x.$$

(2) 设$f(x)$在$(-\infty,+\infty)$上具有二阶连续导数,且$f''(x)>0\ (f''(x)<0)$.又设函数$g(x)$在$[a,b]$上连续且不为常数,则

$$\frac{1}{b-a}\int_a^b f[g(x)]\mathrm{d}x\geqslant f\left[\frac{1}{b-a}\int_a^b g(x)\mathrm{d}x\right]\left(\frac{1}{b-a}\int_a^b f[g(x)]\mathrm{d}x\leqslant f\left[\frac{1}{b-a}\int_a^b g(x)\mathrm{d}x\right]\right).$$

(3) 设$f'(x)<0$,则 $\sum_{k=2}^{n} f(k) \leqslant \int_1^n f(x)\mathrm{d}x \leqslant \sum_{k=1}^{n-1} f(k)$, 若$f'(x)>0$,则不等号反向.

(4) 设$f'(x)<0$,则 $\int_1^{n+1} f(x)\mathrm{d}x \leqslant \sum_{k=1}^{n} f(k) \leqslant f(1)+\int_1^n f(x)\mathrm{d}x$,若$f'(x)>0$,则不等号反向.

1. 设$f(x)$在$[0,1]$上具有二阶连续导数,且$f(0)=f(1)=0$, $f(x)\neq 0, 0<x<1$.证明:$\int_0^1 \left|\frac{f''(x)}{f(x)}\right|\mathrm{d}x \geqslant 4$.

证明

根据条件知$|f(x)|$在$[0,1]$上连续,并设$|f(x)|$在$x_0\in(0,1)$处取最大值,在$[0,x_0]$和$[x_0,1]$上分别对$f(x)$使用拉格朗日中值定理,有

$$f'(\xi_1)=\frac{f(x_0)-f(0)}{x_0}, 0<\xi_1<x_0; f'(\xi_2)=\frac{f(1)-f(x_0)}{1-x_0}, x_0<\xi_2<1,$$

则

$$\int_0^1 \left|\frac{f''(x)}{f(x)}\right|\mathrm{d}x \geqslant \int_0^1 \left|\frac{f''(x)}{f(x_0)}\right|\mathrm{d}x = \frac{1}{|f(x_0)|}\int_0^1 |f''(x)|\mathrm{d}x \geqslant \frac{1}{|f(x_0)|}\int_{\xi_1}^{\xi_2} |f''(x)|\mathrm{d}x \geqslant \frac{1}{|f(x_0)|}\left|\int_{\xi_1}^{\xi_2} f''(x)\mathrm{d}x\right| = \frac{1}{|f(x_0)|}|f'(\xi_2)-f'(\xi_1)| = \frac{1}{x_0(1-x_0)} \geqslant 4$$

$\left(因为 \sqrt{x_0(1-x_0)} \leqslant \frac{x_0+(1-x_0)}{2}=\frac{1}{2}\right)$.

2. 设$f(x)$在$[0,1]$上有连续导数,且$f(0)=f(1)=0$,证明:$\int_0^1 f^2(x)\mathrm{d}x \leqslant \frac{1}{4}\int_0^1 f'^2(x)\mathrm{d}x$.

证明

由$f(x)=f(x)-f(0)=\int_0^x f'(t)\mathrm{d}t \Rightarrow f^2(x)=\left[\int_0^x f'(t)\mathrm{d}t\right]^2 \left(0\leqslant x\leqslant\frac{1}{2}\right)$,故

$$\begin{aligned} f^2(x) &= \left[\int_0^x 1\cdot f'(t)\mathrm{d}t\right]^2 \leqslant \int_0^x 1^2\mathrm{d}t\cdot\int_0^x f'^2(t)\mathrm{d}t \\ &= x\int_0^x f'^2(t)\mathrm{d}t \leqslant x\int_0^1 f'^2(t)\mathrm{d}t. \end{aligned}$$

由 $f(x)=f(x)-f(1)=\int_1^x f'(t)\mathrm{d}t=-\int_x^1 f'(t)\mathrm{d}t \Rightarrow f^2(x)=\left[\int_x^1 f'(t)\mathrm{d}t\right]^2\left(\frac{1}{2}\leqslant x\leqslant 1\right)$，故

$$f^2(x)=\left[\int_x^1 1\cdot f'(t)\mathrm{d}t\right]^2\leqslant\int_x^1 1^2\mathrm{d}t\cdot\int_x^1 f'^2(t)\mathrm{d}t$$

$$=(1-x)\cdot\int_x^1 f'^2(t)\mathrm{d}t\leqslant(1-x)\cdot\int_0^1 f'^2(t)\mathrm{d}t.$$

故

$$\int_0^1 f^2(x)\mathrm{d}x=\int_0^{\frac{1}{2}} f^2(x)\mathrm{d}x+\int_{\frac{1}{2}}^1 f^2(x)\mathrm{d}x$$

$$\leqslant\int_0^{\frac{1}{2}} x\mathrm{d}x\cdot\int_0^1 f'^2(t)\mathrm{d}t+\int_{\frac{1}{2}}^1(1-x)\mathrm{d}x\cdot\int_0^1 f'^2(t)\mathrm{d}t$$

$$=\frac{1}{8}\int_0^1 f'^2(t)\mathrm{d}t+\frac{1}{8}\int_0^1 f'^2(t)\mathrm{d}t=\frac{1}{4}\int_0^1 f'^2(t)\mathrm{d}t=\frac{1}{4}\int_0^1 f'^2(x)\mathrm{d}x.$$

3. 设函数 $f(x)$ 在 $(-\infty,+\infty)$ 上具有二阶连续导数，且 $f''(x)>0$，又设函数 $g(x)$ 在 $[0,a]$ 上连续，且不为常数，证明：$\frac{1}{a}\int_0^a f[g(x)]\mathrm{d}x\geqslant f\left[\frac{1}{a}\int_0^a g(x)\mathrm{d}x\right]$.

证明

由于 $g(x)$ 在 $[0,a]$ 上连续，则 $g(x)$ 的值域为 $[m,M]$，其中 m,M 分别为 $g(x)$ 在 $[0,a]$ 上的最小值与最大值，且 $m<M$. 对于 (m,M) 内的任意 x 与 $x_0=\frac{1}{a}\int_0^a g(x)\mathrm{d}x$ 有

$$f(x)=f(x_0)+f'(x_0)(x-x_0)+\frac{1}{2}f''(\xi)(x-x_0)^2\text{（}\xi\text{ 是介于 }x\text{ 与 }x_0\text{ 之间的实数）}$$

$$\geqslant f(x_0)+f'(x_0)(x-x_0).$$

于是，$f[g(x)]\geqslant f(x_0)+f'(x_0)[g(x)-x_0]$.

对上式两边积分得

$$\int_0^a f[g(x)]\mathrm{d}x\geqslant\int_0^a\{f(x_0)+f'(x_0)[g(x)-x_0]\}\mathrm{d}x$$

$$=af(x_0)+f'(x_0)\left[\int_0^a g(x)\mathrm{d}x-ax_0\right]$$

$$=af(x_0)=af\left[\frac{1}{a}\int_0^a g(x)\mathrm{d}x\right],$$

由此证得
$$\frac{1}{a}\int_0^a f[g(x)]\mathrm{d}x \geqslant f\left[\frac{1}{a}\int_0^a g(x)\mathrm{d}x\right].$$

注

与本题同样可证以下两个结论:

(1) 设$f(x)$在$(-\infty,+\infty)$上具有二阶连续导数,且$f''(x)<0$. 又设函数$g(x)$在$[0,a]$上连续且不为常数,则
$$\frac{1}{a}\int_0^a f[g(x)]\mathrm{d}x \leqslant f\left[\frac{1}{a}\int_0^a g(x)\mathrm{d}x\right].$$

(2) 设$f(x)$在$(-\infty,+\infty)$上具有二阶连续导数,且$f''(x)>0(f''(x)<0)$. 又设函数$g(x)$在$[a,b]$上连续且不为常数,则
$$\frac{1}{b-a}\int_a^b f[g(x)]\mathrm{d}x \geqslant f\left[\frac{1}{b-a}\int_a^b g(x)\mathrm{d}x\right]\left(\frac{1}{b-a}\int_a^b f[g(x)]\mathrm{d}x \leqslant f\left[\frac{1}{b-a}\int_a^b g(x)\mathrm{d}x\right]\right).$$

专题十七 反常积分

解题要点

1. 设$f(x)$在$[a,+\infty)$上连续,$F(x)$是$f(x)$在$[a,+\infty)$上的一个原函数,则$\int_a^{+\infty} f(x)\,dx$收敛$\Leftrightarrow \lim\limits_{x\to+\infty} F(x)$存在,且$\int_a^{+\infty} f(x)\,dx=\lim\limits_{x\to+\infty} F(x)-F(a)$.

对其他类型的在无穷区间上的反常积分也有类似的定义及计算公式.

2. 设$f(x)$在$(a,b]$上连续,且$f(x)$在$x=a$的右邻域内无界,$F(x)$是$f(x)$在$(a,b]$上的一个原函数,则$\int_a^b f(x)dx$收敛$\Leftrightarrow \lim\limits_{x\to a^+} F(x)$存在,且$\int_a^b f(x)dx=F(b)-\lim\limits_{x\to a^+} F(x)$.

对其他类型的无界函数的反常积分也有类似的定义及计算公式.

3. 重要结论:

(1) $\int_a^{+\infty}\frac{dx}{x^p}\begin{cases}收敛,p>1,\\ 发散,p\leqslant 1\end{cases}(a>0)$;(2) $\int_a^b\frac{dx}{(x-a)^p}\begin{cases}收敛,0<p<1,\\ 发散,p\geqslant 1;\end{cases}$ (3) $\int_0^{+\infty}e^{-x^2}dx=\frac{\sqrt{\pi}}{2}$.

4. 反常积分的比较准则.

比较判别法　设函数$f(x),g(x)$在区间$[a,+\infty)$上连续,并且$0\leqslant f(x)\leqslant g(x)\ (a\leqslant x<+\infty)$,则

(1) 当$\int_a^{+\infty} g(x)dx$收敛时,$\int_a^{+\infty} f(x)dx$收敛;

(2) 当$\int_a^{+\infty} f(x)dx$发散时,$\int_a^{+\infty} g(x)dx$发散.

比较判别法的极限形式　设函数$f(x),g(x)$在区间$[a,+\infty)$上连续,且$f(x)\geqslant 0$,$g(x)>0$,$\lim\limits_{x\to+\infty}\frac{f(x)}{g(x)}=\lambda$,则

(1) 当$0<\lambda<+\infty$时,$\int_a^{+\infty} f(x)dx$与$\int_a^{+\infty} g(x)dx$有相同的敛散性;

（2）当 $\lambda=0$ 时，若 $\int_a^{+\infty} g(x)\mathrm{d}x$ 收敛，则 $\int_a^{+\infty} f(x)\mathrm{d}x$ 也收敛；

（3）当 $\lambda=+\infty$ 时，若 $\int_a^{+\infty} g(x)\mathrm{d}x$ 发散，则 $\int_a^{+\infty} f(x)\mathrm{d}x$ 也发散.

1. 设 $f(x)=\begin{cases}x-3, & 0\leqslant x\leqslant 3,\\ 0, & 其他,\end{cases}$ $g(x)=\begin{cases}\mathrm{e}^{-x}, & x>0,\\ 0, & x\leqslant 0,\end{cases}$ 求 $I(x)=\int_{-\infty}^{+\infty} f(y)g(x-y)\mathrm{d}y$.

解

首先，$f(y)g(x-y)=\begin{cases}(y-3)\mathrm{e}^{-(x-y)}, 0\leqslant y\leqslant 3, x-y>0,\\ 0, 其他,\end{cases}$.

将 $f(y)g(x-y)$ 非零的区域（$0\leqslant y\leqslant 3, x-y>0$）记为 D，如图 1-17-1 阴影.

其次，$I(x)=\int_{-\infty}^{+\infty} f(y)g(x-y)\mathrm{d}y$ 这是对 y 从 $-\infty\to+\infty$ 的反常积分，积分时 x 视为常数，但不同的 x 又会影响积分的结果，于是分别就 $x\leqslant 0, 0<x\leqslant 3, x>3$ 来计算此反常积分，分别如下图的 l_1, l_2, l_3.

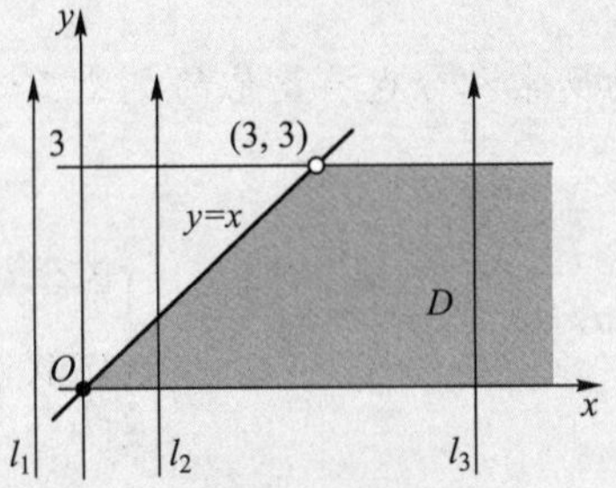

图 1-17-1

$x\leqslant 0$，则 $I(x)=\int_{-\infty}^{+\infty} 0\mathrm{d}y=0$.

$0<x\leqslant 3$，则

$$I(x)=\int_{-\infty}^{0} 0\mathrm{d}y+\int_0^x (y-3)\mathrm{e}^{y-x}\mathrm{d}y+\int_x^{+\infty} 0\mathrm{d}y=\mathrm{e}^{-x}[\mathrm{e}^y(y-4)]\Big|_0^x=x-4+4\mathrm{e}^{-x}.$$

$x>3$，则 $I(x)=\int_{-\infty}^{0} 0\mathrm{d}y+\int_0^3 (y-3)\mathrm{e}^{y-x}\mathrm{d}y+\int_3^{+\infty} 0\mathrm{d}y=(4-\mathrm{e}^3)\mathrm{e}^{-x}$.

综上所述　$I(x)=\begin{cases}0, & x\leqslant 0,\\ x-4+4\mathrm{e}^{-x}, & 0<x\leqslant 3,\\ (4-\mathrm{e}^3)\mathrm{e}^{-x}, & x>3.\end{cases}$

2. 设 $y_0=2xe^{-3x}$ 是二阶常系数齐次线性微分方程 $y''+ay'+by=0$ 的一个解，函数 $y(x)$ 是该方程满足 $y(0)=2,y'(0)=-5$ 的解，则 $\int_0^{+\infty} y(x)\,\mathrm{d}x=$ ________.

解

$y_0=2xe^{-3x}$ 是解（e^{-3x} 也必是解）$\Rightarrow \lambda_1=\lambda_2=-3$，故微分方程为 $y''+6y'+9y=0$，两端直接作 $\left(\int_0^{+\infty}\right)$ 反常积分，并结合 $e^{-\infty}=0$ 这件事实，有 $y'\big|_0^{+\infty}+6y\big|_0^{+\infty}+9\int_0^{+\infty} y\mathrm{d}x=0$，则 $0-(-5)+6(0-2)+9\int_0^{+\infty} y\mathrm{d}x=0$，故 $\int_0^{+\infty} y(x)\mathrm{d}x=\dfrac{7}{9}$.

注

n 阶常系数齐次线性微分方程，其特征根与解的关系如下：

（1）若 λ 是单根，必有解 $e^{\lambda x}$.

（2）若 λ 是二重根，必有解 $e^{\lambda x}, xe^{\lambda x}$,

（3）若 λ 是三重根，必有解 $e^{\lambda x}, xe^{\lambda x}, x^2e^{\lambda x}$.

（4）若 $\alpha\pm\beta i$ 是一重虚根，必有解 $e^{\alpha x}\cos\beta x, e^{\alpha x}\sin\beta x$.

3. 设反常积分 $\int_0^{\frac{\pi}{4}} \dfrac{1}{x|\ln x|^a\cos^b 2x}\mathrm{d}x$ 收敛，则（　　）.

（A）$a<1,b<1$　（B）$a<1,b>1$　（C）$a>1,b<1$　（D）$a>1,b>1$

解

由于当 $b>0, x\to\dfrac{\pi}{4}$ 时，$\cos^b 2x\to 0$，故 $x=0$ 和 $x=\dfrac{\pi}{4}$ 均为被积函数的可能的瑕点.将原积分拆成两部分.

$$\int_0^{\frac{\pi}{4}} \frac{1}{x|\ln x|^a\cos^b 2x}\mathrm{d}x=\int_0^{\frac{1}{2}} \frac{1}{x|\ln x|^a\cos^b 2x}\mathrm{d}x+\int_{\frac{1}{2}}^{\frac{\pi}{4}} \frac{1}{x|\ln x|^a\cos^b 2x}\mathrm{d}x.$$

原积分收敛当且仅当等式右端的两个积分均收敛.

对于反常积分 $\int_0^{\frac{1}{2}} \dfrac{1}{x|\ln x|^a\cos^b 2x}\mathrm{d}x$，由于当 $x\to0^+$ 时，$\dfrac{1}{x|\ln x|^a\cos^b 2x}$ 与 $\dfrac{1}{x|\ln x|^a}$ 等价，

于是 $\int_0^{\frac{1}{2}}\frac{1}{x|\ln x|^a\cos^b 2x}\mathrm{d}x$ 与 $\int_0^{\frac{1}{2}}\frac{1}{x|\ln x|^a}\mathrm{d}x$ 同敛散.又因为

$$\int_0^{\frac{1}{2}}\frac{1}{x|\ln x|^a}\mathrm{d}x=\int_0^{\frac{1}{2}}\frac{1}{x(-\ln x)^a}\mathrm{d}x=\begin{cases}\left.\dfrac{-(-\ln x)^{1-a}}{1-a}\right|_0^{\frac{1}{2}}, & a\neq 1,\\ -(\ln|\ln x|)\Big|_0^{\frac{1}{2}}, & a=1,\end{cases}$$

所以当 $a>1$ 时，$\int_0^{\frac{1}{2}}\frac{1}{x|\ln x|^a}\mathrm{d}x$ 收敛，当 $a\leqslant 1$ 时，$\int_0^{\frac{1}{2}}\frac{1}{x|\ln x|^a}\mathrm{d}x$ 发散.

因此，当且仅当 $a>1$ 时，反常积分 $\int_0^{\frac{1}{2}}\frac{1}{x|\ln x|^a\cos^b 2x}\mathrm{d}x$ 收敛.

对于反常积分 $\int_{\frac{1}{2}}^{\frac{\pi}{4}}\frac{1}{x|\ln x|^a\cos^b 2x}\mathrm{d}x$，由于当 $x\to\frac{\pi}{4}^-$ 时，$\frac{1}{x|\ln x|^a\cos^b 2x}$ 与 $\frac{1}{\cos^b 2x}$ 同阶，于是 $\int_{\frac{1}{2}}^{\frac{\pi}{4}}\frac{1}{x|\ln x|^a\cos^b 2x}\mathrm{d}x$ 与 $\int_{\frac{1}{2}}^{\frac{\pi}{4}}\frac{1}{\cos^b 2x}\mathrm{d}x$ 同敛散.又因为当 $x\to\frac{\pi}{4}^-$ 时，

$$\cos^{-b}2x=\sin^{-b}\left(\frac{\pi}{2}-2x\right)\sim\left(\frac{\pi}{2}-2x\right)^{-b},$$

所以当 $b\leqslant 0$ 时，$\int_{\frac{1}{2}}^{\frac{\pi}{2}}\frac{1}{\cos^b 2x}\mathrm{d}x$ 是普通定积分，当 $0<b<1$ 时，反常积分 $\int_{\frac{1}{2}}^{\frac{\pi}{4}}\frac{1}{\cos^b 2x}\mathrm{d}x$ 收敛，当 $b\geqslant 1$ 时，反常积分 $\int_{\frac{1}{2}}^{\frac{\pi}{4}}\frac{1}{\cos^b 2x}\mathrm{d}x$ 发散.

因此，当且仅当 $b<1$ 时，积分 $\int_{\frac{1}{2}}^{\frac{\pi}{4}}\frac{1}{x|\ln x|^a\cos^b 2x}\mathrm{d}x$ 收敛.

综上所述，当且仅当 $a>1,b<1$ 时，原反常积分收敛.

4. 若反常积分 $\int_0^{+\infty}\mathrm{e}^{-ax}\cos bx\mathrm{d}x$ 收敛，求 a,b 的取值范围.

解

(1) 当 $a=b=0$ 时，反常积分为 $\int_0^{+\infty}1\mathrm{d}x$，发散；

(2) 当 $a=0,b\neq 0$ 时,反常积分为 $\int_0^{+\infty}\cos bx\mathrm{d}x=\frac{1}{b}\sin bx\Big|_0^{+\infty}$, 发散;

(3) 当 $a\neq 0,b=0$ 时,反常积分为 $\int_0^{+\infty}\mathrm{e}^{-ax}\mathrm{d}x$;

① 若 $a>0$,则上述反常积分 $\int_0^{+\infty}\mathrm{e}^{-ax}\mathrm{d}x=-\frac{1}{a}\mathrm{e}^{-ax}\Big|_0^{+\infty}=\frac{1}{a}$, 收敛;

② 若 $a<0$,则上述反常积分 $\int_0^{+\infty}\mathrm{e}^{-ax}\mathrm{d}x$ 发散.

(4) 当 $a\neq 0,b\neq 0$ 时,用两次分部积分法,实现积分再现,得

$$\int \mathrm{e}^{-ax}\cos bx\mathrm{d}x=\frac{1}{b}\mathrm{e}^{-ax}\sin bx-\frac{a}{b^2}\mathrm{e}^{-ax}\cos bx-\int\frac{a^2}{b^2}\mathrm{e}^{-ax}\cos bx\mathrm{d}x,$$

于是
$$\int \mathrm{e}^{-ax}\cos bx\mathrm{d}x=\frac{\mathrm{e}^{-ax}}{a^2+b^2}(b\sin bx-a\cos bx)+C,$$

且
$$\int_0^A \mathrm{e}^{-ax}\cos bx\mathrm{d}x=\frac{\mathrm{e}^{-aA}}{a^2+b^2}(b\sin bA-a\cos bA)+\frac{a}{a^2+b^2}.$$

① 若 $a>0$,则 $\lim\limits_{A\to+\infty}\left[\frac{\mathrm{e}^{-aA}}{a^2+b^2}(b\sin bA-a\cos bA)+\frac{a}{a^2+b^2}\right]=\frac{a}{a^2+b^2}$,收敛;

② 若 $a<0$,则 $\lim\limits_{A\to+\infty}\left[\frac{\mathrm{e}^{-aA}}{a^2+b^2}(b\sin bA-a\cos bA)+\frac{a}{a^2+b^2}\right]$ 不存在,发散.

综上所述,只有(3)的①与(4)的①成立时,反常积分收敛,故当 $a>0$,b 任意时,反常积分收敛.

专题十八 定积分的应用

解题要点

1. 平面图形的面积.

(1) 直角坐标系下 $A_{直}=\int_a^b (y_{上}-y_{下})\mathrm{d}x(b>a)$ 或 $A_{直}=\int_c^d (x_{右}-x_{左})\mathrm{d}y(d>c)$;

(2) 极坐标系下 $A_{极}=\frac{1}{2}\int_\alpha^\beta r^2(\theta)\mathrm{d}\theta(\beta>\alpha)$.

注　任取 $P(x,y)\in L$, 若 $P'(x,-y)\in L$, 则 L 关于 x 轴对称, 同理可分析 L 是否关于 y 轴及原点对称.

2. 旋转体的体积.

(1) X 型积分区域 D(如图 1-18-1)绕 x 轴上下旋转而成的体积 $V_x=\int_a^b \pi(y_{上}^2-y_{下}^2)\mathrm{d}x$;

(2) X 型积分区域 D 绕 y 轴左右旋转而成的体积 $V_y=\int_a^b 2\pi x(y_{上}-y_{下})\mathrm{d}x$;

(3) Y 型积分区域 D(如图 1-18-2)绕 x 轴上下旋转而成的体积 $V_x=\int_c^d 2\pi y(x_{右}-x_{左})\mathrm{d}y$;

(4) Y 型积分区域 D 绕 y 轴左右旋转而成的体积 $V_y=\int_c^d \pi(x_{右}^2-x_{左}^2)\mathrm{d}y$.

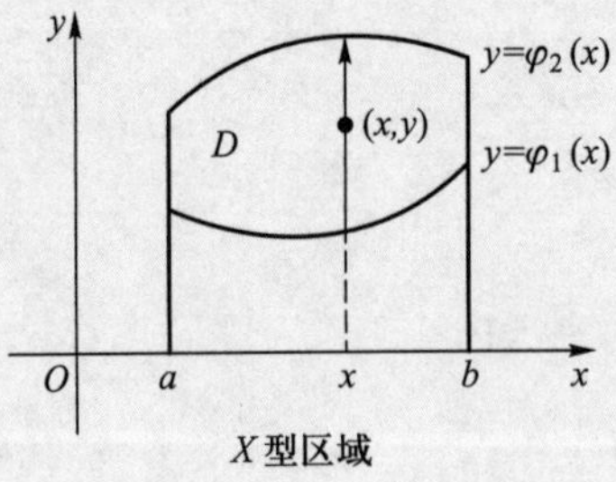

图 1-18-1

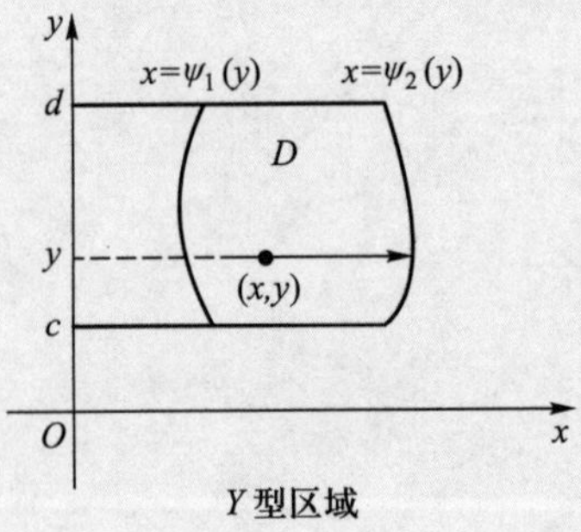

图 1-18-2

3. 函数的平均值.

$f(x)$ 在 $[a,b]$ 上的平均值 $\bar{f}=\dfrac{\int_a^b f(x)\,\mathrm{d}x}{b-a}$.

1. 如图 1-18-3,设在原点 O 与 $x(x>0)$ 之间的 ε 可使曲线 $y=\mathrm{e}^{\frac{x}{2}}$ 在 ε 左右两部分阴影图形的面积相等,则 $\lim\limits_{x\to0^+}\dfrac{\varepsilon}{x}=$________.

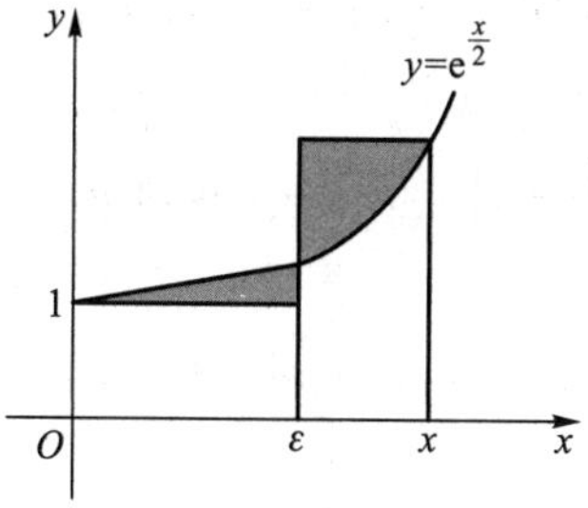

图 1-18-3

解

易得 $\varepsilon=\dfrac{x\mathrm{e}^{\frac{x}{2}}-2\mathrm{e}^{\frac{x}{2}}+2}{\mathrm{e}^{\frac{x}{2}}-1}$,则

$$\lim_{x\to0^+}\frac{\varepsilon}{x}=\lim_{x\to0^+}\frac{x\mathrm{e}^{\frac{x}{2}}-2\mathrm{e}^{\frac{x}{2}}+2}{(\mathrm{e}^{\frac{x}{2}}-1)x}=\lim_{x\to0^+}\frac{x\mathrm{e}^{\frac{x}{2}}-2\mathrm{e}^{\frac{x}{2}}+2}{\frac{x^2}{2}}=\frac{1}{2}.$$

2. 设 $f(x)=\int_x^{x+\frac{\pi}{2}}|\sin t|\,\mathrm{d}t$.

(1) 证明 $f(x)$ 以 π 为周期;

(2) 求曲线 $f(x)$ 与 x 轴在一个周期内所围平面图形的面积.

解

$$(1)\ f(x+\pi)=\int_{x+\pi}^{x+\pi+\frac{\pi}{2}}|\sin t|\,\mathrm{d}t=\int_{x+\pi}^{x}|\sin t|\,\mathrm{d}t+\int_{x}^{x+\frac{\pi}{2}}|\sin t|\,\mathrm{d}t+\int_{x+\frac{\pi}{2}}^{x+\pi+\frac{\pi}{2}}|\sin t|\,\mathrm{d}t$$

$$=\int_{\pi}^{0}|\sin t|\,\mathrm{d}t+f(x)+\int_{0}^{\pi}|\sin t|\,\mathrm{d}t=f(x),$$

这里借助了 $|\sin x|$ 以 π 为周期.

(2) 面积 $A=\int_0^{\pi} f(x)\mathrm{d}x = xf(x)\Big|_0^{\pi}-\int_0^{\pi} xf'(x)\mathrm{d}x = \pi f(\pi)-\int_0^{\pi} x\left(\left|\sin\left(x+\frac{\pi}{2}\right)\right|-|\sin x|\right)\mathrm{d}x$

$$=\pi f(\pi)-\int_0^{\pi} x(|\cos x|-|\sin x|)\mathrm{d}x$$

$$=\pi f(\pi)-\left[\int_0^{\frac{\pi}{2}} x(\cos x-\sin x)\mathrm{d}x+\int_{\frac{\pi}{2}}^{\pi} x(-\cos x-\sin x)\mathrm{d}x\right]\quad (*),$$

对后者 $\int_{\frac{\pi}{2}}^{\pi} x(-\cos x-\sin x)\mathrm{d}x$, 令 $x-\frac{\pi}{2}=t$, 则

$$\int_{\frac{\pi}{2}}^{\pi} x(-\cos x-\sin x)\mathrm{d}x=\int_0^{\frac{\pi}{2}}\left(\frac{\pi}{2}+t\right)(\sin t-\cos t)\mathrm{d}t$$

$$=\frac{\pi}{2}\int_0^{\frac{\pi}{2}}(\sin t-\cos t)\mathrm{d}t+\int_0^{\frac{\pi}{2}} t(\sin t-\cos t)\mathrm{d}t=\int_0^{\frac{\pi}{2}} t(\sin t-\cos t)\mathrm{d}t,$$

代入 $(*)$, 得面积 $A=\pi f(\pi)=\pi f(0)=\pi\int_0^{\frac{\pi}{2}}|\sin t|\mathrm{d}t=\pi\int_0^{\frac{\pi}{2}}\sin t\mathrm{d}t=\pi$.

3. 设曲线 $y=\mathrm{e}^{-\frac{x}{2}}\sqrt{\sin x}$ 在 $x\geqslant 0$ 的部分与 x 轴围成图形 σ, 求 σ 绕 x 轴旋转而成旋转体的体积.

解

$y=\mathrm{e}^{-\frac{x}{2}}\sqrt{\sin x}$, $x\in[2k\pi,(2k+1)\pi]$, $k=0,1,2,\cdots$, 体积 $V=\sum\limits_{k=0}^{\infty}V_k$, 其中

$$V_k=\int_{2k\pi}^{(2k+1)\pi}\pi y^2\mathrm{d}x$$

$$=\int_{2k\pi}^{(2k+1)\pi}\pi\mathrm{e}^{-x}\sin x\mathrm{d}x=\pi\left.\frac{\begin{vmatrix}(\mathrm{e}^{-x})' & (\sin x)'\\ \mathrm{e}^{-x} & \sin x\end{vmatrix}}{(-1)^2+1^2}\right|_{2k\pi}^{(2k+1)\pi}$$

$$=\frac{1}{2}\pi(1+\mathrm{e}^{-\pi})\mathrm{e}^{-2k\pi},\ k=0,1,2,\cdots,$$

故 $$V=\sum_{k=0}^{\infty}\frac{1}{2}\pi(1+\mathrm{e}^{-\pi})\mathrm{e}^{-2k\pi}=\frac{1}{2}\pi(1+\mathrm{e}^{-\pi})\sum_{k=0}^{\infty}\mathrm{e}^{-2k\pi}$$

$$\xlongequal{(*)}\frac{1}{2}\pi(1+\mathrm{e}^{-\pi})\cdot\frac{1}{1-\mathrm{e}^{-2\pi}},$$

式中, $(*)$ 处来自等比数列求和极限形式: $\frac{\text{首项}}{1-\text{公比}}$ ($|\text{公比}|<1$).

注

$$\int e^{ax}\sin bx\mathrm{d}x=\frac{\begin{vmatrix}(e^{ax})' & (\sin bx)'\\ e^{ax} & \sin bx\end{vmatrix}}{a^2+b^2}+C,\quad \int e^{ax}\cos bx\mathrm{d}x=\frac{\begin{vmatrix}(e^{ax})' & (\cos bx)'\\ e^{ax} & \cos bx\end{vmatrix}}{a^2+b^2}+C.$$

4. 设函数$f(x)$的定义域为$(0,+\infty)$且满足$2f(x)+x^2f\left(\frac{1}{x}\right)=\frac{x^2+2x}{\sqrt{1+x^2}}$.求$f(x)$,并求曲线$y=f(x)$,$y=\frac{1}{2}$,$y=\frac{\sqrt{3}}{2}$及$y$轴所围图形绕$x$轴旋转所成旋转体的体积.

解

由$2f(x)+x^2f\left(\frac{1}{x}\right)=\frac{x^2+2x}{\sqrt{1+x^2}}(x>0)$得$2f\left(\frac{1}{x}\right)+\frac{1}{x^2}f(x)=\frac{1+2x}{x\sqrt{1+x^2}}$,结合两式,解得

$$f(x)=\frac{x}{\sqrt{1+x^2}}(x>0).$$

由$y=\frac{x}{\sqrt{1+x^2}}$得$x=\frac{y}{\sqrt{1-y^2}}(0<y<1)$,从而曲线$y=f(x)$,$y=\frac{1}{2}$,$y=\frac{\sqrt{3}}{2}$及$y$轴所围图形绕$x$轴旋转所成旋转体的体积为

$$V=2\pi\int_{\frac{1}{2}}^{\frac{\sqrt{3}}{2}}xy\mathrm{d}y=2\pi\int_{\frac{1}{2}}^{\frac{\sqrt{3}}{2}}\frac{y^2}{\sqrt{1-y^2}}\mathrm{d}y$$

$$\xlongequal{y=\sin t}2\pi\int_{\frac{\pi}{6}}^{\frac{\pi}{3}}\sin^2t\mathrm{d}t=\frac{\pi^2}{6}.$$

5. 设$f(x)$为非负连续函数,且$f(x)\int_0^x f(x-t)\mathrm{d}t=\sin^4x$,求$f(x)$在$[0,\pi]$上的平均值.

解

令$x-t=u$,则$\int_0^x f(x-t)\mathrm{d}t=\int_0^x f(u)\mathrm{d}u$,于是

$$f(x)\int_0^x f(u)\mathrm{d}u=\sin^4x,$$

等式两端直接在$[0,\pi]$上积分,有

$$\int_0^\pi\left[f(x)\int_0^x f(u)\mathrm{d}u\right]\mathrm{d}x=\int_0^\pi\left[\int_0^x f(u)\mathrm{d}u\right]\mathrm{d}\left[\int_0^x f(u)\mathrm{d}u\right]=\int_0^\pi\sin^4x\mathrm{d}x,$$

所以$\frac{1}{2}\left[\int_0^x f(u)\,\mathrm{d}u\right]^2\Big|_0^{\pi}=2\cdot\frac{3}{4}\cdot\frac{1}{2}\cdot\frac{\pi}{2}$,故$\int_0^{\pi} f(u)\,\mathrm{d}u=\frac{\sqrt{3\pi}}{2}(f(x)\geqslant 0)$,进而$f(x)$在$[0,\pi]$上的平均值$\bar{f}=\frac{\sqrt{3\pi}}{2\pi}$.

6. 设一企业生产某产品的需求量Q对价格P的弹性$\eta=2P^2$,市场对该产品的最大需求量为1(万件),该产品的生产成本为$\frac{1}{2}Q+1$,设产量等于需求量,则企业获得最大利润时的产量为________.

解

需求量Q对价格P的弹性$\eta=-\frac{P}{Q}\frac{\mathrm{d}Q}{\mathrm{d}P}=2P^2\Rightarrow\frac{\mathrm{d}Q}{Q}=-2P\mathrm{d}P$,且$Q(0)=1$,于是$Q=\mathrm{e}^{-P^2}$.

进而利润$L=PQ-\left(\frac{1}{2}Q+1\right)=\left(P-\frac{1}{2}\right)\mathrm{e}^{-P^2}-1$,令$\frac{\mathrm{d}L}{\mathrm{d}P}=0$,可得$P=1$,且$\frac{\mathrm{d}^2L}{\mathrm{d}P^2}\Big|_{P=1}<0$,于是当$P=1$,此时$Q=\mathrm{e}^{-1}$时,利润$L$最大.

专题十九　讨论二元函数在某点的可偏导性及可微性

解题要点

1. 如果所求极限的二元函数$f(x,y)$是齐次有理式函数，即分子、分母均是齐次有理式函数，考察当$(x,y)\to(0,0)$时的极限，可用下述命题.

设$f(x,y)=\dfrac{P(x,y)}{Q(x,y)}=\dfrac{a_0x^m+a_1x^{m-1}y+\cdots+a_{m-1}xy^{m-1}+a_my^m}{b_0x^n+b_1x^{n-1}y+\cdots+b_{n-1}xy^{n-1}+b_ny^n}$，其中分子、分母是互质多项式，则

(1) 当$m>n$时，若方程$Q(1,y)=0$与$Q(x,1)=0$均无实根，则$\lim\limits_{\substack{x\to0\\y\to0}}f(x,y)=0$.

若方程$Q(1,y)=0$或$Q(x,1)=0$有实根，则$\lim\limits_{\substack{x\to0\\y\to0}}f(x,y)$不存在.

(2) 当$m\leqslant n$时，$\lim\limits_{\substack{x\to0\\y\to0}}f(x,y)$不存在.

如，考察以下极限：

① $\lim\limits_{\substack{x\to0\\y\to0}}\dfrac{x^3+y^3}{x^2+y^2}$(为0)；② $\lim\limits_{\substack{x\to0\\y\to0}}\dfrac{xy}{x+y}$(不存在)；③ $\lim\limits_{\substack{x\to0\\y\to0}}\dfrac{x+y}{x-y}$(不存在)；④ $\lim\limits_{\substack{x\to0\\y\to0}}\dfrac{x^2+y^2}{x^3+y^3}$(不存在).

2. $f'_x(x_0,y_0)=[f(x,y_0)]'|_{x=x_0}$；$f'_y(x_0,y_0)=[f(x_0,y)]'|_{y=y_0}$.

3. 判定二元函数$f(x,y)$在点(x_0,y_0)处是否可微.

(1) 先计算$f'_x(x_0,y_0)$与$f'_y(x_0,y_0)$，若其中之一不存在，则不可微，若都存在，则考察下述(2).

(2) 检验$\lim\limits_{\substack{x\to x_0\\y\to y_0}}\dfrac{f(x,y)-f(x_0,y_0)-f'_x(x_0,y_0)(x-x_0)-f'_y(x_0,y_0)(y-y_0)}{\sqrt{(x-x_0)^2+(y-y_0)^2}}$是否等于0.

若等于0，则可微；若不等于0或不存在，则不可微.

4. 若函数$f(x,y)$的两个偏导数$f'_x(x,y)$和$f'_y(x,y)$都在点(x_0,y_0)处连续，则$f(x,y)$在点(x_0,y_0)处可微.

注 条件适当减弱，此结论仍然成立，如下：

设函数$f(x,y)$在点(x_0,y_0)的偏导数$f'_x(x_0,y_0)$存在，而$f'_y(x,y)$在点(x_0,y_0)处连续，则$f(x,y)$在点(x_0,y_0)可微.

5. 对二元函数$f(x,y)$，若$\dfrac{\partial f}{\partial x}=0$，则$f(x,y)$只跟$y$有关，即$f(x,y)=\varphi(y)$.

同理，若$\dfrac{\partial f}{\partial y}=0$，则$f(x,y)$只跟$x$有关，即$f(x,y)=\phi(x)$.

6. 在区域D上，若$\mathrm{d}f(x,y)=0$或$\dfrac{\partial f}{\partial x}=\dfrac{\partial f}{\partial y}=0$，则$f(x,y)\equiv C$(常数)，$(x,y)\in D$.

1. 设$f(x,y)=\dfrac{y}{1+xy}-\dfrac{1-y\sin\dfrac{\pi x}{y}}{\arctan x}$，$x>0$，$y>0$，则(　　).

(A) $\lim\limits_{x\to0^+}\lim\limits_{y\to+\infty}f(x,y)$与$\lim\limits_{y\to+\infty}\lim\limits_{x\to0^+}f(x,y)$均存在

(B) $\lim\limits_{x\to0^+}\lim\limits_{y\to+\infty}f(x,y)$存在，但$\lim\limits_{y\to+\infty}\lim\limits_{x\to0^+}f(x,y)$不存在

(C) $\lim\limits_{x\to0^+}\lim\limits_{y\to+\infty}f(x,y)$不存在，但$\lim\limits_{y\to+\infty}\lim\limits_{x\to0^+}f(x,y)$存在

(D) $\lim\limits_{x\to0^+}\lim\limits_{y\to+\infty}f(x,y)$与$\lim\limits_{y\to+\infty}\lim\limits_{x\to0^+}f(x,y)$均不存在

解

对$\lim\limits_{x\to0^+}\lim\limits_{y\to+\infty}f(x,y)$，先计算

$$\lim_{y\to+\infty}f(x,y)=\lim_{y\to+\infty}\left(\frac{y}{1+xy}-\frac{1-y\sin\dfrac{\pi x}{y}}{\arctan x}\right)=\lim_{y\to+\infty}\frac{y}{1+xy}-\lim_{y\to+\infty}\frac{1-y\sin\dfrac{\pi x}{y}}{\arctan x}=\frac{1}{x}-\frac{1-\lim\limits_{y\to+\infty}y\sin\dfrac{\pi x}{y}}{\arctan x}$$

$$=\frac{1}{x}-\frac{1-\pi x}{\arctan x}.$$

再考虑$\lim\limits_{x\to0^+}\lim\limits_{y\to+\infty}f(x,y)=\lim\limits_{x\to0^+}\left(\dfrac{1}{x}-\dfrac{1-\pi x}{\arctan x}\right)=\lim\limits_{x\to0^+}\dfrac{\arctan x-(1-\pi x)x}{x\arctan x}$

$$=\lim_{x\to0^+}\frac{\arctan x-(1-\pi x)x}{x^2}=\lim_{x\to0^+}\frac{\arctan x-x}{x^2}+\pi=\lim_{x\to0^+}\frac{-\dfrac{1}{3}x^3}{x^2}+\pi=\pi.$$

对 $\lim\limits_{y\to+\infty}\lim\limits_{x\to0^+}f(x,y)$，先计算 $\lim\limits_{x\to0^+}f(x,y)=\lim\limits_{x\to0^+}\left(\dfrac{y}{1+xy}-\dfrac{1-y\sin\dfrac{\pi x}{y}}{\arctan x}\right)=y-\lim\limits_{x\to0^+}\dfrac{1-y\sin\dfrac{\pi x}{y}}{\arctan x}$，不存在.

于是 $\lim\limits_{y\to+\infty}\lim\limits_{x\to0^+}f(x,y)$ 自然也不存在.

2. 设函数 $z=f(x,y)$ 可微，且满足 $\dfrac{1}{x}\cdot\dfrac{\partial f}{\partial x}-\dfrac{1}{y}\cdot\dfrac{\partial f}{\partial y}=0$，则 z 在极坐标下(　　).

(A) 只与 θ 有关，而与 r 无关　　(B) 只与 r 有关，而与 θ 无关

(C) 与 θ 和 r 都有关　　(D) 与 θ 和 r 都无关

解

在极坐标下 $\begin{cases}x=r\cos\theta,\\ y=r\sin\theta,\end{cases}$ 有 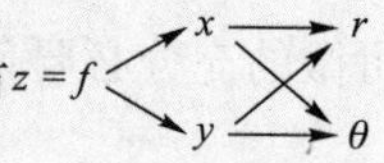

$$\frac{\partial z}{\partial\theta}=\frac{\partial f}{\partial x}\cdot(-r\sin\theta)+\frac{\partial f}{\partial y}\cdot(r\cos\theta)$$

$$=\frac{1}{r\cos\theta}\cdot\frac{\partial f}{\partial x}\cdot(-r^2\sin\theta\cos\theta)-\frac{1}{r\sin\theta}\cdot\frac{\partial f}{\partial y}\cdot(-r^2\sin\theta\cos\theta)$$

$$=\left(\frac{1}{x}\cdot\frac{\partial f}{\partial x}-\frac{1}{y}\cdot\frac{\partial f}{\partial y}\right)\cdot(-r^2\sin\theta\cos\theta)=0,$$

于是 z 在极坐标下与 θ 无关，而只与 r 有关.

注

类似可以证明：设 $z=f(x,y)$ 为可微函数，若 $z=f(x,y)$ 满足 $\dfrac{1}{x}\dfrac{\partial f}{\partial x}-\dfrac{1}{y}\dfrac{\partial f}{\partial y}=0$，则 $f(x,y)$ 在极坐标系下只是 r 的函数.

3. 设 $f(x,y)=|x-y|\varphi(x,y)$，其中 $\varphi(x,y)$ 在 $(0,0)$ 点连续，则 $\varphi(0,0)=0$ 是 $f(x,y)$ 在 $(0,0)$ 点可微的(　　).

(A) 充分非必要条件　　(B) 必要非充分条件

(C) 充分必要条件　　(D) 既非充分也非必要条件

解

$$f'_x(0,0)=\lim_{x\to 0}\frac{f(x,0)-f(0,0)}{x}=\lim_{x\to 0}\frac{|x|\varphi(x,0)}{x}=\begin{cases}\varphi(0,0), & x\to 0^+,\\ -\varphi(0,0), & x\to 0^-.\end{cases}$$

(1) 若 $\varphi(0,0)\neq 0$，则 $f'_x(0,0)$ 不存在，此时 $f(x,y)$ 在 $(0,0)$ 点不可微；

(2) 若 $\varphi(0,0)=0$，则 $f'_x(0,0)=0$，根据定义，也有 $f'_y(0,0)=0$.

而此时

$$\lim_{\substack{x\to 0\\ y\to 0}}\frac{f(x,y)-f(0,0)}{\sqrt{x^2+y^2}}=\lim_{\substack{x\to 0\\ y\to 0}}\frac{|x-y|\varphi(x,y)}{\sqrt{x^2+y^2}}=0$$

$\left(\text{因为 }0\leqslant\frac{|x-y|}{\sqrt{x^2+y^2}}\leqslant\frac{|x|}{\sqrt{x^2+y^2}}+\frac{|y|}{\sqrt{x^2+y^2}}\leqslant 2\text{，故有界，无穷小乘有界量仍是无穷小}\right)$，所以 $f(x,y)$ 在 $(0,0)$ 点可微.

综上，$\varphi(0,0)=0$ 是 $f(x,y)$ 在 $(0,0)$ 点可微的充分必要条件，选(C).

4. 设 $y>0$，$f(x,y)$ 有连续的偏导数，且 $f(x,y)y\mathrm{d}x+x\cos y\mathrm{d}y$ 为某一函数 $u(x,y)$ 的全微分，则 $f(x,y)=$ ________.

解

由题意，知 $u'_x=f(x,y)y$，$u'_y=x\cos y$，两者分别再对 y，x 求偏导，有 $u''_{xy}=f'_y(x,y)y+f(x,y)$，$u''_{yx}=\cos y$，利用 $u''_{xy}=u''_{yx}$，得 $f'_y(x,y)y+f(x,y)=\cos y$，即 $f'_y(x,y)+\frac{1}{y}f(x,y)=\frac{\cos y}{y}$，这是 y 的一阶线性微分方程，故 $f(x,y)=\mathrm{e}^{-\int\frac{1}{y}\mathrm{d}y}\left[\int\frac{\cos y}{y}\cdot\mathrm{e}^{\int\frac{1}{y}\mathrm{d}y}\mathrm{d}y+\varphi(x)\right]=\frac{\sin y+\varphi(x)}{y}$，其中 $\varphi(x)$ 是任意连续可导函数.

注

在对 y 积分时，要把 x 看作常数，最后要写 $\varphi(x)$ 而不能写 C.

5. 设函数 $f(x,y)$ 在点 $(0,0)$ 可微，且 $f(0,0)=0$，$f'_y(0,0)=1$，求极限 $I=\lim\limits_{x\to 0^+}\frac{\int_0^{x^2}f(t,x)\mathrm{d}t}{x^3}$.

解

$$I=\lim_{x\to0^+}\frac{\int_0^{x^2}f(t,x)\,\mathrm{d}t}{x^3}\text{（对 } t \text{ 用积分中值定理）}=\lim_{x\to0^+}\frac{f(\xi,x)x^2}{x^3}=\lim_{x\to0^+}\frac{f(\xi,x)}{x},$$

其中 $0<\xi<x^2$；又 $f(x,y)$ 在点 $(0,0)$ 可微，则

$$f(x,y)-f(0,0)=f'_x(0,0)x+f'_y(0,0)y+o\left(\sqrt{x^2+y^2}\right);$$

而 $f(0,0)=0, f'_y(0,0)=1$，则 $f(\xi,x)=f'_x(0,0)\xi+x+o\left(\sqrt{\xi^2+x^2}\right)$，将其代入原极限 I 中，则

$$I=\lim_{x\to0^+}\frac{f'_x(0,0)\xi+x+o\left(\sqrt{\xi^2+x^2}\right)}{x}=\lim_{x\to0^+}\left[\frac{f'_x(0,0)\xi}{x}+1+\frac{o\left(\sqrt{\xi^2+x^2}\right)}{x}\right]$$

$$=\lim_{x\to0^+}\frac{f'_x(0,0)\xi}{x}+1+\lim_{x\to0^+}\frac{o\left(\sqrt{\xi^2+x^2}\right)}{x}=0+1+0=1.$$

注

因为 $0<\xi<x^2$，所以 $0<\frac{\xi}{x}<\frac{x^2}{x}=x\to0\,(x\to0^+)$，根据夹逼准则，知 $\lim_{x\to0^+}\frac{f'_x(0,0)\xi}{x}=0$.

6. 设函数 $f(x,y)$ 可微，$\frac{\partial f}{\partial x}=-f(x,y)$，$f\left(0,\frac{\pi}{2}\right)=1$，且 $\lim_{n\to\infty}\left[\frac{f\left(0,y+\frac{1}{n}\right)}{f(0,y)}\right]^n=\mathrm{e}^{\cot y}$.

（1）求 $f(x,y)$；（2）求 $f(x,y)$ 在 $[0,+\infty)$ 部分与 x 轴围成的图形绕 x 轴旋转而成的体积.

解

（1）$\lim_{n\to\infty}\left[\frac{f\left(0,y+\frac{1}{n}\right)}{f(0,y)}\right]^n$（这是“$1^\infty$”型极限）$=\mathrm{e}^{\lim_{n\to\infty}n\cdot\left[\frac{f\left(0,y+\frac{1}{n}\right)}{f(0,y)}-1\right]}=\mathrm{e}^{\cot y}$，而 $\lim_{n\to\infty}n\cdot$

$$\left[\frac{f\left(0,y+\frac{1}{n}\right)}{f(0,y)}-1\right]=\lim_{n\to\infty}n\cdot\frac{f\left(0,y+\frac{1}{n}\right)-f(0,y)}{f(0,y)}=\frac{1}{f(0,y)}\lim_{n\to\infty}\frac{f\left(0,y+\frac{1}{n}\right)-f(0,y)}{\frac{1}{n}}=\frac{f'_y(0,y)}{f(0,y)},$$

于是$\dfrac{f_y'(0,y)}{f(0,y)}=\cot y$，两边对 y 积分，得 $\ln f(0,y)=\ln\sin y+\ln C=\ln(C\sin y)$，故 $f(0,y)=C\sin y$，又 $f\left(0,\dfrac{\pi}{2}\right)=1$，于是 $C=1$，所以 $f(0,y)=\sin y$.

由$\dfrac{\partial f}{\partial x}=-f(x,y)$，知$\dfrac{f_x'(x,y)}{f(x,y)}=-1$，于是 $\ln f(x,y)=-x+C(y)$，其中 $C(y)$ 为待定函数，于是 $f(x,y)=e^{-x}\cdot e^{C(y)}=e^{-x}\cdot\varphi(y)$，其中 $\varphi(y)$ 为待定系数，根据 $f(0,y)=\sin y$，得 $\varphi(y)=\sin y$，所以 $f(x,y)=e^{-x}\sin y$.

（2）体积 $V=\int_0^{+\infty}\pi f^2(x,x)\mathrm{d}x=\int_0^{+\infty}\pi e^{-2x}\sin^2 x\mathrm{d}x=\int_0^{+\infty}\pi e^{-2x}\dfrac{1-\cos 2x}{2}\mathrm{d}x$

$$=\frac{\pi}{2}\int_0^{+\infty}e^{-2x}(1-\cos 2x)\mathrm{d}x$$

$$=\frac{\pi}{2}\int_0^{+\infty}e^{-2x}\mathrm{d}x-\frac{\pi}{2}\int_0^{+\infty}e^{-2x}\cos 2x\mathrm{d}x$$

$$=\frac{\pi}{2}\cdot\left(-\frac{1}{2}e^{-2x}\right)\Bigg|_0^{+\infty}-\frac{\pi}{2}\cdot\frac{\begin{vmatrix}(e^{-2x})' & (\cos 2x)'\\ e^{-2x} & \cos 2x\end{vmatrix}}{(-2)^2+2^2}\Bigg|_0^{+\infty}$$

$$=\frac{\pi}{4}-\frac{\pi}{8}=\frac{\pi}{8}.$$

专题二十　复合函数与隐函数的偏导数

解题要点

1. 设 $u=u(x,y)$，$v=v(x,y)$，$z=f(u,v)$ 均为可微函数，则

$$\frac{\partial z}{\partial x}=\frac{\partial f}{\partial u}\frac{\partial u}{\partial x}+\frac{\partial f}{\partial v}\frac{\partial v}{\partial x}=f_1'\cdot\frac{\partial u}{\partial x}+f_2'\cdot\frac{\partial v}{\partial x};\frac{\partial z}{\partial y}=\frac{\partial f}{\partial u}\frac{\partial u}{\partial y}+\frac{\partial f}{\partial v}\frac{\partial v}{\partial y}=f_1'\cdot\frac{\partial u}{\partial y}+f_2'\cdot\frac{\partial v}{\partial y}.$$

注　f 对 u 或 v 求偏导后的新函数 $\frac{\partial f}{\partial u}$（即 f_1'）、$\frac{\partial f}{\partial v}$（即 f_2'）与 f 有相同的复合结构.

2. 偏导数的变量代换，如 $\begin{cases}x=a_1u+b_1v,\\ y=a_2u+b_2v\end{cases}\left(\begin{vmatrix}a_1 & b_1\\ a_2 & b_2\end{vmatrix}\neq 0\right)$ 等.

3. 设 $F(x,y)$ 具有一阶连续偏导数，且 $F_y'\neq 0$，则由 $F(x,y)=0$ 可唯一确定 $y=y(x)$，且 $\frac{\mathrm{d}y}{\mathrm{d}x}=-\frac{F_x'}{F_y'}$.

4. 设 $F(x,y,z)$ 具有一阶连续偏导数，且 $F_z'\neq 0$，则由 $F(x,y,z)=0$ 可唯一确定 $z=z(x,y)$，且

$$\begin{cases}\dfrac{\partial z}{\partial x}=-\dfrac{F_x'}{F_z'},\\[2ex] \dfrac{\partial z}{\partial y}=-\dfrac{F_y'}{F_z'}.\end{cases}$$

1. 已知 $z=uv$，且 $x=\mathrm{e}^u\cos v$，$y=\mathrm{e}^u\sin v$，则 $\frac{\partial z}{\partial x}=$________.

解

由 $x=\mathrm{e}^u\cos v$，$y=\mathrm{e}^u\sin v$ 解得

$$u=\frac{1}{2}\ln(x^2+y^2),v=\arctan\frac{y}{x},$$

于是 $z=uv=\frac{1}{2}\ln(x^2+y^2)\arctan\frac{y}{x}$，因此

$$\frac{\partial z}{\partial x}=\frac{x}{x^2+y^2}\arctan\frac{y}{x}+\frac{1}{2}\ln(x^2+y^2)\cdot\frac{-y}{x^2+y^2}.$$

2. 已知 $z=f(x,y)$ 在 $(1,1)$ 处可微，且 $f(1,1)=1$，$\left.\frac{\partial f}{\partial x}\right|_{(1,1)}=2$，$\left.\frac{\partial f}{\partial y}\right|_{(1,1)}=3$. 设 $\varphi(x)=f[x,f(x,x)]$，则 $\left.\frac{\mathrm{d}}{\mathrm{d}x}\varphi^3(x)\right|_{x=1}=$________.

解

$\frac{\mathrm{d}}{\mathrm{d}x}\varphi^3(x)=3\varphi^2(x)\frac{\mathrm{d}\varphi}{\mathrm{d}x}$. 又

$$\frac{\mathrm{d}\varphi}{\mathrm{d}x}=f_1'+f_2'\cdot(f_1'+f_2'),\varphi(1)=f(1,1)=1,$$

所以
$$\left.\frac{\mathrm{d}\varphi^3(x)}{\mathrm{d}x}\right|_{x=1}=3\cdot1\cdot[2+3(2+3)]=51.$$

3. 若函数 $z=f(x,y)$ 满足 $f(tx,ty)=t^kf(x,y)$，其中 $t>0$，则称 $f(x,y)$ 为 k 次齐次函数，试证：若 $f(x,y)$ 可微，则 $f(x,y)$ 为 k 次齐次函数的充要条件是

$$xf_x'(x,y)+yf_y'(x,y)=kf(x,y).$$

证明

必要性. 将 $f(tx,ty)=t^kf(x,y)$ 两边对 t 求导，得

$$xf_1'(tx,ty)+yf_2'(tx,ty)=kt^{k-1}f(x,y),$$

在上式中令 $t=1$，就得到

$$xf_x'(x,y)+yf_y'(x,y)=kf(x,y).$$

充分性. 若函数 $f(x,y)$ 满足 $xf_x'(x,y)+yf_y'(x,y)=kf(x,y)$. 令 $\varphi(t)\triangleq\frac{f(tx,ty)}{t^k}$，其中 $t>0$，注意到 $\varphi(1)=f(x,y)$，因此，只需证 $\varphi'(t)=0$ 即可. 事实上，

$$\varphi'(t)=\frac{[xf_1'(tx,ty)+yf_2'(tx,ty)]\cdot t^k-kt^{k-1}f(tx,ty)}{t^{2k}}$$

$$=\frac{[xf_1'(tx,ty)+yf_2'(tx,ty)]\cdot t-kf(tx,ty)}{t^{k+1}},$$

再将 $xf_x'(x,y)+yf_y'(x,y)=kf(x,y)$ 中的 x 和 y 分别换为 tx 和 ty，就有

$$txf_1'(tx,ty)+tyf_2'(tx,ty)=kf(tx,ty),$$

因此 $\varphi'(t)=0$，从而 $\forall t>0,\varphi(t)=\dfrac{f(tx,ty)}{t^k}=\varphi(1)=f(x,y)$，这就证明了充分性.

4. 设 $F(x,y)$ 在点 (x_0,y_0) 某邻域有连续的偏导数，$F(x_0,y_0)=0$，则 $F_y'(x_0,y_0)\neq 0$ 是 $F(x,y)=0$ 在点 (x_0,y_0) 某邻域能确定一个连续函数 $y=y(x)$，它满足 $y_0=y(x_0)$，并有连续的导数的(　　)条件.

(A) 必要非充分　　(B) 充分非必要

(C) 充分且必要　　(D) 既不充分又不必要

解

由隐函数存在定理知，在题设条件下，$F_y'(x_0,y_0)\neq 0$ 是方程 $F(x,y)=0$ 在点 (x_0,y_0) 某邻域能确定一个连续函数 $y=y(x)$，满足 $y_0=y(x_0)$ 并有连续导数的充分条件，但不是必要条件. 如 $F(x,y)=x^3-xy$，$F(0,0)=0$，$F_y'(0,0)=-x\big|_{x=0}=0$，但 $F(x,y)=0$ 确定函数 $y=x^2$（满足 $y(0)=0$）.

因此选(B).

5. 设 $z=u(x,y)e^{ax+by}$，且 $\dfrac{\partial^2 u}{\partial x\partial y}=0$，求 a,b 的值，使 $z=z(x,y)$ 满足 $\dfrac{\partial^2 z}{\partial x\partial y}-\dfrac{\partial z}{\partial x}-\dfrac{\partial z}{\partial y}+z=0$.

解

$$\frac{\partial z}{\partial x}=e^{ax+by}\left[\frac{\partial u}{\partial x}+au(x,y)\right],$$

$$\frac{\partial z}{\partial y}=e^{ax+by}\left[\frac{\partial u}{\partial y}+bu(x,y)\right],$$

$$\frac{\partial^2 z}{\partial x\partial y}=e^{ax+by}\left[b\frac{\partial u}{\partial x}+a\frac{\partial u}{\partial y}+abu(x,y)\right],$$

所以

$$\frac{\partial^2 z}{\partial x\partial y}-\frac{\partial z}{\partial x}-\frac{\partial z}{\partial y}+z=e^{ax+by}\left[(b-1)\frac{\partial u}{\partial x}+(a-1)\frac{\partial u}{\partial y}+(ab-a-b+1)u(x,y)\right].$$

若使$\frac{\partial^2 z}{\partial x\partial y}-\frac{\partial z}{\partial x}-\frac{\partial z}{\partial y}+z=0$,则

$$(b-1)\frac{\partial u}{\partial x}+(a-1)\frac{\partial u}{\partial y}+(ab-a-b+1)u(x,y)=0,$$

即 $a=b=1$.

6. 设函数 $u=u(x,y)$有连续的二阶偏导数,且满足方程

$$\frac{\partial^2 u}{\partial x^2}-\frac{\partial^2 u}{\partial y^2}=0.$$

(1) 用变量代换 $\xi=x-y,\eta=x+y$ 将上述方程化为以 ξ,η 为自变量的方程;

(2) 已知 $u(x,2x)=x,u'_x(x,2x)=x^2$,求 $u(x,y)$.

解

(1) 先逐步求出$\frac{\partial^2 u}{\partial x^2}$和$\frac{\partial^2 u}{\partial y^2}$,然后代入原方程

$$\frac{\partial^2 u}{\partial x^2}-\frac{\partial^2 u}{\partial y^2}=0, \qquad ①$$

即可,由于

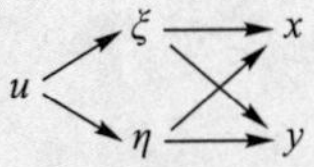

$$\frac{\partial u}{\partial x}=\frac{\partial u}{\partial \xi}\frac{\partial \xi}{\partial x}+\frac{\partial u}{\partial \eta}\frac{\partial \eta}{\partial x}=\frac{\partial u}{\partial \xi}+\frac{\partial u}{\partial \eta},$$

$$\frac{\partial u}{\partial y}=\frac{\partial u}{\partial \xi}\frac{\partial \xi}{\partial y}+\frac{\partial u}{\partial \eta}\frac{\partial \eta}{\partial y}=-\frac{\partial u}{\partial \xi}+\frac{\partial u}{\partial \eta},$$

$$\frac{\partial^2 u}{\partial x^2}=\frac{\partial^2 u}{\partial \xi^2}\frac{\partial \xi}{\partial x}+\frac{\partial^2 u}{\partial \xi\partial \eta}\frac{\partial \eta}{\partial x}+\frac{\partial^2 u}{\partial \eta\partial \xi}\frac{\partial \xi}{\partial x}+\frac{\partial^2 u}{\partial \eta^2}\frac{\partial \eta}{\partial x}=\frac{\partial^2 u}{\partial \xi^2}+2\frac{\partial^2 u}{\partial \xi\partial \eta}+\frac{\partial^2 u}{\partial \eta^2}, \qquad ②$$

$$\frac{\partial^2 u}{\partial y^2}=-\frac{\partial^2 u}{\partial \xi^2}\frac{\partial \xi}{\partial y}-\frac{\partial^2 u}{\partial \xi\partial \eta}\frac{\partial \eta}{\partial y}+\frac{\partial^2 u}{\partial \eta\partial \xi}\frac{\partial \xi}{\partial y}+\frac{\partial^2 u}{\partial \eta^2}\frac{\partial \eta}{\partial y}=\frac{\partial^2 u}{\partial \xi^2}-2\frac{\partial^2 u}{\partial \xi\partial \eta}+\frac{\partial^2 u}{\partial \eta^2}, \qquad ③$$

将②式与③式代入①式,得$\frac{\partial^2 u}{\partial \xi\partial \eta}=0$.

（2）将方程$\frac{\partial^2 u}{\partial\xi\partial\eta}=0$两边对$\eta$积分得

$$\frac{\partial u}{\partial\xi}=\varphi(\xi)\ (\varphi(\xi)\text{为}\xi\text{的任意可微函数}),$$

此式两边对ξ积分得

$$u=\int\varphi(\xi)\mathrm{d}\xi+g(\eta)=f(\xi)+g(\eta),$$

这里f,g为任意可微函数.于是

$$u(x,y)=f(x-y)+g(x+y),\qquad ④$$

由条件$u(x,2x)=x$得

$$f(-x)+g(3x)=x,\qquad ⑤$$

又④式两边对x求偏导得

$$u'_x=f'(x-y)+g'(x+y),$$

由条件$u'_x(x,2x)=x^2$得

$$u'_x(x,2x)=f'(-x)+g'(3x)=x^2,\qquad ⑥$$

⑥式两边对x积分得

$$-3f(-x)+g(3x)=x^3+C,\qquad ⑦$$

联立⑤式与⑦式解得

$$f(-x)=\frac{1}{4}(x-x^3)-\frac{1}{4}C,g(3x)=\frac{1}{4}(3x+x^3)+\frac{1}{4}C,$$

由此可得

$$f(x)=\frac{1}{4}(x^3-x)-\frac{1}{4}C,g(x)=\frac{1}{4}x+\frac{1}{108}x^3+\frac{1}{4}C,$$

于是由④式可得所求函数为

$$\begin{aligned}u(x,y)&=\frac{1}{4}[(x-y)^3-(x-y)]-\frac{1}{4}C+\frac{1}{4}(x+y)+\frac{1}{108}(x+y)^3+\frac{1}{4}C\\&=\frac{1}{4}(x-y)^3+\frac{1}{108}(x+y)^3+\frac{1}{2}y.\end{aligned}$$

7. 设二元连续可微函数$F(x,y)$在直角坐标系下表示为$F(x,y)=f(x)+g(y)$，在极坐标系下$F(x,y)$与θ无关，求$F(x,y)$的表达式.

解

在极坐标系下 $F(x,y)$ 与 θ 无关,则 $F_\theta'=0$.

又 $F(x,y)=f(x)+g(y)$, $x=r\cos\theta$, $y=r\sin\theta$,

于是

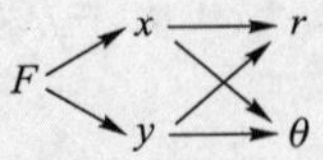

$$\begin{aligned}F_\theta' &= F_x'\cdot\frac{\partial x}{\partial\theta}+F_y'\cdot\frac{\partial y}{\partial\theta}\\ &=f'(x)\cdot(-r\sin\theta)+g'(y)\cdot r\cos\theta\\ &=f'(x)\cdot(-y)+g'(y)\cdot x\\ &=0,\end{aligned}$$

于是得 $f'(x)\cdot y=g'(y)\cdot x$,进而得 $\dfrac{f'(x)}{x}=\dfrac{g'(y)}{y}$,于是 $\dfrac{f'(x)}{x}=\dfrac{g'(y)}{y}=\lambda$(常数),由 $\dfrac{f'(x)}{x}=\lambda$,得 $f'(x)=\lambda x$,于是 $f(x)=\dfrac{\lambda}{2}x^2+C_1$,同理可得 $g(y)=\dfrac{\lambda}{2}y^2+C_2$,于是 $F(x,y)=f(x)+g(y)=\dfrac{\lambda}{2}x^2+C_1+\dfrac{\lambda}{2}y^2+C_2=C(x^2+y^2)+C_0$,其中 $C=\dfrac{\lambda}{2}$ 和 $C_0=C_1+C_2$ 都是任意常数.

专题二十一　多元函数的极值与最值问题

解题要点

1. 已知函数 $z=f(x,y)$ 连续且有一阶及二阶连续偏导数，求 $z=f(x,y)$ 的无条件极值.

首先，找可疑点：$f_x'(x_0,y_0)=0, f_y'(x_0,y_0)=0$.

其次，判断可疑点：记 $f_{xx}''(x_0,y_0)=A, f_{xy}''(x_0,y_0)=B, f_{yy}''(x_0,y_0)=C$，则

(1) 若 $AC-B^2>0$，则 (x_0,y_0) 是 $f(x,y)$ 的极值点，且当 $A>0$ 时，(x_0,y_0) 为 $f(x,y)$ 的极小值点；当 $A<0$ 时，(x_0,y_0) 为 $f(x,y)$ 的极大值点.

(2) 若 $AC-B^2<0$，则 (x_0,y_0) 不是 $f(x,y)$ 的极值点.

(3) 若 $AC-B^2=0$，此判别法失效（化一元或用定义）.

2. 已知 $f(x,y)$ 与 $\varphi(x,y)$ 均有连续的一阶偏导数，求二元函数 $z=f(x,y)$ 在条件 $\varphi(x,y)=0$ 下的条件极值（最值）.

(1) 构造拉格朗日函数 $F(x,y,\lambda)=f(x,y)+\lambda\varphi(x,y)$.

(2) 列方程组 $\begin{cases} F_x'=f_x'(x,y)+\lambda\varphi_x'(x,y)=0, \\ F_y'=f_y'(x,y)+\lambda\varphi_y'(x,y)=0, \\ F_\lambda'=\varphi(x,y)=0. \end{cases}$

(3) 解上述方程组.

(4) 对(3)中解出的点比较函数值大小，其中最大的就是最大值，最小的就是最小值.

上述方法可推广求 $u=f(x,y,z)$ 在一个条件 $\varphi(x,y,z)=0$ 或两个条件 $\begin{cases} \varphi(x,y,z)=0, \\ \psi(x,y,z)=0 \end{cases}$ 下的最值.

构造
$$F(x,y,z,\lambda)=f(x,y,z)+\lambda\varphi(x,y,z)$$
或
$$F(x,y,z,\lambda,\mu)=f(x,y,z)+\lambda\varphi(x,y,z)+\mu\psi(x,y,z).$$

1. 设函数 $z=(x^2+y^2)\mathrm{e}^{-(x^2+y^2)}$，则(0,0)点和 $x^2+y^2=1$ 上的点分别是 z 的(　　).

(A) 极小值点，极小值点　　(B) 极小值点，极大值点

(C) 极大值点，极小值点　　(D) 极大值点，极大值点

解

当 $(x,y)\neq(0,0)$ 时，$z=(x^2+y^2)\mathrm{e}^{-(x^2+y^2)}>0=z(0,0)$，于是(0,0)点是 z 的极小值点.

令 $x^2+y^2=t$，则转化成 $t=1$ 是一元函数 $z=t\mathrm{e}^{-t}$ 的极大值点还是极小值点，因为 $\frac{\mathrm{d}z}{\mathrm{d}t}=\mathrm{e}^{-t}(1-t)$，$\frac{\mathrm{d}^2z}{\mathrm{d}t^2}=\mathrm{e}^{-t}(t-2)$，于是 $\left.\frac{\mathrm{d}z}{\mathrm{d}t}\right|_{t=1}=0$，$\left.\frac{\mathrm{d}^2z}{\mathrm{d}t^2}\right|_{t=1}=-\mathrm{e}^{-1}<0$，于是 $t=1$ 是 $z=t\mathrm{e}^{-t}$ 的极大值点，也即 $x^2+y^2=1$ 上的点是二元函数 $z=(x^2+y^2)\mathrm{e}^{-(x^2+y^2)}$ 的极大值点.

2. 设 $f(x,y)$ 在点 $P_0(x_0,y_0)$ 处有二阶连续偏导数，且 $f(x,y)$ 在 P_0 处取得极大值，则(　　).

(A) $f''_{xx}(P_0)\geqslant0, f''_{yy}(P_0)\geqslant0$　　(B) $f''_{xx}(P_0)<0, f''_{yy}(P_0)<0$

(C) $f''_{xx}(P_0)\leqslant0, f''_{yy}(P_0)\leqslant0$　　(D) $f''_{xx}(P_0)\leqslant0, f''_{yy}(P_0)\geqslant0$

解

将二元函数的极值转化为一元函数的极值，再利用一元函数取得极大值的必要条件求解即可.

令 $F(x)=f(x,y_0)$，由已知，$x=x_0$ 是 $F(x)$ 的极大值点，故

$$F''(x_0)=\left.\frac{\mathrm{d}^2}{\mathrm{d}x^2}f(x,y_0)\right|_{x=x_0}=\frac{\partial^2 f(P_0)}{\partial x^2}\leqslant0$$

(若 $F''(x_0)>0$，则 $x=x_0$ 是 $F(x)$ 的极小值点，与已知矛盾).

同理，令 $G(y)=f(x_0,y)$，则 $y=y_0$ 是 $G(y)$ 的极大值点，故

$$G''(y_0)=\left.\frac{\mathrm{d}^2}{\mathrm{d}y^2}f(x_0,y)\right|_{y=y_0}=\frac{\partial^2 f(P_0)}{\partial y^2}\leqslant0.$$

故(C)正确.

注

二元函数$f(x,y)$在点(x_0,y_0)处取极大(小)值，则一元函数$f(x,y_0)$和$f(x_0,y)$分别对应在x_0处和y_0处取极大(小)值，但反之不成立.

3. 设$f(x)$，$g(x)$均有二阶连续导数且满足$f(0)>0$，$f'(0)=0$，$g(0)=0$，则函数$u(x,y)=f(x)\int_1^y g(t)\,dt$在点$(0,0)$处取极小值的一个充分条件是(　　).

(A) $f''(0)>0, g'(x)<0(0\leqslant x\leqslant 1)$　　(B) $f''(0)<0, g'(x)>0(0\leqslant x\leqslant 1)$

(C) $f''(0)>0, g'(x)>0(0\leqslant x\leqslant 1)$　　(D) $f''(0)<0, g'(x)<0(0\leqslant x\leqslant 1)$

解

利用极值点的充分判别法.

由$u=f(x)\int_1^y g(t)\,dt$得

$$\frac{\partial u}{\partial x}=f'(x)\int_1^y g(t)\,dt,\ \frac{\partial u}{\partial y}=f(x)g(y),$$

$$\left.\frac{\partial u}{\partial x}\right|_{(0,0)}=f'(0)\int_1^0 g(t)\,dt=0,\ \left.\frac{\partial u}{\partial y}\right|_{(0,0)}=f(0)g(0)=0,$$

$$\frac{\partial^2 u}{\partial x^2}=f''(x)\int_1^y g(t)\,dt,\ \frac{\partial^2 u}{\partial x\partial y}=f'(x)g(y),\ \frac{\partial^2 u}{\partial y^2}=f(x)g'(y).$$

若$g'(x)>0(0\leqslant x\leqslant 1)\Rightarrow g(x)$在$[0,1]$上单调递增$\Rightarrow g(x)>g(0)=0(0<x\leqslant 1)\Rightarrow\int_1^0 g(t)\,dt<0$，又当$f''(0)<0$时，

$$A=\left.\frac{\partial^2 u}{\partial x^2}\right|_{(0,0)}=f''(0)\int_1^0 g(t)\,dt>0,\ B=\left.\frac{\partial^2 u}{\partial x\partial y}\right|_{(0,0)}=f'(0)g(0)=0,$$

$$C=\left.\frac{\partial^2 u}{\partial y^2}\right|_{(0,0)}=f(0)g'(0)>0,$$

有$AC-B^2>0$.因此$(0,0)$是$u(x,y)$的极小值点.故选(B).

注

在题设条件下，已得到：$\left.\frac{\partial u}{\partial x}\right|_{(0,0)}=\left.\frac{\partial u}{\partial y}\right|_{(0,0)}=0$，又

$$A=f''(0)\int_1^0 g(t)\,dt,\ B=f'(0)g(0)=0,\ C=f(0)g'(0)\text{(其中}f(0)>0\text{)}.$$

(1) 当 $g'(x)>0(0\leqslant x\leqslant 1)\Rightarrow C>0, g(x)>g(0)=0(0<x\leqslant 1), \int_1^0 g(t)\mathrm{d}t<0$.

若 $f''(0)<0\Rightarrow A>0, B=0, C>0\Rightarrow AC-B^2>0$, $(0,0)$ 是 $u(x,y)$ 的极小值点.

若 $f''(0)>0\Rightarrow A<0, B=0, C>0\Rightarrow AC-B^2<0$, $(0,0)$ 不是 $u(x,y)$ 的极值点.

(2) 当 $g'(x)<0(0\leqslant x\leqslant 1)\Rightarrow C<0, g(x)<g(0)=0(0\leqslant x\leqslant 1), \int_1^0 g(t)\mathrm{d}t>0$.

若 $f''(0)<0\Rightarrow A<0, B=0, C<0\Rightarrow AC-B^2>0$, $(0,0)$ 是 $u(x,y)$ 的极大值点.

若 $f''(0)>0\Rightarrow A>0, B=0, C<0\Rightarrow AC-B^2<0$, $(0,0)$ 不是 $u(x,y)$ 的极值点.

4. 设 $f(x,y)$ 有二阶连续偏导数，且 $f(x,y)=1-x-y+o(\sqrt{(x-1)^2+y^2})$，若 $g(x,y)=f(\mathrm{e}^{xy}, x^2+y^2)$，证明：$g(x,y)$ 在 $(0,0)$ 取得极值，判断此极值是极大值还是极小值，并求出此极值.

证明

只需证明 $(0,0)$ 是函数 $g(x,y)$ 的驻点，且在该点有 $AC-B^2>0$. 为此需计算 $g(x,y)$ 在点 $(0,0)$ 处的一阶与二阶偏导数，因而需先求得 f 在点 $(1,0)$ 的一阶偏导数值.

由于 $f(x,y)=1-x-y+o(\sqrt{(x-1)^2+y^2})$，由全微分的定义知

$$f(1,0)=0, f_1(1,0)=f_2(1,0)=-1,$$

则

$$g_x=f_1\cdot \mathrm{e}^{xy}y+f_2\cdot 2x, g_y=f_1\cdot \mathrm{e}^{xy}x+f_2\cdot 2y,$$

$$g_x(0,0)=0, g_y(0,0)=0,$$

又

$$g_{xx}=(f_{11}\cdot \mathrm{e}^{xy}y+f_{12}\cdot 2x)\mathrm{e}^{xy}y+f_1\cdot \mathrm{e}^{xy}y^2+(f_{21}\cdot \mathrm{e}^{xy}y+f_{22}\cdot 2x)2x+2f_2,$$

$$g_{xy}=(f_{11}\cdot \mathrm{e}^{xy}x+f_{12}\cdot 2y)\mathrm{e}^{xy}y+f_1\cdot(\mathrm{e}^{xy}xy+\mathrm{e}^{xy})+(f_{21}\cdot \mathrm{e}^{xy}x+f_{22}\cdot 2y)2x,$$

$$g_{yy}=(f_{11}\cdot \mathrm{e}^{xy}x+f_{12}\cdot 2y)\mathrm{e}^{xy}x+f_1\cdot \mathrm{e}^{xy}x^2+(f_{21}\cdot \mathrm{e}^{xy}x+f_{22}\cdot 2y)2y+2f_2,$$

$A=g_{xx}(0,0)=2f_2(1,0)=-2, B=g_{xy}(0,0)=f_1(1,0)=-1, C=g_{yy}(0,0)=2f_2(1,0)=-2.$

因此，$AC-B^2=3>0$，且 $A<0$，故 $g(0,0)=f(1,0)=0$ 是极大值.

5. 设可微函数$f(x,y)$的全微分 $df(x,y)=(3x^2-y)dx+(3y^2-x)dy$，且$f(0,0)=1$.

（1）求$f(x,y)$的表达式；

（2）求曲线$f(x,y)=2(x\geqslant 0,y\geqslant 0)$上的点到坐标原点的最长距离与最短距离.

解

（1）$\dfrac{\partial f}{\partial x}=3x^2-y\Rightarrow f(x,y)=x^3-xy+\varphi(y)$，于是$\dfrac{\partial f}{\partial y}=-x+\varphi'(y)$.

依题意，有$-x+\varphi'(y)=3y^2-x$，即 $\varphi'(y)=3y^2$，于是 $\varphi(y)=y^3+C$.

从而$f(x,y)=x^3-xy+y^3+C$，又$f(0,0)=1$，于是 $C=1$，故$f(x,y)=x^3-xy+y^3+1$.

（2）设(x,y)为曲线$f(x,y)=2(x\geqslant 0,y\geqslant 0)$，即 $x^3-xy+y^3=1$ 上的任一点，目标函数为距离的平方$f(x,y)=x^2+y^2$，构造拉格朗日函数

$$L(x,y,\lambda)=x^2+y^2+\lambda(x^3-xy+y^3-1).$$

令

$$\frac{\partial L}{\partial x}=2x+(3x^2-y)\lambda=0, \quad ①$$

$$\frac{\partial L}{\partial y}=2y+(3y^2-x)\lambda=0, \quad ②$$

$$\frac{\partial L}{\partial \lambda}=x^3-xy+y^3-1=0. \quad ③$$

当 $x>0,y>0$ 时，由①，②得

$$\frac{x}{y}=\frac{3x^2-y}{3y^2-x}，即 3xy(y-x)=(x+y)(x-y),$$

得 $y=x$ 或 $3xy=-(x+y)$（由于 $x>0,y>0$，舍去）.

将 $y=x$ 代入③得

$$2x^3-x^2-1=0，即(x-1)(2x^2+x+1)=0,$$

解得 $x=1$，从而点$(1,1)$为唯一可能的极值点.

又当 $x=0$ 时，$y=1$；当 $y=0$ 时，$x=1$. 分别计算点$(1,1)$，$(0,1)$及$(1,0)$处的目标函数值，有

$$f(1,1)=2,f(0,1)=f(1,0)=1,$$

故所求最长距离为$\sqrt{2}$，最短距离为$\sqrt{1}=1$.

6. 设 $D=\{(x,y)\mid x\geqslant 0,y\geqslant 0\}$，证明$\dfrac{x^2+y^2}{4}\leqslant e^{x+y-2}$，$(x,y)\in D$.

证明

问题转化为求函数$f(x,y)=(x^2+y^2)e^{-x-y}$在区域 D 上的最大值.

对于函数$f(x,y)$，有$f(0,0)=0$，$f(x,y)\geqslant 0$，$\lim\limits_{\substack{x\to+\infty\\y\to+\infty}}f(x,y)=0$，且$\forall y\geqslant 0$，$\lim\limits_{x\to+\infty}f(x,y)=0$；$\forall x\geqslant 0$，$\lim\limits_{y\to+\infty}f(x,y)=0$.

令

$$f_x'=(2x-x^2-y^2)e^{-x-y}=0,f_y'=(2y-x^2-y^2)e^{-x-y}=0,$$

解得唯一驻点$(1,1)$，且$f(1,1)=2e^{-2}$.

在 x 轴上，$f(x,0)=x^2e^{-x}$，令

$$f_x'(x,0)=(2x-x^2)e^{-x}=0,$$

解得唯一驻点 $x=2$，且$f(2,0)=4e^{-2}$.同理得$f(0,2)=4e^{-2}$.

于是$\max\limits_{(x,y)\in D}f(x,y)=4e^{-2}$，所以$f(x,y)\leqslant 4e^{-2}$，即$\dfrac{x^2+y^2}{4}\leqslant e^{x+y-2}$，$(x,y)\in D$.

专题二十二 二重积分

解题要点

1. 计算二重积分一般是先作图，考察对称性(普通、轮换)，然后选择坐标系(直角、极坐标). 需要注意的是，直角坐标系要考虑选用合适的积分次序，特殊的二重积分可考虑利用平移、形心的技巧解决.

如，1999年数学三试题，设 D 是由直线 $x=-2, y=0, y=2$ 及曲线 $x=-\sqrt{2y-y^2}$ 围成的平面区域，则 $\iint\limits_D y\mathrm{d}x\mathrm{d}y = \underline{4-\frac{\pi}{2}}$.

2. 二次积分的换序及换系本质上就是"由限作图，看图定限"这样一个过程，这里作图仍是关键.

1. $\lim\limits_{n\to\infty}\frac{\pi}{2n^4}\sum\limits_{i=1}^{n}\sum\limits_{j=1}^{n} i^2\sin\frac{\pi j}{2n} =$ ________.

解

$$\lim_{n\to\infty}\frac{\pi}{2n^4}\sum_{i=1}^{n}\sum_{j=1}^{n} i^2\sin\frac{\pi j}{2n} = \frac{\pi}{2}\lim_{n\to\infty}\frac{1}{n}\cdot\frac{1}{n}\sum_{i=1}^{n}\sum_{j=1}^{n}\left(\frac{i}{n}\right)^2\sin\left(\frac{\pi}{2}\frac{j}{n}\right)$$

$$= \frac{\pi}{2}\int_0^1 x^2\mathrm{d}x\int_0^1\sin\left(\frac{\pi}{2}y\right)\mathrm{d}y = \frac{1}{3}.$$

2. 二次积分 $\int_0^2\mathrm{d}x\int_{x^2}^{x} f(x,y)\mathrm{d}y$ 改为先 x 后 y 的次序为 ________.

解

区域 D 如图 1-22-1 所示，

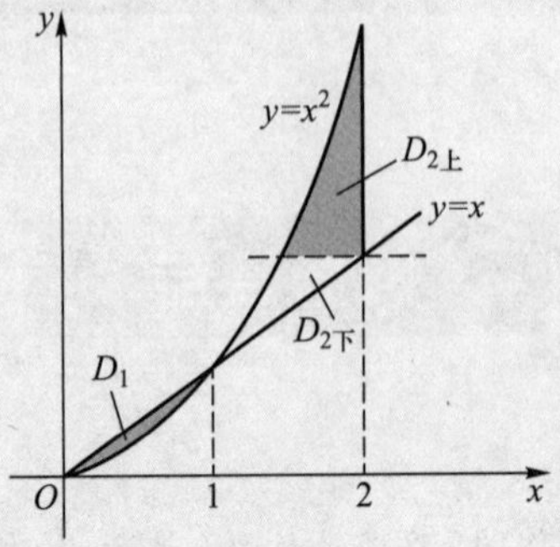

图 1-22-1

$$\text{原式}=\int_0^1 dx\int_{x^2}^{x} f(x,y)\,dy+\int_1^2 dx\int_{x^2}^{x} f(x,y)\,dy$$

$$=\int_0^1 dx\int_{x^2}^{x} f(x,y)\,dy-\int_1^2 dx\int_{x}^{x^2} f(x,y)\,dy$$

$$=\int_0^1 dy\int_{y}^{\sqrt{y}} f(x,y)\,dx-\left[\int_1^2 dy\int_{\sqrt{y}}^{y} f(x,y)\,dx+\int_2^4 dy\int_{\sqrt{y}}^{2} f(x,y)\,dx\right].$$

注

注意二重积分必须要求“上限≥下限”，这里第二部分的 $\int_1^2 dx\int_{x^2}^{x} f(x,y)\,dy$ 需要调整.

3. 设极坐标下的二次积分 $I=\int_{\frac{\pi}{2}}^{\pi} d\theta\int_0^{\sin\theta} f(r\cos\theta,r\sin\theta)\,r\,dr$.

(1) 将 I 改为直角坐标下先 y 后 x 的二次积分为________;

(2) 将 I 改为极坐标下先 θ 后 r 的二次积分为________.

解

(1) 将二次积分 I 写成二重积分 $I=\iint\limits_D f(x,y)\,d\sigma$，其中，$D$ 的极坐标表示 $D:\frac{\pi}{2}\leqslant\theta\leqslant\pi,0\leqslant r\leqslant\sin\theta$，于是得 D 的直角坐标表示为(如图 1-22-2)

$$x^2+y^2\leqslant y(\text{由 } r^2\leqslant r\sin\theta \text{ 而得}),x\leqslant 0,$$

即
$$x^2+\left(y-\frac{1}{2}\right)^2\leqslant\left(\frac{1}{2}\right)^2,x\leqslant 0,$$

故先 y 后 x 的二次积分为

$$I=\int_{-\frac{1}{2}}^{0}\mathrm{d}x\int_{\frac{1}{2}-\sqrt{\frac{1}{4}-x^2}}^{\frac{1}{2}+\sqrt{\frac{1}{4}-x^2}}f(x,y)\,\mathrm{d}y.$$

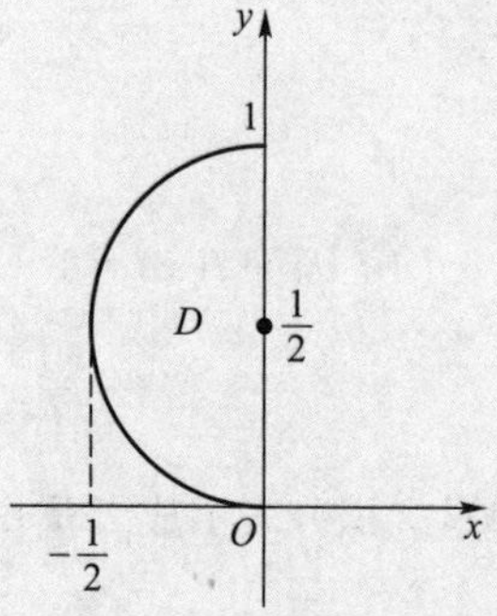

图 1-22-2

（2）解法 1　在 θOr 直角坐标系中（如图 1-22-3），

$$I=\iint_{D}f(r\cos\theta,r\sin\theta)r\mathrm{d}r\mathrm{d}\theta.$$

当 $\frac{\pi}{2}\leqslant\theta\leqslant\pi$ 时，$0\leqslant\pi-\theta\leqslant\frac{\pi}{2}$，由 $r=\sin\theta=\sin(\pi-\theta)$，

得

$$\pi-\theta=\arcsin r,\theta=\pi-\arcsin r.$$

因此 $I=\int_0^1\mathrm{d}r\int_{\frac{\pi}{2}}^{\pi-\arcsin r}f(r\cos\theta,r\sin\theta)r\mathrm{d}\theta.$

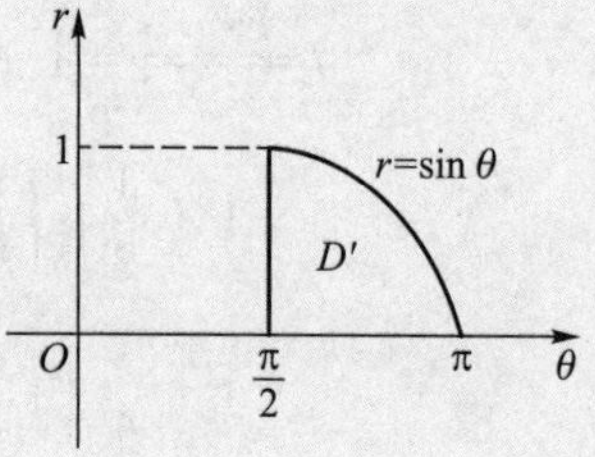

图 1-22-3

解法 2　在 xOy 直角坐标系中，

$$I=\iint_{D}f(x,y)\,\mathrm{d}\sigma,$$

其中，积分区域 D 如（1）中所述，如图 1-22-4 所示，半圆边界的极坐标方程是 $r=\sin\theta$，如解法 1 中所述，反解得 $\theta=\pi-\arcsin r$，从而得 D 的极坐标表示：

$$0\leqslant r\leqslant 1,\frac{\pi}{2}\leqslant\theta\leqslant\pi-\arcsin r,$$

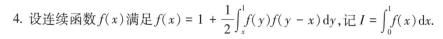

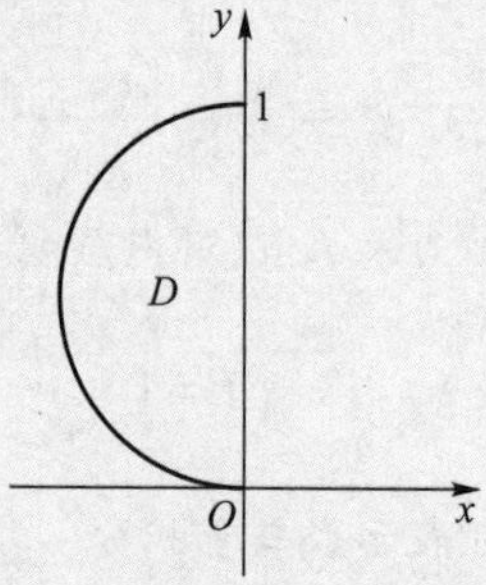

图 1-22-4

因此
$$I=\int_0^1\mathrm{d}r\int_{\frac{\pi}{2}}^{\pi-\arcsin r}f(r\cos\theta,r\sin\theta)r\mathrm{d}\theta.$$

4. 设连续函数 $f(x)$ 满足 $f(x)=1+\frac{1}{2}\int_x^1 f(y)f(y-x)\,\mathrm{d}y$，记 $I=\int_0^1 f(x)\,\mathrm{d}x$.

（1）求证：$I=1+\frac{1}{2}\int_0^1 f(y)\,\mathrm{d}y\int_0^y f(y-x)\,\mathrm{d}x$；

（2）求出 I 的值.

解

(1) 因为$f(x)=1+\frac{1}{2}\int_x^1 f(y)f(y-x)\,\mathrm{d}y$,所以在[0,1]上积分上式可得

$$I=\int_0^1 f(x)\,\mathrm{d}x=1+\frac{1}{2}\int_0^1\mathrm{d}x\int_x^1 f(y)f(y-x)\,\mathrm{d}y.$$

将累次积分表示成二重积分后交换积分顺序,可得

$$I=1+\frac{1}{2}\iint_{0}f(y)f(y-x)\,\mathrm{d}\sigma=1+\frac{1}{2}\int_0^1 f(y)\,\mathrm{d}y\int_0^y f(y-x)\,\mathrm{d}x$$ (其中D_0如图 1-22-5).

(2) 为求I值,再对内层积分作变量替换并凑微分可得

$$\begin{aligned}I&\xlongequal{t=y-x}1+\frac{1}{2}\int_0^1 f(y)\,\mathrm{d}y\int_0^y f(t)\,\mathrm{d}t\\&=1+\frac{1}{2}\int_0^1\left[\int_0^y f(t)\,\mathrm{d}t\right]\mathrm{d}\left[\int_0^y f(t)\,\mathrm{d}t\right]\\&=1+\frac{1}{4}\left[\int_0^y f(t)\,\mathrm{d}t\right]^2\Bigg|_0^1=1+\frac{1}{4}I^2,\end{aligned}$$

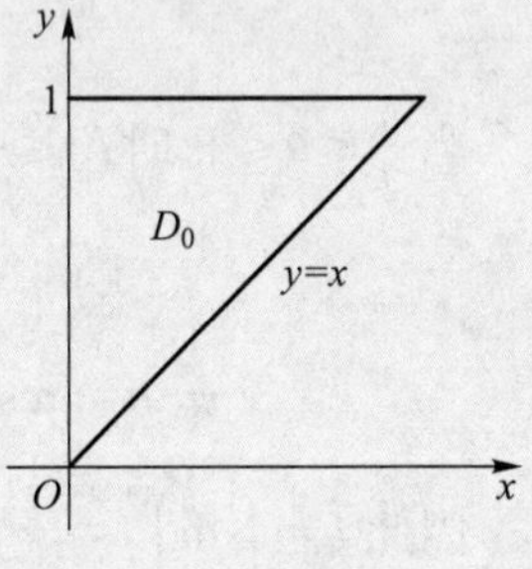

图 1-22-5

故$I=1+\frac{I^2}{4}$,解得$I=2$.

注

为求I值,对内层积分作变量替换$(t=y-x)$得

$$I=1+\frac{1}{2}\int_0^1 f(y)\left(\int_0^y f(t)\,\mathrm{d}t\right)\mathrm{d}y\xlongequal{\text{改写}}1+\frac{1}{2}\int_0^1 f(y)\left(\int_0^y f(x)\,\mathrm{d}x\right)\mathrm{d}y$$

后可表示成二重积分

$$I=1+\frac{1}{2}\iint_{D_1}f(x)f(y)\,\mathrm{d}x\mathrm{d}y,$$

其中$D_1=\{(x,y)\mid 0\leqslant y\leqslant 1,0\leqslant x\leqslant y\}$如图 1-22-6.

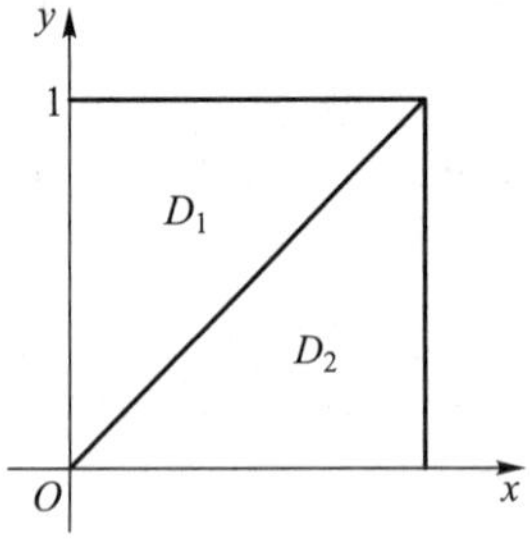

图 1-22-6

现利用变量的轮换对称性

$$I=1+\frac{1}{2}\iint_{D_2}f(x)f(y)\,\mathrm{d}x\mathrm{d}y,$$

其中D_2与D_1关于$y=x$对称.记$D=D_1\cup D_2$,两式相加得

$$2I=2+\frac{1}{2}\iint_D f(x)f(y)\,\mathrm{d}x\mathrm{d}y=2+\frac{1}{2}\int_0^1 f(x)\,\mathrm{d}x\int_0^1 f(y)\,\mathrm{d}y,$$

同样得 $I=1+\frac{1}{4}I^2,I=2.$

5. 设 D 由曲线 $(x^2+y^2)^2=2xy$ 围成，若 $\iint\limits_D xy\mathrm{d}x\mathrm{d}y + a\int_0^1 \mathrm{d}y\int_y^1\left(\frac{\mathrm{e}^{x^2}}{x}-\mathrm{e}^{y^2}\right)\mathrm{d}x=0$，求 a.

解

$(x^2+y^2)^2=2xy \Rightarrow r^2=\sin 2\theta$，这是双纽线，如图 1-22-7.

D 关于原点 $(0,0)$ 对称，且 $f(x,y)=xy=f(-x,-y)$，设 D_1 是第一象限部分，则

$$\iint\limits_D xy\mathrm{d}x\mathrm{d}y = 2\iint\limits_{D_1} xy\mathrm{d}x\mathrm{d}y = 2\int_0^{\frac{\pi}{2}}\mathrm{d}\theta\int_0^{\sqrt{\sin 2\theta}} r\cos\theta\cdot r\sin\theta\cdot r\mathrm{d}r=\frac{1}{6}.$$ 而

$$\int_0^1\mathrm{d}y\int_y^1\left(\frac{\mathrm{e}^{x^2}}{x}-\mathrm{e}^{y^2}\right)\mathrm{d}x=\int_0^1\mathrm{d}y\int_y^1\frac{\mathrm{e}^{x^2}}{x}\mathrm{d}x-\int_0^1\mathrm{d}y\int_y^1\mathrm{e}^{y^2}\mathrm{d}x$$

$$=\int_0^1\mathrm{d}x\int_0^x\frac{\mathrm{e}^{x^2}}{x}\mathrm{d}y-\int_0^1\mathrm{e}^{y^2}(1-y)\mathrm{d}y$$

$$=\int_0^1\mathrm{e}^{x^2}\mathrm{d}x-\int_0^1\mathrm{e}^{y^2}\mathrm{d}y+\int_0^1 y\mathrm{e}^{y^2}\mathrm{d}y=\frac{1}{2}(\mathrm{e}-1).$$

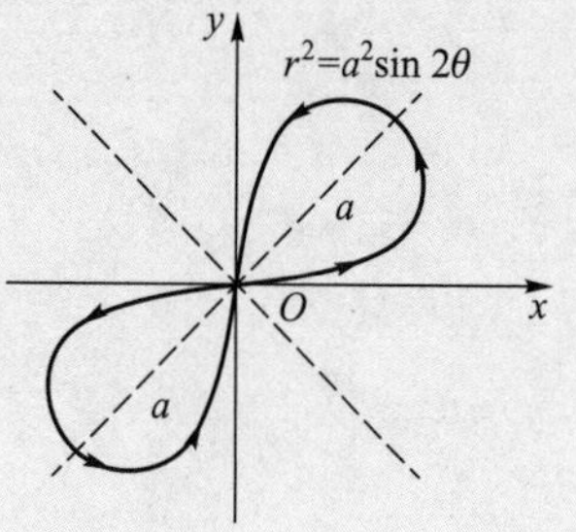

图 1-22-7

于是 $\frac{1}{6}+\frac{1}{2}a(\mathrm{e}-1)=0$，所以 $a=\frac{1}{3(1-\mathrm{e})}$.

6. 设平面区域 D：$\frac{1}{4}\cos\theta\leqslant r\leqslant\frac{1}{2}\cos\theta$，$\frac{1}{4}\sin\theta\leqslant r\leqslant\frac{1}{2}\sin\theta$，求二重积分 $\iint\limits_D\frac{1}{xy}\mathrm{d}x\mathrm{d}y$.

解

$r=\frac{1}{4}\cos\theta\Rightarrow r^2=\frac{1}{4}r\cos\theta\Rightarrow x^2+y^2=\frac{1}{4}x$，这是圆，同理其他曲线也是圆.

如图 1-22-8，D 关于 $y=x$ 对称，

$$I=2\iint\limits_{D_1}\frac{1}{xy}=2\int_{\arctan\frac{1}{2}}^{\frac{\pi}{4}}\mathrm{d}\theta\int_{\frac{1}{4}\cos\theta}^{\frac{1}{2}\sin\theta}\frac{r\mathrm{d}r}{r^2\cos\theta\cdot\sin\theta}$$

$$=2\int_{\arctan\frac{1}{2}}^{\frac{\pi}{4}}\frac{\ln(2\tan\theta)}{\cos\theta\cdot\sin\theta}\mathrm{d}\theta$$

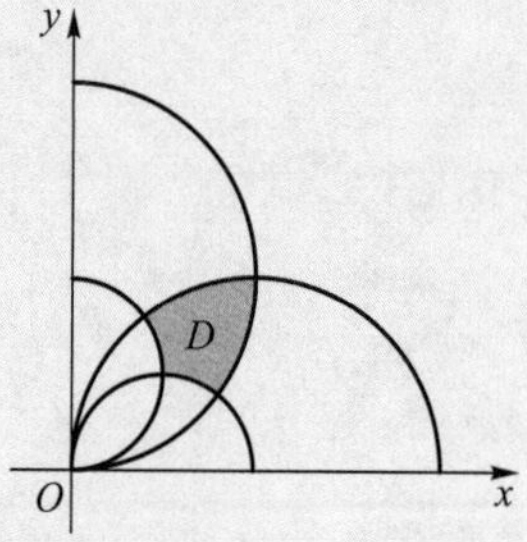

图 1-22-8

$$=2\int_{\arctan\frac{1}{2}}^{\frac{\pi}{4}}\frac{\ln 2+\ln(\tan\theta)}{\tan\theta}\mathrm{d}(\tan\theta)=2\int_{\frac{1}{2}}^{1}\frac{\ln 2+\ln u}{u}\mathrm{d}u$$

$$=2\left(\ln 2\cdot\ln u+\frac{1}{2}\ln^2 u\right)\Bigg|_{\frac{1}{2}}^{1}=\ln^2 2.$$

以上 θ 下限 $\arctan\frac{1}{2}$ 是由 $\begin{cases} r=\frac{1}{4}\cos\theta, \\ r=\frac{1}{2}\sin\theta \end{cases}$ 交点产生，自然解得 $\theta=\arctan\frac{1}{2}$.

专题二十三 解微分方程及反求方程

解题要点

1. 一阶微分方程可以按变量可分离的微分方程、齐次微分方程(作变量替换 $u=\frac{y}{x}$ 化为变量可分离的微分方程)及一阶线性微分方程的顺序检查类型.特别是一阶线性微分方程有时可以以 x 为因变量,以 y 为自变量求解.

2. 高阶微分方程可以按二阶及高于二阶的常系数(齐次、非齐次)线性微分方程的顺序检查类型.

3. 要注意右端为分段函数的情形及需要换元的情形.

4. 反求常系数线性微分方程(特征根与解的关系).

(1) 若有解 $e^{\lambda x}$,则 λ 至少是单根.

(2) 若有解 $xe^{\lambda x}$,则 $e^{\lambda x}$ 也必是解,且 λ 至少是二重根.

(3) 若有解 $x^2e^{\lambda x}$,则 $e^{\lambda x}$,$xe^{\lambda x}$ 也必是解,且 λ 至少是三重根.

(4) 若有解 $e^{\alpha x}\cos\beta x$,则 $e^{\alpha x}\sin\beta x$ 也必是解,且 $\alpha\pm\beta i$ 至少是一重虚根.

(5) 若有解 $e^{\alpha x}x\cos\beta x$,则 $e^{\alpha x}\cos\beta x$,$e^{\alpha x}\sin\beta x$,$e^{\alpha x}x\sin\beta x$ 也必是解,且 $\alpha\pm\beta i$ 至少是二重虚根.

1. 设 $y=y(x)$ 是微分方程 $x\mathrm{d}y+(x-2y)\mathrm{d}x=0$ 的一个解,使$[1,2]$上的曲边梯形(曲边方程 $y=y(x)$)绕 x 轴旋转一周而成的旋转体的体积为最小,则 $y(x)=$ ________.

解

先算出所给微分方程的通解,然后按旋转体的体积最小确定通解中的任意常数,得到 $y=y(x)$.

所给微分方程即为$\frac{dy}{dx}-\frac{2}{x}y=-1$.

它的通解为

$$y=e^{-\int -\frac{2}{x}dx}\left(C+\int(-1)e^{\int -\frac{2}{x}dx}dx\right)=x^2\left(C-\int\frac{1}{x^2}dx\right)=x^2\left(C+\frac{1}{x}\right)=Cx^2+x.$$

于是[1,2]上的曲边梯形绕 x 轴旋转一周而成的旋转体的体积为

$$V(C)=\pi\int_1^2 y^2dx=\pi\int_1^2(Cx^2+x)^2dx=\pi\int_1^2(C^2x^4+2Cx^3+x^2)dx$$

$$=\pi\left(\frac{31}{5}C^2+\frac{15}{2}C+\frac{7}{3}\right)(-\infty<C<+\infty).$$

由于 $V'(C)=\pi\left(\frac{62}{5}C+\frac{15}{2}\right)\begin{cases}<0, & C<-\frac{75}{124},\\ =0, & C=-\frac{75}{124},\\ >0, & C>-\frac{75}{124},\end{cases}$ 所以 $C=-\frac{75}{124}$ 使 $V(C)$ 取最小值,从而

$$y(x)=-\frac{75}{124}x^2+x.$$

注

计算微分方程的满足初始条件的特解时,通常是先求出该微分方程的通解,然后由初始条件确定其中的常数,获得特解.

本题中,"使[1,2]上的曲边梯形(曲边方程 $y=y(x)$)绕 x 轴旋转一周而成的旋转体的体积为最小"实际上是给出了一个确定通解中常数的初始条件.

2. 求微分方程 $y''-y=e^{|x|}$ 满足 $y(1)=0,y'(1)=0$ 的特解.

解

原方程可化成两个微分方程$\begin{cases}y''-y=e^x, & x\geqslant 0,\\ y''-y=e^{-x}, & x<0,\end{cases}$分别求解得到

$$y=C_1e^x+C_2e^{-x}+\frac{1}{2}xe^x, x\geqslant 0,$$

$$y=C_3e^x+C_4e^{-x}-\frac{1}{2}xe^{-x}, x<0.$$

将 $y(1)=0, y'(1)=0$ 代入第一个表达式求得 $C_1=-\frac{3}{4}, C_2=\frac{e^2}{4}$，因此

$$y=-\frac{3}{4}e^x+\frac{e^2}{4}e^{-x}+\frac{1}{2}xe^x, x\geqslant 0.$$

又因为在 $x=0$ 处，$y(x)$ 及 $y'(x)$ 连续，所以

$$\begin{cases}-\frac{3}{4}+\frac{e^2}{4}=C_3+C_4,\\ -\frac{3}{4}-\frac{e^2}{4}+\frac{1}{2}=C_3-C_4-\frac{1}{2},\end{cases}$$

解得 $C_3=-\frac{1}{4}, C_4=\frac{e^2}{4}-\frac{1}{2}$，所以

$$y=-\frac{1}{4}e^x+\left(\frac{e^2}{4}-\frac{1}{2}\right)e^{-x}-\frac{1}{2}xe^{-x}, x<0.$$

故满足初始条件的特解为

$$y=\begin{cases}-\frac{3}{4}e^x+\frac{e^2}{4}e^{-x}+\frac{1}{2}xe^x, & x\geqslant 0,\\ -\frac{1}{4}e^x+\left(\frac{e^2}{4}-\frac{1}{2}\right)e^{-x}-\frac{1}{2}xe^{-x}, & x<0.\end{cases}$$

3. 微分方程 $2yy'+2xy^2=e^{-x^2}\sin x$ 的通解是________.

解

由于 $2yy'=(y^2)'$，因此令 $z=y^2$，所给微分方程成为一阶线性微分方程，求解之即得所求的通解.

令 $z=y^2$，则所给微分方程成为

$$z'+2xz=e^{-x^2}\sin x\text{（一阶线性微分方程）},$$

它的通解为

$$z=e^{-\int 2x\mathrm{d}x}\left(C+\int e^{-x^2}\sin x\cdot e^{\int 2x\mathrm{d}x}\mathrm{d}x\right)$$

$$=e^{-x^2}\left(C+\int \sin x\mathrm{d}x\right)=e^{-x^2}(C-\cos x).$$

所以，原微分方程的通解为 $y^2=e^{-x^2}(C-\cos x)$.

4. 已知 $y_1=e^{3x}-xe^{2x}, y_2=e^x-xe^{2x}, y_3=-xe^{2x}$ 是某二阶常系数非齐次线性微分方程的三个

解,则该方程满足条件 $y|_{x=0}=0,y'|_{x=0}=1$ 的解为 $y=$________.

解

记 $$\bar{y}_1=y_1-y_3=e^{3x},\bar{y}_2=y_2-y_3=e^x,$$

则 $\bar{y}_1,\bar{y}_2$ 是题设二阶常系数非齐次线性微分方程对应的齐次方程的两个解,且 $\bar{y}_1$ 和 $\bar{y}_2$ 线性无关.由此可得题设微分方程的通解是

$$y=C_1\bar{y}_1+C_2\bar{y}_2+y_3,$$

即 $$y=C_1e^{3x}+C_2e^x-xe^{2x},$$

代入初始条件 $y|_{x=0}=0,y'|_{x=0}=1$,得

$$\begin{cases}C_1+C_2=0,\\3C_1+C_2-1=1,\end{cases}$$

解得 $C_1=1,C_2=-1$,故所求特解为 $y=e^{3x}-e^x-xe^{2x}$.

5.(1)已知 $y_1=xe^{-x}+e^{-2x},y_2=xe^{-x}+xe^{-2x},y_3=xe^{-x}+e^{-2x}+xe^{-2x}$ 是某二阶常系数非齐次线性微分方程的三个解,则此微分方程为________.

(2)已知 $y_1=3,y_2=3+x^2,y_3=3+e^x$ 是某二阶非齐次线性微分方程的三个解,则此微分方程为________.

解

(1)由 $y_3-y_1=xe^{-2x}$ 是对应的齐次方程的解,知 $r_1=r_2=-2$,且 e^{-2x} 也是齐次方程的解,故设此微分方程为 $y''+4y'+4y=f(x)$,根据"非齐次方程的解=齐次方程的解+非齐次方程的解",可看出 $xe^{-x}\xlongequal{记}y_4$ 仍是该非齐次方程的解,将其代入上述非齐次微分方程,得 $f(x)=(x+2)e^{-x}$,于是所求的微分方程为

$$y''+4y'+4y=(x+2)e^{-x}.$$

(2) $y_3-y_1=e^x$ 和 $y_2-y_1=x^2$ 是对应的齐次方程的两个线性无关的解,于是该非齐次方程的通解为

$$y=C_1e^x+C_2x^2+3, \quad ①$$

两端求导,得 $$y'=C_1e^x+2C_2x, \quad ②$$

再求导，得

$$y''=C_1e^x+2C_2, \quad ③$$

利用②式和③式解出 $C_1e^x=y''-\dfrac{y''-y'}{1-x}$，$C_2=\dfrac{y''-y'}{2(1-x)}$，再将它们代入①式中并整理，则此微分方程为

$$(2x-x^2)y''+(x^2-2)y'+2(1-x)y=6(1-x).$$

注

上述给出了反解微分方程的两种方法(特征根逆推法与任意常数相消法)，对逆推法一定要熟练使用.

6. 设 $y=e^{2x}\cos x$ 与 $y=e^{3x}$ 为某 n 阶常系数齐次线性微分方程的两个解，则最低阶的微分方程是________.

解

$e^{2x}\cos x$ 是解⇒$e^{2x}\sin x$ 也是解⇒(至少) $r_{1,2}=2\pm i$；又 e^{3x} 是解⇒(至少) $r_3=3$，所以最低阶的微分方程是三阶，特征方程

$$(r-3)(r-2-i)(r-2+i)=0,$$

即

$$r^3-7r^2+17r-15=0,$$

对应的微分方程是

$$y'''-7y''+17y'-15y=0.$$

7. 若差分方程 $y_{t+1}+ay_t=b\cdot\lambda^t$ 的通解为 $y_t=C\left(\dfrac{1}{2}\right)^t+3\cdot\left(\dfrac{1}{2}\right)^t$，则 a,b,λ 分别为(　　).

(A) $\dfrac{1}{2},6,\dfrac{3}{2}$　　(B) $-\dfrac{1}{2},3,\dfrac{3}{2}$

(C) $-\dfrac{1}{2},2,\dfrac{3}{2}$　　(D) $\dfrac{3}{2},18,\dfrac{1}{2}$

解

由于差分方程 $y_{t+1}+ay_t=b\cdot\lambda^t$ 的通解为 $y_t=C\left(\dfrac{1}{2}\right)^t+3\cdot\left(\dfrac{3}{2}\right)^t$，则相应的齐次差分方

程 $y_{t+1}+ay_t=0$ 的通解为 $\bar{y}_t=C\left(\frac{1}{2}\right)^t$，而原方程的一个特解为 $y_t^*=3\cdot\left(\frac{3}{2}\right)^t$，故 $a=-\frac{1}{2}$，$\lambda=\frac{3}{2}$，从而原方程为 $y_{t+1}-\frac{1}{2}y_t=b\cdot\left(\frac{3}{2}\right)^t$. 将特解 $y_t^*=3\cdot\left(\frac{3}{2}\right)^t$ 代入原方程，得 $b=3$. 应选(B).

专题二十四 建方程

解题要点

1. 利用极限运算建方程.

2. 利用导数定义建方程.

3. 利用导数计算或偏导数计算建方程.

4. 利用二重积分建方程.

5. 利用几何关系建方程.

1. 设$f(x)$在$(0,+\infty)$内有定义,对任意$x,y\in(0,+\infty)$有$f(xy)=yf(x)+xf(y)$,且$f'(1)=2$.

(1) 证明:$f'(x)-\dfrac{f(x)}{x}=2$;(2) 求$f(x)$在$[0,1]$上与x轴围成的平面图形的面积.

解

(1) 在$f(xy)=yf(x)+xf(y)$中令$x=y=1\Rightarrow f(1)=0$.

又$f(x+\Delta x)-f(x)=f\left[x\left(1+\dfrac{\Delta x}{x}\right)\right]-f(x)=\left(1+\dfrac{\Delta x}{x}\right)f(x)+xf\left(1+\dfrac{\Delta x}{x}\right)-f(x)=\dfrac{\Delta x}{x}f(x)+xf\left(1+\dfrac{\Delta x}{x}\right)$,于是$\lim\limits_{\Delta x\to 0}\dfrac{f(x+\Delta x)-f(x)}{\Delta x}=\lim\limits_{\Delta x\to 0}\dfrac{\dfrac{\Delta x}{x}f(x)+xf\left(1+\dfrac{\Delta x}{x}\right)}{\Delta x}=\lim\limits_{\Delta x\to 0}\dfrac{\dfrac{\Delta x}{x}f(x)}{\Delta x}+\lim\limits_{\Delta x\to 0}\dfrac{f\left(1+\dfrac{\Delta x}{x}\right)-f(1)}{\dfrac{\Delta x}{x}}=\dfrac{f(x)}{x}+f'(1)=\dfrac{f(x)}{x}+2$,于是$f'(x)-\dfrac{f(x)}{x}=2$.

(2) 由(1)一阶线性微分方程$f'(x)-\dfrac{f(x)}{x}=2$,解得$f(x)=x(2\ln x+C)$,又$f(1)=0$,

故$C=0$,所以$f(x)=2x\ln x(x>0)$,于是面积$A=-\int_0^1 f(x)\mathrm{d}x=-\int_0^1 2x\ln x\mathrm{d}x=-\int_0^1 \ln x\mathrm{d}x^2=$

$-x^2\ln x\Big|_0^1+\int_0^1 x\mathrm{d}x=\frac{1}{2}$.

2. 设$f(x)$连续,且满足$f(x)=\mathrm{e}^x+\mathrm{e}^x\int_0^x f^2(t)\mathrm{d}t$.

(1) 证明$f(x)$是微分方程$f'(x)-f(x)=\mathrm{e}^x f^2(x)$的解;

(2) 求$f(x)$的表达式.

解

(1) 证法1 $f(x)=\mathrm{e}^x+\mathrm{e}^x\int_0^x f^2(t)\mathrm{d}t\Rightarrow f(x)\mathrm{e}^{-x}=1+\int_0^x f^2(t)\mathrm{d}t$,两边对$x$求导,得

$f'(x)\mathrm{e}^{-x}-f(x)\mathrm{e}^{-x}=f^2(x)$,即$f'(x)-f(x)=\mathrm{e}^x f^2(x)$.

证法2 $f(x)=\mathrm{e}^x+\mathrm{e}^x\int_0^x f^2(t)\mathrm{d}t\Rightarrow f'(x)=\mathrm{e}^x+\mathrm{e}^x\int_0^x f^2(t)\mathrm{d}t+\mathrm{e}^x f^2(x)=f(x)+\mathrm{e}^x f^2(x)$,

即$f'(x)-f(x)=\mathrm{e}^x f^2(x)$.

(2) 由(1)$f'(x)-f(x)=\mathrm{e}^x f^2(x)$,得$\frac{f'(x)}{f^2(x)}-\frac{1}{f(x)}=\mathrm{e}^x$.

令$p=\frac{1}{f(x)}$,则$p'=-\frac{f'(x)}{f^2(x)}$,于是上述方程变成了$-p'-p=\mathrm{e}^x$,即$p'+p=-\mathrm{e}^x$,于是

$$p=\mathrm{e}^{-\int 1\mathrm{d}x}\left(\int-\mathrm{e}^x\cdot\mathrm{e}^{\int 1\mathrm{d}x}\mathrm{d}x+C\right)=\mathrm{e}^{-x}\left(-\frac{1}{2}\mathrm{e}^{2x}+C\right)=C\mathrm{e}^{-x}-\frac{1}{2}\mathrm{e}^x,$$

所以$f(x)=\frac{1}{C\mathrm{e}^{-x}-\frac{1}{2}\mathrm{e}^x}$,在原题给的等式两端取$x=0$,知$f(0)=1$,于是$C=\frac{3}{2}$,故

$$f(x)=\frac{1}{\frac{3}{2}\mathrm{e}^{-x}-\frac{1}{2}\mathrm{e}^x}=\frac{2}{3\mathrm{e}^{-x}-\mathrm{e}^x}.$$

注

证法1在求导之前先处理掉$\int_0^x f^2(t)\mathrm{d}t$前面的系数$\mathrm{e}^x$,然后通过求导便可消去积分符号,这是这类积分方程常用的技巧处理;证法2是借助了原方程$\mathrm{e}^x+\mathrm{e}^x\int_0^x f^2(t)\mathrm{d}t=f(x)$的技巧.

3. 设函数 $f(r)$ 具有二阶连续导数，$z=f(\sqrt{x^2+y^2})$ 满足 $\frac{\partial^2 z}{\partial x^2}+\frac{\partial^2 z}{\partial y^2}=\sin\sqrt{x^2+y^2}$，$f(\pi)=0$，且 $\lim\limits_{t\to 0}f'(t)=0$，求 $f'(t)$ 的表达式及定积分 $\int_0^{\pi}f(t)\,\mathrm{d}t$ 的值.

解

$\frac{\partial z}{\partial x}=f'(r)\frac{\partial r}{\partial x}=f'(r)\frac{x}{r}$，$\frac{\partial^2 z}{\partial x^2}=f''(r)\frac{x^2}{r^2}+f'(r)\frac{r-x\frac{\partial r}{\partial x}}{r^2}=f''(r)\frac{x^2}{r^2}+f'(r)\frac{y^2}{r^3}$.

同理，有 $\frac{\partial^2 z}{\partial y^2}=f''(r)\frac{y^2}{r^2}+f'(r)\frac{x^2}{r^3}$. 两式相加，得 $\frac{\partial^2 z}{\partial x^2}+\frac{\partial^2 z}{\partial y^2}=f''(r)+\frac{1}{r}f'(r)$.

根据题设等式，得

$$f''(r)+\frac{1}{r}f'(r)=\sin r.$$

这是关于 $f'(r)$ 的一阶线性微分方程，所以

$$f'(r)=\mathrm{e}^{-\int\frac{\mathrm{d}r}{r}}\left(\int\sin r\cdot\mathrm{e}^{\int\frac{\mathrm{d}r}{r}}\mathrm{d}r+C\right)=\frac{1}{r}\left(\int r\sin r\,\mathrm{d}r+C\right)$$

$$=\frac{\sin r-r\cos r+C}{r}.$$

根据题设条件，$\lim\limits_{t\to 0}f'(t)=0$，知 $C=0$. 因此，得

$$\int_0^{\pi}f(t)\,\mathrm{d}t=tf(t)\Big|_0^{\pi}-\int_0^{\pi}tf'(t)\,\mathrm{d}t=-\int_0^{\pi}(\sin t-t\cos t)\,\mathrm{d}t=-4.$$

4. 设曲线 $y=f(x)$，其中 $f(x)$ 是可导函数，且 $f(x)>0$. 已知曲线 $y=f(x)$ 与直线 $y=0$，$x=1$ 及 $x=t(t>1)$ 所围成的曲边梯形绕 x 轴旋转一周所得的立体体积值是该曲边梯形面积值的 πt 倍，求该曲线的方程.

解

由题意知　　$\pi\int_1^t f^2(x)\,\mathrm{d}x=\pi t\int_1^t f(x)\,\mathrm{d}x$，

两边对 t 求导得　　$f^2(t)=\int_1^t f(x)\,\mathrm{d}x+tf(t)$，

代入 $t=1$，得 $f(1)=1$ 或 $f(1)=0$(舍去)，再求导得

$$2f(t)f'(t)=2f(t)+tf'(t).$$

记 $f(t)=y$，则 $\frac{\mathrm{d}t}{\mathrm{d}y}+\frac{1}{2y}t=1$，因此

$$t=\mathrm{e}^{-\int\frac{1}{2y}\mathrm{d}y}\left(\int \mathrm{e}^{\int\frac{1}{2y}\mathrm{d}y}\mathrm{d}y+C\right)=y^{-\frac{1}{2}}\left(\int\sqrt{y}\,\mathrm{d}y+C\right)=y^{-\frac{1}{2}}\left(\frac{2}{3}y^{\frac{3}{2}}+C\right)=\frac{C}{\sqrt{y}}+\frac{2}{3}y,$$

代入 $t=1,y=1$，得 $C=\frac{1}{3}$，从而 $t=\frac{2}{3}y+\frac{1}{3\sqrt{y}}$，故所求曲线方程为

$$x=\frac{2}{3}y+\frac{1}{3\sqrt{y}}.$$

专题二十五 进一步研究微分方程的解

解题要点

1. 若能具体解出微分方程的解，则先解出具体的 y，然后再去讨论 y 的性质；
2. 若无法具体解出微分方程的解，考虑用变限积分表示 y，然后再去讨论 y 的性质；
3. 直接借助原方程讨论 y 的性质.

1. 设 $\begin{cases} x\dfrac{\mathrm{d}y}{\mathrm{d}x}-(2x^2-1)y=x^3, x\geqslant 1, \\ y(1)=y_1. \end{cases}$

（1）求满足上述初值问题的解 $y(x)$；

（2）是否存在 y_1，使极限 $\lim\limits_{x\to+\infty}\dfrac{y(x)}{x}$ 存在.若存在，则 y_1 有多少个？求出 y_1 和 $\lim\limits_{x\to+\infty}\dfrac{y(x)}{x}$.

解

（1）
$$y'-\left(2x-\frac{1}{x}\right)y=x^2,$$

$$y=\mathrm{e}^{\int\left(2x-\frac{1}{x}\right)\mathrm{d}x}\left[\int x^2\mathrm{e}^{-\int\left(2x-\frac{1}{x}\right)\mathrm{d}x}\mathrm{d}x+C\right]=\frac{\mathrm{e}^{x^2}}{x}\left(\int x^3\mathrm{e}^{-x^2}\mathrm{d}x+C\right)$$

$$=\frac{\mathrm{e}^{x^2}}{x}\left(-\frac{1}{2}x^2\mathrm{e}^{-x^2}-\frac{1}{2}\mathrm{e}^{-x^2}+C\right)=-\frac{x}{2}-\frac{1}{2x}+C\frac{\mathrm{e}^{x^2}}{x}.$$

由 $y(1)=y_1$，得 $C=(y_1+1)\mathrm{e}^{-1}$，得初值问题的解为

$$y=-\frac{x}{2}-\frac{1}{2x}+(y_1+1)\mathrm{e}^{-1}\frac{\mathrm{e}^{x^2}}{x}.$$

(2) $$\lim_{x\to+\infty}\frac{y}{x}=\lim_{x\to+\infty}\left[-\frac{1}{2}-\frac{1}{2x^2}+(y_1+1)e^{-1}\frac{e^{x^2}}{x^2}\right].$$

若 $y_1+1\neq 0$,则上式最后一项趋于无穷,故应取 $y_1=-1$.

且当且仅当 $y_1=-1$ 时上述极限存在,为$-\frac{1}{2}$.

2. (1) 求解微分方程$\begin{cases}\frac{dy}{dx}-xy=xe^{x^2},\\ y(0)=1;\end{cases}$

(2) 如果 $y=f(x)$ 为上述方程的解,证明:$\lim_{n\to\infty}\int_0^1\frac{n}{n^2x^2+1}f(x)\,dx=\frac{\pi}{2}$.

解

(1) 这是一阶线性非齐次方程,应用一阶线性方程的通解公式得

$$\begin{aligned}y&=e^{\int x dx}\left(C+\int xe^{x^2}e^{-\int x dx}dx\right)\\&=e^{\frac{x^2}{2}}\left(C+\int xe^{x^2}e^{-\frac{x^2}{2}}dx\right)\\&=e^{\frac{x^2}{2}}\left(C+e^{\frac{x^2}{2}}\right)=Ce^{\frac{x^2}{2}}+e^{x^2},\end{aligned}$$

由 $y(0)=1$,代入上式得 $C=0$,于是所求微分方程的解为 $f(x)=e^{x^2}$.

(2) 对函数 $f(x)=e^{x^2}$ 在区间 $[0,x]$ $(0\leqslant x\leqslant 1)$ 上应用拉格朗日中值定理,存在 $\xi\in(0,x)$,使得 $f(x)-f(0)=f'(\xi)x$,即

$$e^{x^2}-1=2\xi e^{\xi^2}x\Rightarrow 1\leqslant e^{x^2}=1+2\xi e^{\xi^2}x\leqslant 1+2ex,$$

于是

$$\frac{n}{n^2x^2+1}\leqslant\frac{n}{n^2x^2+1}e^{x^2}\leqslant\frac{n}{n^2x^2+1}+\frac{2enx}{n^2x^2+1},$$

应用定积分的保号性,有

$$\int_0^1\frac{n}{n^2x^2+1}e^{x^2}dx\geqslant\int_0^1\frac{n}{n^2x^2+1}dx=\arctan nx\Big|_0^1=\arctan n,$$

$$\int_0^1 \frac{n}{n^2x^2+1}\mathrm{e}^{x^2}\mathrm{d}x \leqslant \int_0^1\left(\frac{n}{n^2x^2+1}+\frac{2\mathrm{e}nx}{n^2x^2+1}\right)\mathrm{d}x$$

$$=\arctan nx\Big|_0^1+\frac{\mathrm{e}}{n}\ln(1+n^2x^2)\Big|_0^1$$

$$=\arctan n+\frac{\mathrm{e}}{n}\ln(1+n^2).$$

根据夹逼定理,可得结论.

3. 微分方程 $y'+y\cos x=\sin x$ 所有解中以 2π 为周期的解个数为(　　).

(A) 0　　(B) 1　　(C) 2　　(D) 无穷

解

(所有解)通解 $y=\mathrm{e}^{-\int\cos x\mathrm{d}x}\left(\int\sin x\cdot\mathrm{e}^{\int\cos x\mathrm{d}x}\mathrm{d}x+C\right)=\mathrm{e}^{-\sin x}\left(\int\sin x\cdot\mathrm{e}^{\sin x}\mathrm{d}x+C\right)=\mathrm{e}^{-\sin x}\left(\int_0^x\sin t\cdot\mathrm{e}^{\sin t}\mathrm{d}t+C\right)$,其中 C 是任意常数.

y 是否以 2π 为周期 $\Leftrightarrow\int_0^x\sin t\cdot\mathrm{e}^{\sin t}\mathrm{d}t$ 是否以 2π 为周期.

而 $\int_0^x\sin t\cdot\mathrm{e}^{\sin t}\mathrm{d}t$ 的被积函数 $\sin t\cdot\mathrm{e}^{\sin t}$ 的周期显然为 2π,于是只需检查 $\int_0^{2\pi}\sin t\cdot\mathrm{e}^{\sin t}\mathrm{d}t$ 是否为 0 即可,

$$\int_0^{2\pi}\sin t\cdot\mathrm{e}^{\sin t}\mathrm{d}t=-\int_0^{2\pi}\mathrm{e}^{\sin t}\mathrm{d}\cos t=-\cos t\cdot\mathrm{e}^{\sin t}\Big|_0^{2\pi}+\int_0^{2\pi}\cos t\cdot\mathrm{e}^{\sin t}\cdot\cos t\mathrm{d}t$$

$$=\int_0^{2\pi}\cos^2 t\cdot\mathrm{e}^{\sin t}\mathrm{d}t\neq 0,$$

于是 $\int_0^x\sin t\cdot\mathrm{e}^{\sin t}\mathrm{d}t$ 不以 2π 为周期,进而 y 也不以 2π 为周期,选(A).

4. 设函数 $q(x)<0$,则对微分方程 $y''+q(x)y=0$ 任一非零解具有的零点个数说法正确的是(　　).

(A) 至多一个零点　　(B) 至多两个零点

(C) 至少一个零点　　(D) 至少两个零点

解

设 $y(x)$ 是所给微分方程的任一非零解,如果它的零点多于 1 个,其中 x_1,x_2 是两个相邻的零点,不妨设 $x_1<x_2$,再假设曲线 $y=y(x)$ 在 $(x_1,0)$ 处是自下而上地穿过 x 轴,则该曲线在 $(x_2,0)$ 处是自上而下地穿过 x 轴,于是 $y'(x_1)=\lim\limits_{x\to x_1^+}\dfrac{y(x)-y(x_1)}{x-x_1}=\lim\limits_{x\to x_1^+}\dfrac{y(x)}{x-x_1}\geqslant 0$,

$y'(x_2)=\lim\limits_{x\to x_2^-}\dfrac{y(x)-y(x_2)}{x-x_2}=\lim\limits_{x\to x_2^-}\dfrac{y(x)}{x-x_2}\leqslant 0$,在 $[x_1,x_2]$ 上对 $y'(x)$ 应用拉格朗日中值定理,存在 $\xi\in(x_1,x_2)$,使得 $y''(\xi)=\dfrac{y'(x_2)-y'(x_1)}{x_2-x_1}\leqslant 0$,而由原方程及 $q(x)<0$,知 $y''=-q(x)y>0$,$x\in(x_1,x_2)$,特别有 $y''(\xi)>0$,矛盾!于是选(A).

专题二十六 常数项级数判敛

解题要点

1. 几个常用的级数.

(1) $\sum_{n=1}^{\infty}(a_{n+1}-a_n) \Leftrightarrow \lim\limits_{n\to\infty} a_n$ 或 $\lim\limits_{n\to\infty} a_{n+1}$ 存在.

(2) 等比级数 $\sum_{n=0}^{\infty} aq^n \begin{cases} |q|<1 \text{ 时收敛,且收敛于} \dfrac{a}{1-q}, \\ |q|\geqslant 1 \text{ 时发散.} \end{cases}$

(3) p 级数 $\sum_{n=1}^{\infty}\dfrac{1}{n^p}\begin{cases} p>1 \text{ 时收敛,} \\ p\leqslant 1 \text{ 时发散.} \end{cases}$

(4) 广义 p 级数 $\sum_{n=1}^{\infty}\dfrac{\ln n}{n^p}\begin{cases} p>1 \text{ 时收敛,} \\ p\leqslant 1 \text{ 时发散.} \end{cases}$

(5) 交错 p 级数 $\sum_{n=1}^{\infty}(-1)^{n-1}\dfrac{1}{n^p}$ 在 $p>0$ 时收敛,进一步在 $0<p\leqslant 1$ 时条件收敛,在 $p>1$ 时绝对收敛.

(6) 广义交错 p 级数 $\sum_{n=1}^{\infty}(-1)^{n-1}\dfrac{\ln n}{n^p}$ 在 $p>0$ 时收敛,进一步在 $0<p\leqslant 1$ 时条件收敛,在 $p>1$ 时绝对收敛.

2. 判定级数收敛(包括绝对收敛和条件收敛)要从 $n\to\infty$ 看,此时一方面可以对"n"抓大头,一方面可以对"$\dfrac{1}{n}$"泰勒公式或等价代换.

3. 不可将正项级数的判别法用于交错级数或任意项级数,如 $u_n \sim v_n$,则 $\sum_{n=1}^{\infty} u_n$ 和 $\sum_{n=1}^{\infty} v_n$ 同敛散,这对正项级数正确,对其他未必正确.

4. 绝对收敛和条件收敛的基本结论：

(1) 绝对收敛±绝对收敛=绝对收敛；

(2) 绝对收敛±条件收敛=条件收敛；

(3) 条件收敛±条件收敛=收敛(可能绝对收敛也可能条件收敛).

5. 级数的一些性质：

(1) 如果级数 $\sum\limits_{n=1}^{\infty}u_n$ 收敛，则 $\lim\limits_{n\to\infty}u_n=0$，但 $\lim\limits_{n\to\infty}u_n=0$，级数 $\sum\limits_{n=1}^{\infty}u_n$ 不一定收敛.

事实上，若 $\lim\limits_{n\to\infty}u_n\neq 0$，则级数 $\sum\limits_{n=1}^{\infty}u_n$ 一定发散.

(2) 如果级数 $\sum\limits_{n=1}^{\infty}u_n$ 与 $\sum\limits_{n=1}^{\infty}v_n$ 都收敛，则级数 $\sum\limits_{n=1}^{\infty}(u_n\pm v_n)$ 也收敛，

如果 $\sum\limits_{n=1}^{\infty}u_n$ 收敛，$\sum\limits_{n=1}^{\infty}v_n$ 发散，则级数 $\sum\limits_{n=1}^{\infty}(u_n\pm v_n)$ 发散，但如果 $\sum\limits_{n=1}^{\infty}u_n$ 发散，$\sum\limits_{n=1}^{\infty}v_n$ 也发散，则级数 $\sum\limits_{n=1}^{\infty}(u_n\pm v_n)$ 不一定发散.

(3) 设有级数(ⅰ)：$\sum\limits_{n=1}^{\infty}u_n=u_1+u_2+u_3+u_4+\cdots+u_n+\cdots$

与级数(ⅱ)：$\sum\limits_{n=1}^{\infty}(u_{2n-1}+u_{2n})=(u_1+u_2)+(u_3+u_4)+\cdots+(u_{2n-1}+u_{2n})+\cdots$

及级数(ⅲ)：$u_2+u_1+u_4+u_3+\cdots+u_{2n}+u_{2n-1}+\cdots$，

若 $\lim\limits_{n\to\infty}u_n=0$，且级数(ⅱ)或(ⅲ)收敛，则级数(ⅰ)收敛.

1. 设有以下命题：

① 若 $\lim\limits_{n\to\infty}\dfrac{u_{n+1}}{u_n}>1$，则 $\sum\limits_{n=1}^{\infty}u_n$ 发散；

② 若 $\sum\limits_{n=1}^{\infty}(u_{2n-1}+u_{2n})$ 收敛，则 $\sum\limits_{n=1}^{\infty}u_n$ 收敛；

③ 若 $a_n>0$，且 $\dfrac{a_{n+1}}{a_n}<1$，则 $\sum\limits_{n=1}^{\infty}a_n$ 收敛；

④ 设 $a_n>0$，且 $\lim\limits_{n\to\infty}na_n$ 存在，若 $\sum\limits_{n=1}^{\infty}a_n$ 收敛，则 $a_n=o\left(\dfrac{1}{n}\right)$；

⑤ 若 $u_n\leqslant\omega_n\leqslant v_n$，且 $\sum\limits_{n=1}^{\infty}u_n$，$\sum\limits_{n=1}^{\infty}v_n$ 都收敛，则 $\sum\limits_{n=1}^{\infty}\omega_n$ 收敛.

则以上命题正确的是________.

解

具体分析如下.

对于①，$\lim\limits_{n\to\infty}\frac{u_{n+1}}{u_n}>1>0\Rightarrow$当 n 足够大时，u_n 与 u_{n+1} 同号，即 $\sum\limits_{n=1}^{\infty}u_n$ 为正项级数，此时级数发散；

对于②，若 $\sum\limits_{n=1}^{\infty}(u_{2n-1}+u_{2n})=(u_1+u_2)+(u_3+u_4)+\cdots$ 收敛，但 $\sum\limits_{n=1}^{\infty}u_n=u_1+u_2+u_3+u_4+\cdots$ 未必收敛，举反例，取 $u_n=(-1)^n$，知 $\sum\limits_{n=1}^{\infty}(-1)^n$ 发散；

对于③，取 $a_n=\frac{1}{n}$，知 $\sum\limits_{n=1}^{\infty}a_n$ 发散；

对于④，由于 $\lim\limits_{n\to\infty}na_n=\lim\limits_{n\to\infty}\frac{a_n}{\frac{1}{n}}\geqslant 0$，若 $\lim\limits_{n\to\infty}\frac{a_n}{\frac{1}{n}}>0$，则当 $n\to\infty$ 时，a_n 与 $\frac{1}{n}$ 是同阶无穷小，此时 $\sum\limits_{n=1}^{\infty}a_n$ 发散，与题意矛盾，故 $\lim\limits_{n\to\infty}\frac{a_n}{\frac{1}{n}}=0$，此时当 $n\to\infty$ 时，a_n 是 $\frac{1}{n}$ 的高阶无穷小，即 $a_n=o\left(\frac{1}{n}\right)$；

对于⑤，由 $u_n\leqslant\omega_n\leqslant v_n$，得 $0\leqslant\omega_n-u_n\leqslant v_n-u_n$，又 $\sum\limits_{n=1}^{\infty}u_n$，$\sum\limits_{n=1}^{\infty}v_n$ 都收敛，则 $\sum\limits_{n=1}^{\infty}(v_n-u_n)$ 收敛，进而 $\sum\limits_{n=1}^{\infty}(\omega_n-u_n)$ 收敛，于是 $\sum\limits_{n=1}^{\infty}\omega_n$ 收敛.

2. 已知级数 $\sum\limits_{n=2}^{\infty}[\ln n+a\ln(n+1)+b\ln(n+2)]$ 收敛，则 $ab=$________.

解

通项 $u_n=\ln n+a\ln(n+1)+b\ln(n+2)=\ln n+a\ln\left[n\left(1+\frac{1}{n}\right)\right]+b\ln\left[n\left(1+\frac{2}{n}\right)\right]$

$=\ln n+a\ln n+a\ln\left(1+\frac{1}{n}\right)+b\ln n+b\ln\left(1+\frac{2}{n}\right)=(1+a+b)\ln n+a\ln\left(1+\frac{1}{n}\right)+b\ln\left(1+\frac{2}{n}\right)$

$$=(1+a+b)\ln n+a\left[\frac{1}{n}-\frac{1}{2n^2}+o\left(\frac{1}{n^2}\right)\right]+b\left[\frac{2}{n}-\frac{2}{n^2}+o\left(\frac{1}{n^2}\right)\right]$$

$$=(1+a+b)\ln n+(a+2b)\frac{1}{n}-\left(\frac{a}{2}+2b\right)\frac{1}{n^2}+o\left(\frac{1}{n^2}\right),$$

于是必须$\begin{cases}1+a+b=0,\\a+2b=0,\end{cases}$即$\begin{cases}a=-2,\\b=1\end{cases}$时,原级数才收敛,所以 $ab=-2$.

注

借助泰勒公式(或其他办法)估计 u_n 关于$\dfrac{1}{n}$的阶数的方法比较有效.

3. 级数$\sum\limits_{n=1}^{\infty}(-1)^n\dfrac{\ln n}{n^p}$条件收敛,则 p 的取值范围是( ).

(A) $(-\infty,0]$ (B) $(0,1)$ (C) $(0,1]$ (D) $(1,+\infty)$

解

当 $p\leqslant 0$ 时,$\lim\limits_{n\to\infty}(-1)^n\dfrac{\ln n}{n^p}\neq 0$,级数发散.

当 $0<p\leqslant 1$ 时,令 $f(x)=\dfrac{\ln x}{x^p}$,

$$f'(x)=\frac{\frac{1}{x}x^p-\ln x\cdot px^{p-1}}{x^{2p}}=\frac{1-p\ln x}{x^{p+1}}<0\qquad (x>\mathrm{e}^{\frac{1}{p}}),$$

即当 n 充分大时,$\dfrac{\ln n}{n^p}$单调递减,且$\lim\limits_{n\to\infty}\dfrac{\ln n}{n^p}=0$,级数收敛.

又当 $n\geqslant 3$ 时,$\dfrac{\ln n}{n^p}\geqslant\dfrac{1}{n}$,所以$\sum\limits_{n=1}^{\infty}(-1)^n\dfrac{\ln n}{n^p}$条件收敛.

当 $p>1$ 时,取 $\varepsilon>0$ 使得 $p-\varepsilon>1$,因为

$$\lim_{n\to\infty}\frac{\ln n}{n^p}\bigg/\frac{1}{n^{p-\varepsilon}}=\lim_{n\to\infty}\frac{\ln n}{n^{\varepsilon}}=0,$$

$\sum\limits_{n=1}^{\infty}(-1)^n\dfrac{\ln n}{n^p}$绝对收敛.

4. 设 $I_n=\int_0^{\frac{\pi}{4}}\tan^n x\mathrm{d}x$,其中 n 为正整数.

（1）若 $n\geqslant 2$，计算 I_n+I_{n-2}；

（2）设 p 为实数，讨论级数 $\sum\limits_{n=2}^{\infty}(-1)^n I_n^p$ 的绝对收敛性与条件收敛性.

解

（1）应用定积分的换元积分法，可得

$$I_n+I_{n-2}=\int_0^{\frac{\pi}{4}}(\tan^n x+\tan^{n-2}x)\,\mathrm{d}x=\int_0^{\frac{\pi}{4}}\tan^{n-2}x\mathrm{d}\tan x$$

$$=\frac{1}{n-1}\tan^{n-1}x\Big|_0^{\frac{\pi}{4}}=\frac{1}{n-1}.$$

（2）当 $0\leqslant x\leqslant\frac{\pi}{4}$ 时，$0\leqslant\tan x\leqslant 1$，所以 $\tan^{n+2}x\leqslant\tan^n x\leqslant\tan^{n-2}x$，应用定积分的保号性得

$$I_{n+2}\leqslant I_n\leqslant I_{n-2}\Rightarrow I_{n+2}+I_n\leqslant 2I_n\leqslant I_n+I_{n-2}.$$

又由第(1)问可得 $I_{n+2}+I_n=\frac{1}{n+1}$，于是

$$\frac{1}{2(n+1)}\leqslant I_n\leqslant\frac{1}{2(n-1)}\Rightarrow\frac{1}{2^p(n+1)^p}\leqslant I_n^p\leqslant\frac{1}{2^p(n-1)^p}(p>0).$$

① 当 $p>1$ 时，因为 $|(-1)^n I_n^p|=I_n^p\leqslant\frac{1}{2^p(n-1)^p}$，而级数

$$\sum_{n=2}^{\infty}\frac{1}{2^p(n-1)^p}=\frac{1}{2^p}\sum_{n=2}^{\infty}\frac{1}{(n-1)^p}$$

显然收敛，应用比较判别法得原级数绝对收敛.

② 当 $0<p\leqslant 1$ 时，因为 $|(-1)^n I_n^p|=I_n^p\geqslant\frac{1}{2^p(n+1)^p}$，而级数

$$\sum_{n=2}^{\infty}\frac{1}{2^p(n+1)^p}=\frac{1}{2^p}\sum_{n=2}^{\infty}\frac{1}{(n+1)^p}$$

显然发散，应用比较判别法得原级数非绝对收敛.由于

$$\frac{1}{2^p(n+1)^p}\leqslant I_n^p\leqslant\frac{1}{2^p(n-1)^p},\lim_{n\to\infty}\frac{1}{2^p(n+1)^p}=0,\lim_{n\to\infty}\frac{1}{2^p(n-1)^p}=0,$$

应用夹逼准则得 $\lim\limits_{n\to\infty}I_n^p=0$，又数列 $\{I_n^p\}$ 显然单调递减，据莱布尼茨判别法得原级数为条件收敛.

③ 当 $p\leqslant 0$ 时,因 $|(-1)^n I_n^p|=I_n^p\geqslant 2^{-p}(n-1)^{-p}\geqslant 1$,所以 $\lim\limits_{n\to\infty}(-1)^n I_n^p\neq 0$,因此原级数发散.

综上,当 $p>1$ 时原级数绝对收敛,当 $0<p\leqslant 1$ 时条件收敛,当 $p\leqslant 0$ 时发散.

专题二十七 常数项级数收敛的证明

解题要点

这部分主要围绕抽象级数 $\sum_{n=1}^{\infty} u_n$ 的证明题展开讨论，其证明技巧如下所述.

（1）利用比较判别法.难点在于如何把要证明的级数的通项 u_n（或 $|u_n|$）放大到一个收敛的级数的通项（常凑 p 级数或等比级数，或用定义说明较大的级数收敛）.

（2）利用比较判别法的极限形式.

1. 若正项级数 $\sum_{n=1}^{\infty} a_n$ 发散.

证明：$\sum_{n=1}^{\infty} \frac{a_n}{S_n^2}$ 收敛，其中 $S_n=a_1+a_2+\cdots+a_n$.

证明

由 $\frac{a_n}{S_n^2}=\frac{S_n-S_{n-1}}{S_n^2}\leqslant\frac{S_n-S_{n-1}}{S_n\cdot S_{n-1}}=\frac{1}{S_{n-1}}-\frac{1}{S_n}$.

由 $\sum_{n=1}^{\infty} a_n$ 发散 $\Rightarrow S_n=a_1+a_2+\cdots+a_n\to+\infty$，

因而 $\lim_{n\to\infty}\frac{1}{S_n}=0$，即 $\left\{\frac{1}{S_n}\right\}$ 收敛 $\Rightarrow \sum_{n=1}^{\infty}\left(\frac{1}{S_{n-1}}-\frac{1}{S_n}\right)$ 收敛，

故 $\sum_{n=1}^{\infty} \frac{a_n}{S_n^2}$ 收敛.

2. 设数列 $\{a_n\}$，$\{b_n\}$ 满足 $e^{b_n}=e^{a_n}-a_n\ (n=1,2,3,\cdots)$，求证：

（1）若 $a_n>0$，则 $b_n>0$；

(2) 若 $a_n>0(n=1,2,3,\cdots)$，$\sum\limits_{n=1}^{\infty} a_n$ 收敛，则 $\sum\limits_{n=1}^{\infty} \dfrac{b_n}{a_n}$ 收敛.

证明

(1) 由 $a_n>0$ 证 $b_n>0\Leftrightarrow e^{a_n}-a_n>1\Leftrightarrow e^{a_n}>1+a_n$. 证明数列不等式转化为证明函数不等式 $e^x>1+x(x>0)$.

令 $f(x)=e^x-(1+x)$，则

$$f'(x)=e^x-1>0(x>0).$$

又由 $f(x)$ 在 $[0,+\infty)$ 连续 $\Rightarrow f(x)$ 在 $[0,+\infty)$ 单调递增 $\Rightarrow f(x)>f(0)=0(x>0)\Rightarrow e^x>1+x(x>0)\Rightarrow e^{a_n}-a_n>1$，即 $b_n>0$.

(2) 设 $a_n>0$，由 $\sum\limits_{n=1}^{\infty} a_n$ 收敛知 $\lim\limits_{n\to\infty} a_n=0$，$\lim\limits_{n\to\infty} b_n=\lim\limits_{n\to\infty}\ln(e^{a_n}-a_n)=0$，其中

$$\lim_{n\to\infty}(e^{a_n}-a_n)=1.$$

为证 $\sum\limits_{n=1}^{\infty} \dfrac{b_n}{a_n}$ 收敛，考察 $\dfrac{b_n}{a_n}$ 与 a_n 的关系.

$$\frac{b_n}{a_n}=\frac{\ln(e^{a_n}-a_n)}{a_n}=\frac{\ln(e^{a_n}-a_n-1+1)}{a_n}$$

$$\sim\frac{e^{a_n}-a_n-1}{a_n^2}\cdot a_n\sim\frac{1}{2}a_n(n\to\infty),$$

其中 $$\ln[(e^{a_n}-a_n-1)+1]\sim e^{a_n}-a_n-1(n\to\infty),$$

$$\lim_{x\to0}\frac{e^x-x-1}{x^2}=\lim_{x\to0}\frac{e^x-1}{2x}=\frac{1}{2},\ e^{a_n}-a_n-1\sim\frac{1}{2}a_n^2.$$

于是由 $\sum\limits_{n=1}^{\infty} \dfrac{1}{2}a_n$ 收敛 $\Rightarrow\sum\limits_{n=1}^{\infty} \dfrac{b_n}{a_n}$ 收敛.

3. 设函数 $\varphi(x)$ 是 $(-\infty,+\infty)$ 上连续的周期函数，周期为 1，且 $\int_0^1\varphi(x)\,dx=0$，函数 $f(x)$ 在 $[0,1]$ 上有连续的导数，$a_n=\int_0^1 f(x)\varphi(nx)\,dx$，证明：$\sum\limits_{n=1}^{\infty} a_n^2$ 收敛.

证明

作积分换元,令 $nx=t$,则

$$a_n=\int_0^1 f(x)\varphi(nx)\,\mathrm{d}x=\frac{1}{n}\int_0^n f\left(\frac{t}{n}\right)\varphi(t)\,\mathrm{d}t,$$

令 $G(x)=\int_0^x \varphi(t)\,\mathrm{d}t$,则 $G(0)=0, G'(x)=\varphi(x)$,且

$$G(n)=\int_0^n \varphi(t)\,\mathrm{d}t=n\int_0^1 \varphi(t)\,\mathrm{d}t=0,$$

$$\begin{aligned} G(x+n)&=\int_0^{x+n}\varphi(t)\,\mathrm{d}t=\int_0^x \varphi(t)\,\mathrm{d}t+\int_x^{x+n}\varphi(t)\,\mathrm{d}t\\ &=\int_0^x \varphi(t)\,\mathrm{d}t+n\int_0^1 \varphi(t)\,\mathrm{d}t=\int_0^x \varphi(t)\,\mathrm{d}t+0=G(x),\end{aligned}$$

所以 $G(x)$ 是在 $(-\infty,+\infty)$ 上连续可导的周期函数,于是 $G(x)$ 在 $(-\infty,+\infty)$ 上有界,记 $|G(x)|\leqslant M_1$.对任意 $x\in(-\infty,+\infty)$,有

$$\begin{aligned} a_n&=\frac{1}{n}\int_0^n f\left(\frac{t}{n}\right)\mathrm{d}G(t)=\frac{1}{n}\left[f\left(\frac{t}{n}\right)G(t)\bigg|_0^n-\int_0^n f'\left(\frac{t}{n}\right)\frac{1}{n}G(t)\,\mathrm{d}t\right]\\ &=-\frac{1}{n^2}\int_0^n f'\left(\frac{t}{n}\right)G(t)\,\mathrm{d}t.\end{aligned}$$

因 $f'(x)$ 在 $[0,1]$ 上连续,所以 $f'(x)$ 在 $[0,1]$ 上有界,即对任意 $x\in[0,1]$ 有 $|f'(x)|\leqslant M_2$.于是

$$|a_n|\leqslant\frac{1}{n^2}\int_0^n M_1M_2\,\mathrm{d}t=\frac{M_1M_2}{n}\Rightarrow a_n^2\leqslant\frac{(M_1M_2)^2}{n^2}.$$

而 $\sum\limits_{n=1}^{\infty}\dfrac{(M_1M_2)^2}{n^2}$ 收敛,故由比较判别法得 $\sum\limits_{n=1}^{\infty}a_n^2$ 收敛.

专题二十八 幂级数的收敛半径与收敛域

解题要点

1. 若幂级数 $\sum_{n=0}^{\infty} a_n x^n$ 在 $x=x_1(x_1\neq 0)$ 处收敛，则对满足 $|x|<|x_1|$ 的一切 x，幂级数 $\sum_{n=0}^{\infty} a_n x^n$ 都绝对收敛；若幂级数 $\sum_{n=0}^{\infty} a_n x^n$ 在 $x=x_2(x_2\neq 0)$ 处发散，则对满足 $|x|>|x_2|$ 的一切 x，幂级数 $\sum_{n=0}^{\infty} a_n x^n$ 都发散.

2. 对幂级数 $\sum_{n=0}^{\infty} a_n x^n$，若 $\lim\limits_{n\to\infty}\left|\dfrac{a_{n+1}}{a_n}\right|=\rho$ 或 $\lim\limits_{n\to\infty}\sqrt[n]{|a_n|}=\rho$，则收敛半径 $R=\dfrac{1}{\rho}$.

注　若收敛半径为 R，但 $\lim\limits_{n\to\infty}\left|\dfrac{a_{n+1}}{a_n}\right|$ 或 $\lim\limits_{n\to\infty}\sqrt[n]{|a_n|}$ 未必就是 $\dfrac{1}{R}$，因为二者皆有可能不存在. 当然，若 $\lim\limits_{n\to\infty}\left|\dfrac{a_{n+1}}{a_n}\right|$ 和 $\lim\limits_{n\to\infty}\sqrt[n]{|a_n|}$ 都存在，则此时二者就是 $\dfrac{1}{R}$.

3. 逐项求导、逐项积分、平移后得到的新幂级数与原幂级数的收敛半径相同.

1. 幂级数 $\sum_{n=1}^{\infty}\dfrac{x^n}{a^n+b^n}(a,b>0)$ 的收敛域为________.

解

① 由 $\lim\limits_{n\to\infty}\sqrt[n]{|c_n|}=\lim\limits_{n\to\infty}\dfrac{1}{\sqrt[n]{a^n+b^n}}=\dfrac{1}{\max\{a,b\}}$，故 $R=\max\{a,b\}$.

② $x=R$，若 $a>b$，$R=a$，$\sum_{n=1}^{\infty}\dfrac{a^n}{a^n+b^n}$ 中 $\lim\limits_{n\to\infty}\dfrac{a^n}{a^n+b^n}=1\neq 0$，发散.

$a=b,R=a,\quad \sum\limits_{n=1}^{\infty}\frac{a^n}{a^n+b^n}=\sum\limits_{n=1}^{\infty}\frac{1}{2}$发散.

$a<b,R=b,\sum\limits_{n=1}^{\infty}\frac{b^n}{a^n+b^n}=1,\lim\limits_{n\to\infty}\frac{b^n}{a^n+b^n}\neq 0$,发散.

$x=-R$,原级数发散.

故原级数的收敛域为$(-R,R)$,其中$R=\max\{a,b\}$.

2. 幂级数$\sum\limits_{n=1}^{\infty}\left[1-n\ln\left(1+\frac{1}{n}\right)\right]x^n$的收敛域为________.

解

记$a_n=1-n\ln\left(1+\frac{1}{n}\right)=n\left[\frac{1}{n}-\ln\left(1+\frac{1}{n}\right)\right]\sim n\cdot\frac{1}{2}\left(\frac{1}{n}\right)^2=\frac{1}{2n}(n\to\infty)$,

于是$\lim\limits_{n\to\infty}\frac{a_{n+1}}{a_n}=\lim\limits_{n\to\infty}\frac{\frac{1}{2(n+1)}}{\frac{1}{2n}}=1$,故收敛半径$R=1$,收敛区间为$(-1,1)$.

当$x=1$时,幂级数成了正项级数$\sum\limits_{n=1}^{\infty}\left[1-n\ln\left(1+\frac{1}{n}\right)\right]$,因为$1-n\ln\left(1+\frac{1}{n}\right)\sim\frac{1}{2n}(n\to\infty)$,于是该正项级数发散,即$x=1$是原幂级数的发散点.

当$x=-1$时,幂级数成了交错级数$\sum\limits_{n=1}^{\infty}(-1)^n\left[1-n\ln\left(1+\frac{1}{n}\right)\right]$,考虑用莱布尼茨判别法.

首先,$\lim\limits_{n\to\infty}a_n=\lim\limits_{n\to\infty}\left[1-n\ln\left(1+\frac{1}{n}\right)\right]=0$,其次,令$f(x)=1-\frac{\ln(1+x)}{x}$(将$a_n$中的$\frac{1}{n}$改成$x$),

则$f'(x)=-\frac{\frac{x}{1+x}-\ln(1+x)}{x^2}>0$,这里利用了不等式$\frac{x}{1+x}<\ln(1+x)<x\ (x>0)$的左端,于是$a_n=f\left(\frac{1}{n}\right)$单调递减,故上述交错级数收敛,即$x=-1$是原幂级数的收敛点.

综上,收敛域为$[-1,1)$.

3. 级数$\sum\limits_{n=1}^{\infty}\frac{3^n+(-2)^n}{n}\left(\frac{1-x}{1+x}\right)^n$的收敛域为________.

解

令 $t=\frac{1-x}{1+x}$,问题转化为求幂级数 $\sum_{n=1}^{\infty}\frac{3^n+(-2)^n}{n}t^n$ 的收敛域.先求收敛区间,再考察收敛区间的端点.求解如下:

令 $t=\frac{1-x}{1+x}$,考察幂级数 $\sum_{n=1}^{\infty}a_nt^n$,其中 $a_n=\frac{3^n+(-2)^n}{n}$. 由

$$\lim_{n\to\infty}\sqrt[n]{|a_n|}=\lim_{n\to\infty}\frac{3\left[1+\left(-\frac{2}{3}\right)^n\right]^{\frac{1}{n}}}{\sqrt[n]{n}}=3$$

知 $\sum_{n=1}^{\infty}a_nt^n$ 的收敛区间是 $\left(-\frac{1}{3},\frac{1}{3}\right)$. 由于当 $t=\frac{1}{3}$ 时,$\sum_{n=1}^{\infty}a_n\left(\frac{1}{3}\right)^n=\sum_{n=1}^{\infty}\left[\frac{1}{n}+\frac{1}{n}\left(-\frac{2}{3}\right)^n\right]$ 发散$\left(因为\sum_{n=1}^{\infty}\frac{1}{n}发散,\sum_{n=1}^{\infty}\frac{1}{n}\left(-\frac{2}{3}\right)^n收敛\right)$,而当 $t=-\frac{1}{3}$ 时,$\sum_{n=1}^{\infty}a_n\left(-\frac{1}{3}\right)^n=\sum_{n=1}^{\infty}\frac{(-1)^n}{n}+\sum_{n=1}^{\infty}\frac{1}{n}\left(\frac{2}{3}\right)^n$ 收敛,因此,$\sum_{n=1}^{\infty}a_nt^n$ 的收敛域是 $\left[-\frac{1}{3},\frac{1}{3}\right)$.

又 $-\frac{1}{3}\leqslant t=\frac{1-x}{1+x}<\frac{1}{3}$ 对应于 $\frac{1}{2}<x\leqslant 2$,因此,原级数的收敛域是 $\left(\frac{1}{2},2\right]$.

4. 设幂级数 $\sum_{n=0}^{\infty}a_nx^n$ 在 $x=-3$ 处条件收敛,则幂级数 $\sum_{n=1}^{\infty}na_n(x-1)^{2n}$ 的收敛区间是________.

解

由于幂级数 $\sum_{n=0}^{\infty}a_nx^n$ 在 $x=-3$ 处条件收敛,故其收敛半径 $R=|-3-0|=3$.

而幂级数 $\sum_{n=1}^{\infty}na_n(x-1)^{2n}=\sum_{n=1}^{\infty}na_n[(x-1)^2]^n=\sum_{n=1}^{\infty}na_nt^n$(其中 $t=(x-1)^2$)可看作 $\sum_{n=0}^{\infty}a_nx^n$ 经"求导、乘 x"变换得到,而上述变换不改变收敛半径,于是幂级数 $\sum_{n=1}^{\infty}na_nt^n$ 的半径仍是 3,由 $-3<t<3$,即 $-3<(x-1)^2<3$,得 $-\sqrt{3}+1<x<\sqrt{3}+1$,即幂级数 $\sum_{n=1}^{\infty}na_n(x-1)^{2n}$ 的收敛区间是 $(1-\sqrt{3},1+\sqrt{3})$.

专题二十九 幂级数展开与求和函数

解题要点

1. 重要公式(零点展开公式).

(1) $e^x=\sum_{n=0}^{\infty}\frac{x^n}{n!}=1+x+\frac{x^2}{2!}+\cdots+\frac{x^n}{n!}+\cdots,\ -\infty<x<+\infty$;

(2) $\sin x=\sum_{n=0}^{\infty}(-1)^n\frac{x^{2n+1}}{(2n+1)!}=x-\frac{x^3}{3!}+\frac{x^5}{5!}-\cdots+(-1)^n\frac{x^{2n+1}}{(2n+1)!}+\cdots,$

$-\infty<x<+\infty$;

(3) $\cos x=\sum_{n=0}^{\infty}(-1)^n\frac{x^{2n}}{(2n)!}=1-\frac{x^2}{2!}+\frac{x^4}{4!}-\cdots+(-1)^n\frac{x^{2n}}{(2n)!}+\cdots,\ -\infty<$

$x<+\infty$;

(4) $\ln(1+x)=\sum_{n=1}^{\infty}(-1)^{n-1}\frac{x^n}{n}=x-\frac{x^2}{2}+\frac{x^3}{3}-\cdots+(-1)^{n-1}\frac{x^n}{n}+\cdots,\ -1<x\leqslant 1$;

(5) $\frac{1}{1-x}=\sum_{n=0}^{\infty}x^n=1+x+x^2+\cdots+x^n+\cdots,\ -1<x<1$;

(6) $(1+x)^{\alpha}=1+\alpha x+\frac{\alpha(\alpha-1)}{2!}x^2+\cdots+\frac{\alpha(\alpha-1)\cdots(\alpha-n+1)}{n!}x^n+\cdots,$

$$\begin{cases}x\in(-1,1), & \alpha\leqslant-1,\\ x\in(-1,1], & -1<\alpha<0,\\ x\in[-1,1], & \alpha>0.\end{cases}$$

2. 幂级数展开的关键在于“变形”,务必将 $f(x)$ 先变形为上述重要公式形式,再展开,如

$$f(x)=\ln(1-x-2x^2)=\ln(1+x)+\ln(1-2x)=\cdots;$$

再如，$f(x)=\frac{1}{1+x+x^2}=\frac{1-x}{1-x^3}=\frac{1}{1-x^3}-x\cdot\frac{1}{1-x^3}=\cdots$.

3. 幂级数求和函数的关键在于“消分母”，技巧：分解、观察、构建微分方程等.

1. 设 a_n 是差分方程 $y_{n+1}+4y_n=5$，满足 $y_1=-3$ 的特解，

（1）求 a_n； （2）求幂级数 $\sum_{n=0}^{\infty}\frac{a_n}{4^n(2n+1)}x^{2n}$ 的收敛域与和函数 $S(x)$.

解

（1）由特征方程 $\lambda+4=0$，得 $\lambda=-4$，于是齐次差分方程的通解为 $Y=C\cdot(-4)^n$，对非齐次项 $f(n)=5$，设非齐次的特解为 $y_n^*=A$，代入原非齐次差分方程，得 $A=1$，于是非齐次差分方程的通解 $y_n=C\cdot(-4)^n+1$，又 $y_1=-3$，所以 $C=1$，故 $a_n=(-4)^n+1$.

（2）由(1)知 $\sum_{n=0}^{\infty}\frac{a_n}{4^n(2n+1)}x^{2n}=\sum_{n=0}^{\infty}\frac{(-4)^n+1}{4^n(2n+1)}x^{2n}$.

因为 $\lim_{n\to\infty}\sqrt[n]{\frac{|(-4)^n+1|}{4^n(2n+1)}x^{2n}}=x^2$，所以当 $|x|<1$ 时，幂级数绝对收敛；当 $|x|>1$ 时，幂级数的通项是无穷大量，幂级数发散.因此收敛半径 $R=1$.

又因为级数 $\sum_{n=0}^{\infty}\left[\frac{(-1)^n}{2n+1}+\frac{1}{4^n(2n+1)}\right]$ 收敛，所以幂级数在 $|x|=1$ 处收敛.

综上，幂级数的收敛域为 $[-1,1]$.

记 $S_1(x)=\sum_{n=0}^{\infty}\frac{(-1)^n}{2n+1}x^{2n+1}, S_2(x)=\sum_{n=0}^{\infty}\frac{1}{4^n(2n+1)}x^{2n+1}$.

由 $S'_1(x)=\sum_{n=0}^{\infty}(-1)^n x^{2n}=\frac{1}{1+x^2}$ 及 $S_1(0)=0$，得 $S_1(x)=\arctan x$.

由 $S'_2(x)=\sum_{n=0}^{\infty}\frac{x^{2n}}{4^n}=\frac{4}{4-x^2}$ 及 $S_2(0)=0$，得 $S_2(x)=\ln\frac{2+x}{2-x}$.

综上，$S(x)=\begin{cases}\frac{\arctan x}{x}+\frac{1}{x}\ln\frac{2+x}{2-x}, & 0<|x|\leqslant 1,\\ 2, & x=0.\end{cases}$

注

实际上 $S(0)=\sum_{n=0}^{\infty}\frac{(-4)^n+1}{4^n(2n+1)}x^{2n}\Big|_{x=0}=\left(2+\frac{-3}{12}x^2+\cdots\right)\Big|_{x=0}=2$，

或者 $S(0)=\lim\limits_{x\to 0}S(x)=\lim\limits_{x\to 0}\left(\dfrac{\arctan x}{x}+\dfrac{1}{x}\ln\dfrac{2+x}{2-x}\right)=1+\lim\limits_{x\to 0}\dfrac{\ln(2+x)-\ln(2-x)}{x}=1+\lim\limits_{x\to 0}\dfrac{\dfrac{1}{2+x}-\dfrac{-1}{2-x}}{1}=2.$

2. 设曲线 $y=\dfrac{1}{\sqrt{x}(\ln x)^{\frac{n+1}{2}}}(n=1,2,\cdots)$ 在 $[e^2,+\infty)$ 部分与 x 轴围成的图形为 σ,

(1) σ 绕 x 轴旋转一周所得体积记为 a_n,求 a_n 的表达式;

(2) 求级数 $\sum\limits_{n=1}^{\infty}\dfrac{a_n}{n+1}$ 的和.

解

(1) $a_n=\int_{e^2}^{+\infty}\pi y^2\mathrm{d}x=\int_{e^2}^{+\infty}\pi\dfrac{1}{x(\ln x)^{n+1}}\mathrm{d}x=\pi\int_{e^2}^{+\infty}\dfrac{1}{(\ln x)^{n+1}}\mathrm{d}\ln x=-\dfrac{\pi}{n}(\ln x)^{-n}\Big|_{e^2}^{+\infty}=$ $\dfrac{\pi}{n}\cdot\dfrac{1}{2^n}.$

(2) $\sum\limits_{n=1}^{\infty}\dfrac{a_n}{n+1}=\pi\sum\limits_{n=1}^{\infty}\dfrac{1}{n(n+1)}\cdot\dfrac{1}{2^n}=2\pi\sum\limits_{n=1}^{\infty}\dfrac{1}{n(n+1)}\cdot\dfrac{1}{2^{n+1}}$,构造 $S(x)=\sum\limits_{n=1}^{\infty}\dfrac{1}{n(n+1)}x^{n+1}$,收敛域为$[-1,1]$.

于是 $S'(x)=\sum\limits_{n=1}^{\infty}\dfrac{1}{n}x^n,S''(x)=\sum\limits_{n=1}^{\infty}x^{n-1}=\dfrac{1}{1-x}$,于是 $S'(x)=S'(0)+\int_0^x\dfrac{1}{1-t}\mathrm{d}t=-\ln(1-x)$,进而

$$S(x)=S(0)+\int_0^x[-\ln(1-t)]\mathrm{d}t=(1-x)\ln(1-x)+x,\ -1\leqslant x<1.$$

所以 $\sum\limits_{n=1}^{\infty}\dfrac{a_n}{n+1}=2\pi S\left(\dfrac{1}{2}\right)=2\pi\cdot\left(\dfrac{1}{2}\ln\dfrac{1}{2}+\dfrac{1}{2}\right)=\pi\cdot\left(\ln\dfrac{1}{2}+1\right).$

注

进一步还可以计算

$S(1)=\sum\limits_{n=1}^{\infty}\dfrac{1}{n(n+1)}x^{n+1}\Big|_{x=1}=\sum\limits_{n=1}^{\infty}\dfrac{1}{n(n+1)}=\lim\limits_{n\to\infty}\left(1-\dfrac{1}{2}+\dfrac{1}{2}-\dfrac{1}{3}+\cdots+\dfrac{1}{n}-\dfrac{1}{n+1}\right)=1,$

或者 $S(1)=\lim\limits_{x\to 1^-}S(x)=\lim\limits_{x\to 1^-}[(1-x)\ln(1-x)+x]=1.$

3. 已知 $a_0=3,a_1=5$,且 $a_{n+1}=\dfrac{1}{n+1}\cdot\left(\dfrac{2}{3}-n\right)a_n(n\geqslant 1)$,证明当 $|x|<1$ 时,幂级数 $\sum\limits_{n=0}^{\infty}a_nx^n$

收敛,并求和函数.

证明

求出收敛区间,由题中所给条件 $a_{n+1}=\frac{1}{n+1}\cdot\left(\frac{2}{3}-n\right)a_n$,则

$$\lim_{n\to\infty}\left|\frac{a_{n+1}}{a_n}\right|=\lim_{n\to\infty}\left|\frac{\frac{1}{n+1}\left(\frac{2}{3}-n\right)\cdot a_n}{a_n}\right|=1,$$

即当 $|x|<1$ 时, $\sum\limits_{n=0}^{\infty}a_nx^n$ 绝对收敛.

令 $y(x)=\sum\limits_{n=0}^{\infty}a_nx^n$,有

$$\begin{aligned} y'(x)&=\sum_{n=1}^{\infty}na_nx^{n-1}=a_1+\sum_{n=2}^{\infty}na_nx^{n-1}=a_1+\sum_{n=1}^{\infty}(n+1)a_{n+1}x^n \\ &=5+\sum_{n=1}^{\infty}\left(\frac{2}{3}a_n-na_n\right)x^n=5+\frac{2}{3}\left(\sum_{n=0}^{\infty}a_nx^n-a_0\right)-x\sum_{n=1}^{\infty}na_nx^{n-1} \\ &=5+\frac{2}{3}y(x)-\frac{2}{3}\cdot 3-xy'(x)=3+\frac{2}{3}y(x)-xy'(x),\end{aligned}$$

即　$(x+1)y'(x)-\frac{2}{3}y(x)=3$(一阶线性方程)$\Rightarrow y'-\frac{2}{3(x+1)}y=\frac{3}{x+1}$.

解出方程 $y=C(x+1)^{\frac{2}{3}}-\frac{9}{2}$,由 $y(0)=a_0=3\Rightarrow C=\frac{15}{2}$.

所以原级数 $y(x)=\sum\limits_{n=0}^{\infty}a_nx^n=\frac{15}{2}(x+1)^{\frac{2}{3}}-\frac{9}{2}(|x|<1)$.

4. (1) 求幂级数 $\sum\limits_{n=0}^{\infty}\frac{(-1)^n}{2^n(2n+1)!}x^{2n+1}$ 的和函数 $S(x)$; (2) 求极限 $\lim\limits_{x\to0}\frac{\int_0^x S(t)\,dt-\frac{x^2}{2}}{x^3(\sqrt[3]{1+x}-e^x)}$.

解

(1) $\sum\limits_{n=0}^{\infty}\frac{(-1)^n}{2^n(2n+1)!}x^{2n+1}=\sqrt{2}\sum\limits_{n=0}^{\infty}\frac{(-1)^n}{(2n+1)!}\left(\frac{x}{\sqrt{2}}\right)^{2n+1}=\sqrt{2}\sin\frac{x}{\sqrt{2}},\ -\infty<x<+\infty$.

(2) $\sqrt[3]{1+x}-e^x=1+\frac{1}{3}x+\cdots-(1+x+\cdots)=-\frac{2}{3}x+o(x)\sim-\frac{2}{3}x\,(x\to0)$,

$$I=\lim_{x\to 0}\frac{\int_0^x\sqrt{2}\sin\frac{t}{\sqrt{2}}dt-\frac{x^2}{2}}{-\frac{2}{3}x^4}=\lim_{x\to 0}\frac{\sqrt{2}\sin\frac{x}{\sqrt{2}}-x}{-\frac{8}{3}x^3}=\sqrt{2}\lim_{x\to 0}\frac{\sin\frac{x}{\sqrt{2}}-\frac{x}{\sqrt{2}}}{-\frac{8}{3}x^3}$$

$$=\sqrt{2}\lim_{x\to 0}\frac{-\frac{1}{6}\left(\frac{x}{\sqrt{2}}\right)^3}{-\frac{8}{3}x^3}=\frac{1}{32}.$$

5. 求函数$f(x)=\frac{x}{(1+x^2)^2}+\arctan\frac{1+x}{1-x}$关于 x 的幂级数展开式.

解

令 $F(x)=\frac{x}{(1+x^2)^2}$, $G(x)=\arctan\frac{1+x}{1-x}$,则

$$\int_0^x F(x)\,dx=\int_0^x\frac{x}{(1+x^2)^2}dx=-\frac{1}{2(1+x^2)}\bigg|_0^x=\frac{1}{2}-\frac{1}{2(1+x^2)}$$

$$=\frac{1}{2}+\sum_{n=0}^{\infty}\frac{(-1)^{n+1}}{2}x^{2n}(|x|<1),$$

两边求导数得

$$F(x)=\sum_{n=1}^{\infty}(-1)^{n+1}nx^{2n-1}=\sum_{n=0}^{\infty}(-1)^n(n+1)x^{2n+1}(|x|<1).$$

又由于

$$G'(x)=\frac{(1-x)^2}{(1-x)^2+(1+x)^2}\cdot\frac{2}{(1-x)^2}=\frac{1}{1+x^2}$$

$$=\sum_{n=0}^{\infty}(-1)^n x^{2n}\quad(|x|<1),$$

两边求积分得

$$G(x)=G(0)+\sum_{n=0}^{\infty}\frac{(-1)^n}{2n+1}x^{2n+1}=\frac{\pi}{4}+\sum_{n=0}^{\infty}\frac{(-1)^n}{2n+1}x^{2n+1}\quad(|x|<1).$$

由此可得$f(x)=F(x)+G(x)=\sum_{n=0}^{\infty}(-1)^n(n+1)x^{2n+1}+\frac{\pi}{4}+\sum_{n=0}^{\infty}\frac{(-1)^n}{2n+1}x^{2n+1}=\frac{\pi}{4}+$

$$\sum_{n=0}^{\infty}\left[(-1)^n(n+1)+\frac{(-1)^n}{2n+1}\right]x^{2n+1}(|x|<1).$$

6. 将级数$\sum\limits_{n=1}^{\infty}\frac{(-1)^{n-1}}{2^{n-1}}\cdot\frac{x^{2n-1}}{(2n-1)!}$的和函数展开成$(x-1)$的幂级数.

解

利用 $\sin x$ 的展开式很容易求得级数的和函数,展开时需作必要的恒等变形.

由于$\sin x=\sum\limits_{n=1}^{\infty}(-1)^{n-1}\frac{x^{2n-1}}{(2n-1)!},x\in(-\infty,+\infty)$,则

$$\sum_{n=1}^{\infty}\frac{(-1)^{n-1}}{2^{n-1}}\cdot\frac{x^{2n-1}}{(2n-1)!}=\sqrt{2}\sum_{n=1}^{\infty}\frac{(-1)^{n-1}}{(2n-1)!}\left(\frac{x}{\sqrt{2}}\right)^{2n-1}=\sqrt{2}\sin\frac{x}{\sqrt{2}}=\sqrt{2}\sin\frac{x-1+1}{\sqrt{2}}$$

$$=\sqrt{2}\sin\frac{1}{\sqrt{2}}\cos\frac{x-1}{\sqrt{2}}+\sqrt{2}\cos\frac{1}{\sqrt{2}}\sin\frac{x-1}{\sqrt{2}}$$

$$=\sqrt{2}\sin\frac{1}{\sqrt{2}}\sum_{n=0}^{\infty}\frac{(-1)^{n}}{(2n)!}\left(\frac{x-1}{\sqrt{2}}\right)^{2n}+\sqrt{2}\cos\frac{1}{\sqrt{2}}\sum_{n=0}^{\infty}\frac{(-1)^{n}}{(2n+1)!}\left(\frac{x-1}{\sqrt{2}}\right)^{2n+1}$$

$$=\sqrt{2}\sin\frac{1}{\sqrt{2}}\sum_{n=0}^{\infty}\frac{(-1)^{n}}{2^{n}\cdot(2n)!}(x-1)^{2n}+\cos\frac{1}{\sqrt{2}}\sum_{n=0}^{\infty}\frac{(-1)^{n}}{2^{n}(2n+1)!}(x-1)^{2n+1},x\in(-\infty,+\infty).$$

第二篇 线性代数

专题一 行列式

解题要点

计算抽象型行列式时，主要利用行列式的性质、矩阵的性质、特征值及矩阵相似等知识，主要有以下常用结论.

(1) 设 $\boldsymbol{A}$ 是 n 阶矩阵，$\boldsymbol{A}^{\mathrm{T}}$ 是 $\boldsymbol{A}$ 的转置矩阵，则 $|\boldsymbol{A}^{\mathrm{T}}|=|\boldsymbol{A}|$.

(2) 设 $\boldsymbol{A}$ 是 n 阶矩阵，则 $|k\boldsymbol{A}|=k^n|\boldsymbol{A}|$.

(3) 设 $\boldsymbol{A},\boldsymbol{B}$ 都是 n 阶矩阵，则 $|\boldsymbol{AB}|=|\boldsymbol{A}||\boldsymbol{B}|$.

(4) 设 $\boldsymbol{A}$ 是 n 阶矩阵，则 $|\boldsymbol{A}^*|=|\boldsymbol{A}|^{n-1}$.

(5) 设 $\boldsymbol{A}$ 是 n 阶可逆矩阵，则 $|\boldsymbol{A}^{-1}|=|\boldsymbol{A}|^{-1}$.

(6) 设 $\lambda_1,\lambda_2,\cdots,\lambda_n$ 是 n 阶矩阵 $\boldsymbol{A}$ 的特征值，则 $|\boldsymbol{A}|=\lambda_1\lambda_2\cdots\lambda_n$.

(7) 设 n 阶矩阵 $\boldsymbol{A}$ 与 $\boldsymbol{B}$ 相似，则 $|\boldsymbol{A}|=|\boldsymbol{B}|$.

注
$$\begin{vmatrix} a & b & \cdots & b & b \\ b & a & \cdots & b & b \\ \vdots & \vdots & & \vdots & \vdots \\ b & b & \cdots & a & b \\ b & b & \cdots & b & a \end{vmatrix}_{n\times n}=[a+(n-1)b](a-b)^{n-1};$$

$$\begin{vmatrix} b & b & \cdots & b & a \\ b & b & \cdots & a & b \\ \vdots & \vdots & & \vdots & \vdots \\ b & a & \cdots & b & b \\ a & b & \cdots & b & b \end{vmatrix}_{n\times n}=(-1)^{\frac{n(n-1)}{2}}[a+(n-1)b](a-b)^{n-1}.$$

1. 设 $a \neq b$,则

$$D_n = \begin{vmatrix} 0 & a & a & \cdots & a & a \\ b & 0 & a & \cdots & a & a \\ b & b & 0 & \cdots & a & a \\ \vdots & \vdots & \vdots & & \vdots & \vdots \\ b & b & b & \cdots & 0 & a \\ b & b & b & \cdots & b & 0 \end{vmatrix} = \underline{\qquad\qquad}.$$

解

将 D_n 的第 n 列的元素写成两数的和,并将 D_n 拆成两个行列式之和.

$$D_n = \begin{vmatrix} 0 & a & a & \cdots & a & a+0 \\ b & 0 & a & \cdots & a & a+0 \\ b & b & 0 & \cdots & a & a+0 \\ \vdots & \vdots & \vdots & & \vdots & \vdots \\ b & b & b & \cdots & 0 & a+0 \\ b & b & b & \cdots & b & a-a \end{vmatrix}$$

$$= \begin{vmatrix} 0 & a & a & \cdots & a & a \\ b & 0 & a & \cdots & a & a \\ b & b & 0 & \cdots & a & a \\ \vdots & \vdots & \vdots & & \vdots & \vdots \\ b & b & b & \cdots & 0 & a \\ b & b & b & \cdots & b & a \end{vmatrix} + \begin{vmatrix} 0 & a & a & \cdots & a & 0 \\ b & 0 & a & \cdots & a & 0 \\ b & b & 0 & \cdots & a & 0 \\ \vdots & \vdots & \vdots & & \vdots & \vdots \\ b & b & b & \cdots & 0 & 0 \\ b & b & b & \cdots & b & -a \end{vmatrix}.$$

上式第一个行列式,将第 i 行乘 -1 加到第 $i-1$ 行,$i=2,3,\cdots,n$,再按第 n 列展开,第二个行列式按第 n 列展开,得

$$D_n = \begin{vmatrix} -b & a & 0 & \cdots & 0 & 0 \\ 0 & -b & a & \cdots & 0 & 0 \\ 0 & 0 & -b & \cdots & 0 & 0 \\ \vdots & \vdots & \vdots & & \vdots & \vdots \\ 0 & 0 & 0 & \cdots & -b & 0 \\ b & b & b & \cdots & b & a \end{vmatrix} - aD_{n-1}$$

$$= a(-b)^{n-1} - aD_{n-1}.$$

由上述递推关系，直接递推得

$$
\begin{aligned}
D_n&=(-1)^{n-1}ab^{n-1}-aD_{n-1}=(-1)^{n-1}ab^{n-1}-a\left[(-1)^{n-2}ab^{n-2}-aD_{n-2}\right]\\
&=(-1)^{n-1}ab^{n-1}+(-1)^{n-1}a^2b^{n-2}-a^2D_{n-2}=\cdots\\
&=(-1)^{n-1}ab(b^{n-2}+ab^{n-3}+a^2b^{n-4}+\cdots+a^{n-3}b+a^{n-2}).
\end{aligned}
$$

或者，因 $D_n^{\mathrm{T}}=D_n$（行列互换，行列式的值不变），所以当 $a\neq b$ 时，还有关系 $D_n=(-1)^{n-1}ba^{n-1}-bD_{n-1}$，解方程组

$$
\begin{cases}D_n=(-1)^{n-1}ab^{n-1}-aD_{n-1},\\ D_n=(-1)^{n-1}ba^{n-1}-bD_{n-1},\end{cases}
$$

得

$$(b-a)D_n=(-1)^{n-1}(ab^n-ba^n),$$

$$D_n=(-1)^{n-1}\frac{(ab^n-ba^n)}{b-a}=(-1)^{n-1}ab(b^{n-2}+ab^{n-3}+\cdots+a^{n-3}b+a^{n-2}).$$

2. 设 $\boldsymbol{A}=\begin{bmatrix}1&2&3\\0&4&5\\0&0&6\end{bmatrix}$，则 $|2\boldsymbol{A}^{-1}+\boldsymbol{E}|=$________.

解

解法 1　注意到 $\boldsymbol{A}$ 是上三角矩阵，其特征值为 1，4，6，故 $2\boldsymbol{A}^{-1}+\boldsymbol{E}$ 的特征值为 $2\times\frac{1}{1}+1$，$2\times\frac{1}{4}+1$，$2\times\frac{1}{6}+1$，即 3，$\frac{3}{2}$，$\frac{4}{3}$，于是 $|2\boldsymbol{A}^{-1}+\boldsymbol{E}|=3\times\frac{3}{2}\times\frac{4}{3}=6$.

解法 2　考虑单位矩阵 $\boldsymbol{E}$ 恒等变形，且 $|\boldsymbol{A}|=24$，即

$$
\begin{aligned}
|2\boldsymbol{A}^{-1}+\boldsymbol{E}|&=|2\boldsymbol{A}^{-1}+\boldsymbol{A}^{-1}\boldsymbol{A}|=|\boldsymbol{A}^{-1}(2\boldsymbol{E}+\boldsymbol{A})|\\
&=|\boldsymbol{A}^{-1}|\cdot|2\boldsymbol{E}+\boldsymbol{A}|=\frac{1}{24}\times3\times6\times8=6.
\end{aligned}
$$

3. 设 $\boldsymbol{A},\boldsymbol{B}$ 均是 n 阶矩阵，满足 $\boldsymbol{A}^2=\boldsymbol{E}$，$\boldsymbol{B}^2=\boldsymbol{E}$，且 $|\boldsymbol{A}|+|\boldsymbol{B}|=0$，则 $|\boldsymbol{A}+\boldsymbol{B}|=$________.

解

$$|\boldsymbol{A}+\boldsymbol{B}|=|\boldsymbol{AE}+\boldsymbol{EB}|=|\boldsymbol{AB}^2+\boldsymbol{A}^2\boldsymbol{B}|=|\boldsymbol{A}(\boldsymbol{B}+\boldsymbol{A})\boldsymbol{B}|=|\boldsymbol{A}|\cdot|\boldsymbol{B}|\cdot|\boldsymbol{B}+\boldsymbol{A}|.$$

注意到 $\boldsymbol{A}^2=\boldsymbol{E}$，$\boldsymbol{B}^2=\boldsymbol{E}\Rightarrow|\boldsymbol{A}|=\pm1$，$|\boldsymbol{B}|=\pm1$，而 $|\boldsymbol{A}|+|\boldsymbol{B}|=0\Rightarrow|\boldsymbol{A}|\cdot|\boldsymbol{B}|=-1$.

所以 $|\boldsymbol{A}+\boldsymbol{B}|=-|\boldsymbol{A}+\boldsymbol{B}|$，从而 $|\boldsymbol{A}+\boldsymbol{B}|=0$.

4. 设矩阵 $\boldsymbol{A}=\begin{bmatrix}2&1&0\\1&2&0\\0&0&1\end{bmatrix}$，矩阵 $\boldsymbol{B}$ 满足 $\boldsymbol{ABA}^*=2\boldsymbol{BA}^*+\boldsymbol{E}$，则 $|\boldsymbol{B}|=$________.

解

由于 $|\boldsymbol{A}|=\begin{vmatrix}2&1&0\\1&2&0\\0&0&1\end{vmatrix}=3$，又 $\boldsymbol{AA}^*=\boldsymbol{A}^*\boldsymbol{A}=|\boldsymbol{A}|\boldsymbol{E}$，则对题中矩阵方程右乘 $\boldsymbol{A}$ 得

$$3\boldsymbol{AB}-6\boldsymbol{B}=\boldsymbol{A}，即\ 3(\boldsymbol{A}-2\boldsymbol{E})\boldsymbol{B}=\boldsymbol{A}.$$

两端取行列式有 $|3(\boldsymbol{A}-2\boldsymbol{E})|\cdot|\boldsymbol{B}|=|\boldsymbol{A}|=3$，即 $27|\boldsymbol{A}-2\boldsymbol{E}|\cdot|\boldsymbol{B}|=3$.

因为 $|\boldsymbol{A}-2\boldsymbol{E}|=\begin{vmatrix}0&1&0\\1&0&0\\0&0&-1\end{vmatrix}=1$，所以 $|\boldsymbol{B}|=\dfrac{1}{9}$.

5. 已知 $\begin{vmatrix}a_1&b_1&c_1\\a_2&b_2&c_2\\a_3&b_3&c_3\end{vmatrix}=3$，则 $\begin{vmatrix}\lambda a_1+\mu b_1&\lambda b_1+\mu c_1&\lambda c_1+\mu a_1\\\lambda a_2+\mu b_2&\lambda b_2+\mu c_2&\lambda c_2+\mu a_2\\\lambda a_3+\mu b_3&\lambda b_3+\mu c_3&\lambda c_3+\mu a_3\end{vmatrix}=$________.

解

设 $\boldsymbol{A}=\begin{bmatrix}a_1&b_1&c_1\\a_2&b_2&c_2\\a_3&b_3&c_3\end{bmatrix}=(\boldsymbol{\alpha}_1,\boldsymbol{\alpha}_2,\boldsymbol{\alpha}_3)$，则 $|\boldsymbol{A}|=3$，且

$$\begin{vmatrix}\lambda a_1+\mu b_1&\lambda b_1+\mu c_1&\lambda c_1+\mu a_1\\\lambda a_2+\mu b_2&\lambda b_2+\mu c_2&\lambda c_2+\mu a_2\\\lambda a_3+\mu b_3&\lambda b_3+\mu c_3&\lambda c_3+\mu a_3\end{vmatrix}=|\lambda\boldsymbol{\alpha}_1+\mu\boldsymbol{\alpha}_2,\lambda\boldsymbol{\alpha}_2+\mu\boldsymbol{\alpha}_3,\lambda\boldsymbol{\alpha}_3+\mu\boldsymbol{\alpha}_1|$$

$$=\left|(\boldsymbol{\alpha}_1,\boldsymbol{\alpha}_2,\boldsymbol{\alpha}_3)\begin{bmatrix}\lambda&0&\mu\\\mu&\lambda&0\\0&\mu&\lambda\end{bmatrix}\right|$$

$$=|\boldsymbol{A}|\begin{vmatrix}\lambda&0&\mu\\\mu&\lambda&0\\0&\mu&\lambda\end{vmatrix}=3(\lambda^3+\mu^3).$$

专题二 逆矩阵与伴随矩阵

解题要点

1. 设 $\boldsymbol{A},\boldsymbol{B}$ 是 n 阶矩阵，$\boldsymbol{E}$ 是 n 阶单位矩阵，若 $\boldsymbol{AB}=\boldsymbol{E}$，则称 $\boldsymbol{A}$ 是可逆的，$\boldsymbol{B}$ 是 $\boldsymbol{A}$ 的逆矩阵，记为 $\boldsymbol{A}^{-1}=\boldsymbol{B}$.

2. 设 $\boldsymbol{A}=\begin{bmatrix} a_{11} & a_{12} & \cdots & a_{1n} \\ a_{21} & a_{22} & \cdots & a_{2n} \\ \vdots & \vdots & & \vdots \\ a_{n1} & a_{n2} & \cdots & a_{nn} \end{bmatrix}$，则 $\boldsymbol{A}^*=\begin{bmatrix} A_{11} & A_{21} & \cdots & A_{n1} \\ A_{12} & A_{22} & \cdots & A_{n2} \\ \vdots & \vdots & & \vdots \\ A_{1n} & A_{2n} & \cdots & A_{nn} \end{bmatrix}$，且 $\boldsymbol{AA}^*=\boldsymbol{A}^*\boldsymbol{A}=|\boldsymbol{A}|\boldsymbol{E}$.

3. 性质.

(1) $(\boldsymbol{A}^{-1})^{-1}=\boldsymbol{A}$.

(2) $(k\boldsymbol{A})^{-1}=\dfrac{1}{k}\boldsymbol{A}^{-1}(k\neq 0)$.

(3) $(\boldsymbol{AB})^{-1}=\boldsymbol{B}^{-1}\boldsymbol{A}^{-1}$($\boldsymbol{A},\boldsymbol{B}$ 可逆).

(4) $|\boldsymbol{A}^{-1}|=|\boldsymbol{A}|^{-1}$.

特别注意：$(\boldsymbol{A}+\boldsymbol{B})^{-1}\neq\boldsymbol{A}^{-1}+\boldsymbol{B}^{-1}$.

(5) $(\boldsymbol{A}^*)^*=|\boldsymbol{A}|^{n-2}\boldsymbol{A}$.

(6) $(k\boldsymbol{A})^*=k^{n-1}\boldsymbol{A}^*$.

(7) $(\boldsymbol{AB})^*=\boldsymbol{B}^*\boldsymbol{A}^*$.

特别注意：$(\boldsymbol{A}+\boldsymbol{B})^*\neq\boldsymbol{A}^*+\boldsymbol{B}^*$.

(8) $|\boldsymbol{A}^*|=|\boldsymbol{A}|^{n-1}$.

4. 求法.

(1)（用定义）设 $\boldsymbol{A},\boldsymbol{B}$ 都是 n 阶矩阵，若 $\boldsymbol{AB}=\boldsymbol{E}$，则 $\boldsymbol{A}^{-1}=\boldsymbol{B}$.

(2)（用伴随矩阵）若$|A|\neq 0$，则$A^{-1}=\dfrac{A^*}{|A|}$.

(3)（用初等变换）$(A\,\vdots\,E)\xrightarrow{r}(E\,\vdots\,A^{-1})$；$\begin{bmatrix}A\\ \cdots\\ E\end{bmatrix}\xrightarrow{c}\begin{bmatrix}E\\ \cdots\\ A^{-1}\end{bmatrix}$.

(4)（用分块矩阵的性质）$\begin{bmatrix}A & O\\ O & B\end{bmatrix}^{-1}=\begin{bmatrix}A^{-1} & O\\ O & B^{-1}\end{bmatrix}$；$\begin{bmatrix}O & A\\ B & O\end{bmatrix}^{-1}=\begin{bmatrix}O & B^{-1}\\ A^{-1} & O\end{bmatrix}$.

(5)（用定义）先求A_{ij}，再拼成A^*.

如 2 阶矩阵$A=\begin{bmatrix}a & b\\ c & d\end{bmatrix}$，则$A^*=\begin{bmatrix}d & -b\\ -c & a\end{bmatrix}$.（主对调，副变号）

(6)（用公式）若A可逆，则$A^*=|A|A^{-1}$.

5. 证明可逆的方法.

n阶矩阵A可逆$\Leftrightarrow|A|\neq 0\Leftrightarrow r(A)=n\Leftrightarrow A$的列（行）向量组线性无关$\Leftrightarrow Ax=\mathbf{0}$只有零解$\Leftrightarrow 0$不是$A$的特征值.

有时也可考虑用反证法证明矩阵可逆.

注　设$\alpha=\begin{bmatrix}1\\2\\3\end{bmatrix}$，$\beta=\begin{bmatrix}1\\3\\4\end{bmatrix}$，分别计算$\alpha\beta^{\mathrm T}$，$\beta\alpha^{\mathrm T}$，$\alpha\alpha^{\mathrm T}$及$\beta^{\mathrm T}\alpha$，$\alpha^{\mathrm T}\beta$，$\alpha^{\mathrm T}\alpha$.

解　$\alpha\beta^{\mathrm T}=\begin{bmatrix}1\\2\\3\end{bmatrix}(1,3,4)=\begin{bmatrix}1 & 3 & 4\\ 2 & 6 & 8\\ 3 & 9 & 12\end{bmatrix}$，这是一个任意两行（列）都成比例的方阵；

$\beta\alpha^{\mathrm T}=\begin{bmatrix}1\\3\\4\end{bmatrix}(1,2,3)=\begin{bmatrix}1 & 2 & 3\\ 3 & 6 & 9\\ 4 & 8 & 12\end{bmatrix}$，这是一个任意两行（列）都成比例的方阵；

$\alpha\alpha^{\mathrm T}=\begin{bmatrix}1\\2\\3\end{bmatrix}(1,2,3)=\begin{bmatrix}1 & 2 & 3\\ 2 & 4 & 6\\ 3 & 6 & 9\end{bmatrix}$，这是一个任意两行（列）都成比例的方阵.

小结：以上三个符号（$\alpha\beta^{\mathrm T}$，$\beta\alpha^{\mathrm T}$，$\alpha\alpha^{\mathrm T}$）都是列向量在前、行向量在后，其结果都是一个任意两行（列）都成比例（秩为 1）的方阵，且该方阵三行之比就是左端的列向量，该方阵三列之比就是左端的行向量，也就是说秩为 1 的方阵总可以分解为一个列向量与一个行向量的乘积.

$$\boldsymbol{\beta}^{\mathrm{T}}\boldsymbol{\alpha}=(1,3,4)\begin{bmatrix}1\\2\\3\end{bmatrix}=1+6+12=19,$$

这是一个数,且该数就是上述方阵 $\boldsymbol{\alpha\beta}^{\mathrm{T}}$ 或 $\boldsymbol{\beta\alpha}^{\mathrm{T}}$ 的主对角线元素之和;

$$\boldsymbol{\alpha}^{\mathrm{T}}\boldsymbol{\beta}=(1,2,3)\begin{bmatrix}1\\3\\4\end{bmatrix}=1+6+12=19,$$

这是一个数,且该数就是上述方阵 $\boldsymbol{\alpha\beta}^{\mathrm{T}}$ 或 $\boldsymbol{\beta\alpha}^{\mathrm{T}}$ 的主对角线元素之和;

$$\boldsymbol{\alpha}^{\mathrm{T}}\boldsymbol{\alpha}=(1,2,3)\begin{bmatrix}1\\2\\3\end{bmatrix}=1+4+9=14,$$

这是一个数,且该数就是上述方阵 $\boldsymbol{\alpha\alpha}^{\mathrm{T}}$ 的主对角线元素之和.

小结:以上三个符号($\boldsymbol{\beta}^{\mathrm{T}}\boldsymbol{\alpha},\boldsymbol{\alpha}^{\mathrm{T}}\boldsymbol{\beta},\boldsymbol{\alpha}^{\mathrm{T}}\boldsymbol{\alpha}$)都是行向量在前、列向量在后,其结果都是一个数.

1.(1)设 $\boldsymbol{A}=\begin{bmatrix}3&1&0&0&0\\0&3&1&0&0\\0&0&3&0&0\\0&0&0&3&-1\\0&0&0&-9&3\end{bmatrix}$,则 $\boldsymbol{A}^n=$________;

(2)设 $2\boldsymbol{CA}-2\boldsymbol{AB}=\boldsymbol{C}-\boldsymbol{B}$,其中 $\boldsymbol{A}=\begin{bmatrix}2&1&0\\2&2&0\\0&0&1\end{bmatrix}$,$\boldsymbol{B}=\begin{bmatrix}1&0&0\\0&-1&0\\0&0&2\end{bmatrix}$,则 $\boldsymbol{C}^5=$________.

解

(1)对 $\boldsymbol{A}$ 分块为 $\begin{bmatrix}\boldsymbol{B}&\boldsymbol{O}\\\boldsymbol{O}&\boldsymbol{C}\end{bmatrix}$,则 $\boldsymbol{A}^n=\begin{bmatrix}\boldsymbol{B}^n&\boldsymbol{O}\\\boldsymbol{O}&\boldsymbol{C}^n\end{bmatrix}$,其中 $\boldsymbol{B}=\begin{bmatrix}3&1&\\&3&1\\&&3\end{bmatrix}$,$\boldsymbol{C}=\begin{bmatrix}3&-1\\-9&3\end{bmatrix}$,则 $\boldsymbol{B}=3\boldsymbol{E}+\boldsymbol{J}$,由于 $\boldsymbol{J}^3=\boldsymbol{J}^4=\cdots=\boldsymbol{O}$,于是

$$B^n=(3E+J)^n=3^nE+C_n^1 3^{n-1}J+C_n^2 3^{n-2}J^2.$$

而 $$C=\begin{bmatrix}1\\-3\end{bmatrix}(3,-1),C^2=6C,\cdots,C^n=6^{n-1}C,$$

所以 $$A^n=\begin{bmatrix}3^n & C_n^1\cdot 3^{n-1} & C_n^2\cdot 3^{n-2} & 0 & 0\\ 0 & 3^n & C_n^1\cdot 3^{n-1} & 0 & 0\\ 0 & 0 & 3^n & 0 & 0\\ 0 & 0 & 0 & 3\cdot 6^{n-1} & -6^{n-1}\\ 0 & 0 & 0 & -9\cdot 6^{n-1} & 3\cdot 6^{n-1}\end{bmatrix}.$$

(2) 由 $2CA-2AB=C-B$,得 $2CA-C=2AB-B$,即 $C(2A-E)=(2A-E)B$,

其中 $2A-E=\begin{bmatrix}3&2&0\\4&3&0\\0&0&1\end{bmatrix}$是可逆的,且$(2A-E)^{-1}=\begin{bmatrix}3&-2&0\\-4&3&0\\0&0&1\end{bmatrix}$,故

$$C=(2A-E)B(2A-E)^{-1},$$

则 $$C^5=(2A-E)B^5(2A-E)^{-1}$$

$$=\begin{bmatrix}3&2&0\\4&3&0\\0&0&1\end{bmatrix}\begin{bmatrix}1&0&0\\0&-1&0\\0&0&2^5\end{bmatrix}\begin{bmatrix}3&-2&0\\-4&3&0\\0&0&1\end{bmatrix}$$

$$=\begin{bmatrix}17&-12&0\\24&-17&0\\0&0&32\end{bmatrix}.$$

2. 已知 $\boldsymbol{\alpha},\boldsymbol{\beta}$ 都是 3 维列向量,$A=E+\boldsymbol{\alpha}\boldsymbol{\beta}^{\mathrm{T}}$,$E$ 为 3 阶单位矩阵,且 $\boldsymbol{\beta}^{\mathrm{T}}\boldsymbol{\alpha}=3$,则 $A^{-1}=$______.

解

注意到 $\boldsymbol{\beta}^{\mathrm{T}}\boldsymbol{\alpha}=3$,$\boldsymbol{\alpha}\boldsymbol{\beta}^{\mathrm{T}}=A-E$,则 $\boldsymbol{\alpha}\boldsymbol{\beta}^{\mathrm{T}}\boldsymbol{\alpha}\boldsymbol{\beta}^{\mathrm{T}}=(A-E)^2=3(A-E)$,即 $A^2-5A+4E=O$,于是 $A\dfrac{5E-A}{4}=E$,所以 $A^{-1}=\dfrac{5E-A}{4}$.

3. 已知 n 阶行列式 $|\boldsymbol{A}|=\begin{vmatrix}0&1&0&\cdots&0\\0&0&2&\cdots&0\\\vdots&\vdots&\vdots&&\vdots\\0&0&0&\cdots&n-1\\n&0&0&\cdots&0\end{vmatrix}$，则 $|\boldsymbol{A}|$ 的第 k 行代数余子式的和 $A_{k1}+A_{k2}+\cdots+A_{kn}=$__________.

解

若依次求每个代数余子式再求和，这很麻烦.我们知道，代数余子式与伴随矩阵 $\boldsymbol{A}^*$ 有密切的联系，而 $\boldsymbol{A}^*$ 与 $\boldsymbol{A}^{-1}$ 又密不可分.对于 $\boldsymbol{A}$ 用分块技巧，很容易求出 $\boldsymbol{A}^{-1}$.由于

$$\boldsymbol{A}=\begin{bmatrix}\boldsymbol{0}&\boldsymbol{B}\\\boldsymbol{C}&\boldsymbol{0}\end{bmatrix}，其中\ \boldsymbol{B}=\begin{bmatrix}1&&&\\&2&&\\&&\ddots&\\&&&n-1\end{bmatrix}，\boldsymbol{C}=(n).$$

于是
$$\boldsymbol{A}^{-1}=\begin{bmatrix}&\boldsymbol{C}^{-1}\\\boldsymbol{B}^{-1}&\end{bmatrix}=\begin{bmatrix}0&0&\cdots&0&\frac{1}{n}\\1&0&\cdots&0&0\\0&\frac{1}{2}&\cdots&0&0\\\vdots&\vdots&&\vdots&\vdots\\0&0&\cdots&\frac{1}{n-1}&0\end{bmatrix}\ 及\ |\boldsymbol{A}|=(-1)^{n-1}n!.$$

又因 $\boldsymbol{A}^*=|\boldsymbol{A}|\boldsymbol{A}^{-1}$，那么

$$\begin{bmatrix}A_{11}&\cdots&A_{k1}&\cdots&A_{n1}\\A_{12}&\cdots&A_{k2}&\cdots&A_{n2}\\\vdots&&\vdots&&\vdots\\A_{1n}&\cdots&A_{kn}&\cdots&A_{nn}\end{bmatrix}=(-1)^{n-1}n!\begin{bmatrix}0&0&\cdots&0&\frac{1}{n}\\1&0&\cdots&0&0\\0&\frac{1}{2}&\cdots&0&0\\\vdots&\vdots&&\vdots&\vdots\\0&0&\cdots&\frac{1}{n-1}&0\end{bmatrix}.$$

可见
$$A_{k1}+A_{k2}+\cdots+A_{kn}=\frac{(-1)^{n-1}n!}{k}.$$

4. 设矩阵 $\boldsymbol{A}$ 的伴随矩阵

$$\boldsymbol{A}^*=\begin{bmatrix}1&0&0&0\\0&1&0&0\\1&0&1&0\\0&-3&0&8\end{bmatrix},$$

且满足 $\boldsymbol{ABA}^{-1}=\boldsymbol{BA}^{-1}+3\boldsymbol{E}$,则矩阵 $\boldsymbol{B}=$________.

解

由题设条件得

$$(\boldsymbol{A}-\boldsymbol{E})\boldsymbol{BA}^{-1}=3\boldsymbol{E},$$

$$\begin{aligned}\boldsymbol{B}&=3(\boldsymbol{A}-\boldsymbol{E})^{-1}\boldsymbol{A}=3(\boldsymbol{A}-\boldsymbol{E})^{-1}(\boldsymbol{A}^{-1})^{-1}\\&=3[\boldsymbol{A}^{-1}(\boldsymbol{A}-\boldsymbol{E})]^{-1}=3(\boldsymbol{E}-\boldsymbol{A}^{-1})^{-1}=3\left(\boldsymbol{E}-\frac{1}{|\boldsymbol{A}|}\boldsymbol{A}^*\right)^{-1},\end{aligned}$$

其中 $\boldsymbol{AA}^*=|\boldsymbol{A}|\boldsymbol{E}$, $|\boldsymbol{A}^*|=|\boldsymbol{A}|^3=8$, $|\boldsymbol{A}|=2$.

故 $$\boldsymbol{B}=3\left(\boldsymbol{E}-\frac{1}{2}\boldsymbol{A}^*\right)^{-1}=3\left[\frac{1}{2}(2\boldsymbol{E}-\boldsymbol{A}^*)\right]^{-1}=6(2\boldsymbol{E}-\boldsymbol{A}^*)^{-1}.$$

$$2\boldsymbol{E}-\boldsymbol{A}^*=\begin{bmatrix}1&0&0&0\\0&1&0&0\\-1&0&1&0\\0&3&0&-6\end{bmatrix},(2\boldsymbol{E}-\boldsymbol{A}^*)^{-1}=\begin{bmatrix}1&0&0&0\\0&1&0&0\\1&0&1&0\\0&\frac{1}{2}&0&-\frac{1}{6}\end{bmatrix},$$

从而得 $$\boldsymbol{B}=\begin{bmatrix}6&0&0&0\\0&6&0&0\\6&0&6&0\\0&3&0&-1\end{bmatrix}.$$

专题三 矩阵的初等变换

解题要点

初等矩阵具有以下性质：

(1) 初等矩阵 $\boldsymbol{P}$ 左(右)乘 $\boldsymbol{A}$，所得 $\boldsymbol{PA}(\boldsymbol{AP})$ 就是对矩阵 $\boldsymbol{A}$ 作了一次与 $\boldsymbol{P}$ 同样的初等行(列)变换(这里"与 $\boldsymbol{P}$ 同样的初等行(列)变换"是指由单位矩阵 $\boldsymbol{E}$ 变成初等矩阵 $\boldsymbol{P}$ 时所用的变换).

(2) 初等矩阵都是可逆的，且其逆仍是同类型的初等矩阵，即

$$\boldsymbol{E}_{ij}^{-1}=\boldsymbol{E}_{ij};\boldsymbol{E}_{i}^{-1}(k)=\boldsymbol{E}_{i}\left(\frac{1}{k}\right);\boldsymbol{E}_{ij}^{-1}(k)=\boldsymbol{E}_{ij}(-k).$$

如
$$\begin{bmatrix}0&1&0\\1&0&0\\0&0&1\end{bmatrix}^{-1}=\begin{bmatrix}0&1&0\\1&0&0\\0&0&1\end{bmatrix},\begin{bmatrix}1&0&0\\0&1&0\\0&0&-2\end{bmatrix}^{-1}=\begin{bmatrix}1&0&0\\0&1&0\\0&0&-\frac{1}{2}\end{bmatrix},$$

$$\begin{bmatrix}1&0&0\\-5&1&0\\0&0&1\end{bmatrix}^{-1}=\begin{bmatrix}1&0&0\\5&1&0\\0&0&1\end{bmatrix}.$$

(3) 若 $\boldsymbol{A}$ 可逆，则 $\boldsymbol{A}$ 可写成若干初等矩阵乘积的形式，即 $\boldsymbol{A}=\boldsymbol{P}_1\boldsymbol{P}_2\cdots\boldsymbol{P}_s$，这里 $\boldsymbol{P}_i(i=1,2,\cdots,s)$ 都是初等矩阵.

1. 设 $\boldsymbol{A}$ 是 n 阶$(n\geqslant2)$可逆矩阵，交换 $\boldsymbol{A}$ 的第 1 行与第 2 行得 $\boldsymbol{B}$，则(　　).

(A) 交换 $\boldsymbol{A}^*$ 的第 1 列与第 2 列得 $\boldsymbol{B}^*$

(B) 交换 $\boldsymbol{A}^*$ 的第 1 行与第 2 行得 $\boldsymbol{B}^*$

(C) 交换 $\boldsymbol{A}^*$ 的第 1 列与第 2 列得 $-\boldsymbol{B}^*$

(D) 交换 $\boldsymbol{A}^*$ 的第 1 行与第 2 行得 $-\boldsymbol{B}^*$

解

由题设知$\boldsymbol{B}=\boldsymbol{E}_{12}\boldsymbol{A}$,其中$\boldsymbol{E}_{12}$是将矩阵第1行(列)与第2行(列)交换的初等变换所对应的初等矩阵,因而有

$$\boldsymbol{B}^{-1}=\boldsymbol{A}^{-1}\boldsymbol{E}_{12}^{-1}.$$

由于

$$\boldsymbol{E}_{12}^{-1}=\boldsymbol{E}_{12},\boldsymbol{B}^{-1}=\frac{1}{|\boldsymbol{B}|}\boldsymbol{B}^*,\boldsymbol{A}^{-1}=\frac{1}{|\boldsymbol{A}|}\boldsymbol{A}^*,$$

且$|\boldsymbol{B}|=-|\boldsymbol{A}|$,所以

$$-\boldsymbol{B}^*=\boldsymbol{A}^*\boldsymbol{E}_{12},$$

而$\boldsymbol{E}_{12}$右乘$\boldsymbol{A}^*$,即将$\boldsymbol{A}^*$的第1列与第2列交换.因而选项(C)是正确的.

2. 设$\boldsymbol{A}=\begin{bmatrix}a_{11}&a_{12}&a_{13}\\a_{21}&a_{22}&a_{23}\\a_{31}&a_{32}&a_{33}\end{bmatrix}$,$\boldsymbol{B}=\begin{bmatrix}a_{12}&a_{11}&a_{13}-2a_{11}\\a_{22}&a_{21}&a_{23}-2a_{21}\\a_{32}&a_{31}&a_{33}-2a_{31}\end{bmatrix}$,且$|\boldsymbol{A}|=3$,则$\boldsymbol{A}^*\boldsymbol{B}=$________.

解

先将$\boldsymbol{A}$的第1列的-2倍加到第3列,再将所得矩阵互换1,2两列得$\boldsymbol{B}$.

故$\boldsymbol{B}=\boldsymbol{A}\begin{bmatrix}1&0&-2\\0&1&0\\0&0&1\end{bmatrix}\begin{bmatrix}0&1&0\\1&0&0\\0&0&1\end{bmatrix}$,所以

$$\boldsymbol{A}^*\boldsymbol{B}=\boldsymbol{A}^*\boldsymbol{A}\begin{bmatrix}1&0&-2\\0&1&0\\0&0&1\end{bmatrix}\begin{bmatrix}0&1&0\\1&0&0\\0&0&1\end{bmatrix}=|\boldsymbol{A}|\begin{bmatrix}1&0&-2\\0&1&0\\0&0&1\end{bmatrix}\begin{bmatrix}0&1&0\\1&0&0\\0&0&1\end{bmatrix}=3\begin{bmatrix}0&1&-2\\1&0&0\\0&0&1\end{bmatrix}.$$

专题四 线性相关、线性无关

解题要点

给定 n 维向量组 $\boldsymbol{\alpha}_1,\boldsymbol{\alpha}_2,\cdots,\boldsymbol{\alpha}_m$，若存在一组不全为零的数 $k_1,k_2,\cdots,k_m$，使 $k_1\boldsymbol{\alpha}_1+k_2\boldsymbol{\alpha}_2+\cdots+k_m\boldsymbol{\alpha}_m=\mathbf{0}$，则称 n 维向量组 $\boldsymbol{\alpha}_1,\boldsymbol{\alpha}_2,\cdots,\boldsymbol{\alpha}_m$ 线性相关.

1. n 维向量组 $\boldsymbol{\alpha}_1,\boldsymbol{\alpha}_2,\cdots,\boldsymbol{\alpha}_m$ 线性相关

$\Leftrightarrow$齐次线性方程组 $(\boldsymbol{\alpha}_1,\boldsymbol{\alpha}_2,\cdots,\boldsymbol{\alpha}_m)\boldsymbol{x}=\mathbf{0}$ 有非零解

$\Leftrightarrow r(\boldsymbol{\alpha}_1,\boldsymbol{\alpha}_2,\cdots,\boldsymbol{\alpha}_m)<m$（向量个数、未知数个数）.

特殊地，向量个数=向量维数时，可通过计算行列式是否为零来判断其线性相关或线性无关.

2. n 维向量组 $\boldsymbol{\alpha}_1,\boldsymbol{\alpha}_2,\cdots,\boldsymbol{\alpha}_m$ 线性相关的充分条件.

（1）含有零向量或成比例的向量.

（2）向量个数 m 大于向量维数 n.

（3）向量组中有一个部分组线性相关.

（4）n 维向量组 $\boldsymbol{\alpha}_1,\boldsymbol{\alpha}_2,\cdots,\boldsymbol{\alpha}_m$ 可被少数的 n 维向量组 $\boldsymbol{\beta}_1,\boldsymbol{\beta}_2,\cdots,\boldsymbol{\beta}_t\,(m>t)$ 线性表示.

3. 设列向量组 $\boldsymbol{\alpha}_1,\boldsymbol{\alpha}_2,\boldsymbol{\alpha}_3$ 线性无关，且

$$\boldsymbol{\beta}_1=a_1\boldsymbol{\alpha}_1+a_2\boldsymbol{\alpha}_2+a_3\boldsymbol{\alpha}_3,$$

$$\boldsymbol{\beta}_2=b_1\boldsymbol{\alpha}_1+b_2\boldsymbol{\alpha}_2+b_3\boldsymbol{\alpha}_3,$$

$$\boldsymbol{\beta}_3=c_1\boldsymbol{\alpha}_1+c_2\boldsymbol{\alpha}_2+c_3\boldsymbol{\alpha}_3,$$

则 $\boldsymbol{\beta}_1,\boldsymbol{\beta}_2,\boldsymbol{\beta}_3$ 线性无关 $\Leftrightarrow \begin{vmatrix} a_1 & b_1 & c_1 \\ a_2 & b_2 & c_2 \\ a_3 & b_3 & b_3 \end{vmatrix} \neq 0.$

1. 设 λ_1,λ_2 是矩阵 $\boldsymbol{A}$ 的两个不同特征值，对应的特征向量分别为 $\boldsymbol{\alpha}_1,\boldsymbol{\alpha}_2$，则 $\boldsymbol{\alpha}_2,\boldsymbol{A}^2(\boldsymbol{\alpha}_1+\boldsymbol{\alpha}_2)$

线性无关的充分必要条件是(　　).

(A) $\lambda_1 \neq 0$　　(B) $\lambda_2 \neq 0$　　(C) $\lambda_1 = 0$　　(D) $\lambda_2 = 0$

解

$$\boldsymbol{A}^2(\boldsymbol{\alpha}_1+\boldsymbol{\alpha}_2)=\boldsymbol{A}^2\boldsymbol{\alpha}_1+\boldsymbol{A}^2\boldsymbol{\alpha}_2=\lambda_1^2\boldsymbol{\alpha}_1+\lambda_2^2\boldsymbol{\alpha}_2,$$

于是问题转化成已知 $\boldsymbol{\alpha}_1,\boldsymbol{\alpha}_2$线性无关(因为特征值 λ_1,λ_2不同),讨论 $\boldsymbol{\alpha}_2,\lambda_1^2\boldsymbol{\alpha}_1+\lambda_2^2\boldsymbol{\alpha}_2$ 何时线性无关,根据解题要点 3 知 $\boldsymbol{\alpha}_2,\lambda_1^2\boldsymbol{\alpha}_1+\lambda_2^2\boldsymbol{\alpha}_2$ 线性无关$\Leftrightarrow \begin{vmatrix} 0 & \lambda_1^2 \\ 1 & \lambda_2^2 \end{vmatrix} \neq 0$,即 $\lambda_1^2 \neq 0$,亦即 $\lambda_1 \neq 0$.

2. 设 $\boldsymbol{A}$ 是 n 阶矩阵,$\boldsymbol{\alpha}_i(i=1,2,\cdots,n)$为 n 维非零向量,且有 $\boldsymbol{A}\boldsymbol{\alpha}_i=\boldsymbol{\alpha}_{i+1}$,$1 \leqslant i<n$,$\boldsymbol{A}\boldsymbol{\alpha}_n=\boldsymbol{0}$,证明向量组 $\boldsymbol{\alpha}_1,\boldsymbol{\alpha}_2,\cdots,\boldsymbol{\alpha}_n$线性无关.

证明

考察

$$k_1\boldsymbol{\alpha}_1+k_2\boldsymbol{\alpha}_2+\cdots+k_n\boldsymbol{\alpha}_n=\boldsymbol{0}, \tag{$*$}$$

因 $\boldsymbol{A}\boldsymbol{\alpha}_i=\boldsymbol{\alpha}_{i+1}$,$1 \leqslant i<n$,故

$$\boldsymbol{A}\boldsymbol{\alpha}_1=\boldsymbol{\alpha}_2,\boldsymbol{A}^2\boldsymbol{\alpha}_1=\boldsymbol{A}\boldsymbol{\alpha}_2=\boldsymbol{\alpha}_3,\cdots,$$

$$\boldsymbol{A}^{n-1}\boldsymbol{\alpha}_1=\boldsymbol{A}^{n-2}\boldsymbol{\alpha}_2=\cdots=\boldsymbol{A}\boldsymbol{\alpha}_{n-1}=\boldsymbol{\alpha}_n,$$

$$\boldsymbol{A}^{n-1}\boldsymbol{\alpha}_2=\cdots=\boldsymbol{A}\boldsymbol{\alpha}_n=\boldsymbol{0}.$$

将($*$)左乘 $\boldsymbol{A}^{n-1}$,因 $\boldsymbol{A}^{n-1}\boldsymbol{\alpha}_i=\boldsymbol{0}$,$i=2,\cdots,n$,得

$$\boldsymbol{A}^{n-1}(k_1\boldsymbol{\alpha}_1+k_2\boldsymbol{\alpha}_2+\cdots+k_n\boldsymbol{\alpha}_n)=k_1\boldsymbol{A}^{n-1}\boldsymbol{\alpha}_1=k_1\boldsymbol{\alpha}_n=\boldsymbol{0}.$$

而 $\boldsymbol{\alpha}_n \neq \boldsymbol{0}$,从而得 $k_1=0$.将 $k_1=0$ 代入($*$),且左乘 $\boldsymbol{A}^{n-2}$,可得

$$\boldsymbol{A}^{n-2}(k_2\boldsymbol{\alpha}_2+k_3\boldsymbol{\alpha}_3+\cdots+k_n\boldsymbol{\alpha}_n)=k_2\boldsymbol{A}^{n-2}\boldsymbol{\alpha}_2=k_2\boldsymbol{\alpha}_n=\boldsymbol{0}.$$

而 $\boldsymbol{\alpha}_n \neq \boldsymbol{0}$.从而得 $k_2=0$.依此类推,得 $k_i=0$,$i=1,2,\cdots,n$.故向量组 $\boldsymbol{\alpha}_1,\boldsymbol{\alpha}_2,\cdots,\boldsymbol{\alpha}_n$线性无关.

3. 设 n 维列向量 $\boldsymbol{\alpha}_1,\boldsymbol{\alpha}_2,\cdots,\boldsymbol{\alpha}_{n-1}$线性无关,且与非零向量 $\boldsymbol{\beta}_1,\boldsymbol{\beta}_2$都正交.证明 $\boldsymbol{\beta}_1,\boldsymbol{\beta}_2$线性相关,$\boldsymbol{\alpha}_1,\boldsymbol{\alpha}_2,\cdots,\boldsymbol{\alpha}_{n-1},\boldsymbol{\beta}_1$线性无关.

证明

用 $\boldsymbol{\alpha}_1,\boldsymbol{\alpha}_2,\cdots,\boldsymbol{\alpha}_{n-1}$ 构造 $(n-1)\times n$ 矩阵：$\boldsymbol{A}=\begin{bmatrix}\boldsymbol{\alpha}_1^{\mathrm{T}}\\\boldsymbol{\alpha}_2^{\mathrm{T}}\\\vdots\\\boldsymbol{\alpha}_{n-1}^{\mathrm{T}}\end{bmatrix}$. 因为 $\boldsymbol{\beta}_1$ 与每个 $\boldsymbol{\alpha}_i$ 都正交，有 $\boldsymbol{\alpha}_i^{\mathrm{T}}\boldsymbol{\beta}_1=0$，进而 $\boldsymbol{A}\boldsymbol{\beta}_1=\boldsymbol{0}$，即 $\boldsymbol{\beta}_1$ 是齐次方程组 $\boldsymbol{Ax}=\boldsymbol{0}$ 的非零解. 同理 $\boldsymbol{\beta}_2$ 也是 $\boldsymbol{Ax}=\boldsymbol{0}$ 的解.

又因 $r(\boldsymbol{A})=r(\boldsymbol{\alpha}_1,\boldsymbol{\alpha}_2,\cdots,\boldsymbol{\alpha}_{n-1})=n-1$，齐次方程组 $\boldsymbol{Ax}=\boldsymbol{0}$ 的基础解系仅由 $n-r(\boldsymbol{A})=1$ 个解向量构成，从而 $\boldsymbol{\beta}_1,\boldsymbol{\beta}_2$ 线性相关. 若

$$k_1\boldsymbol{\alpha}_1+k_2\boldsymbol{\alpha}_2+\cdots+k_{n-1}\boldsymbol{\alpha}_{n-1}+l\boldsymbol{\beta}_1=\boldsymbol{0}, \qquad (*)$$

那么，用 $\boldsymbol{\beta}_1$ 作内积，有 $k_1(\boldsymbol{\beta}_1,\boldsymbol{\alpha}_1)+k_2(\boldsymbol{\beta}_1,\boldsymbol{\alpha}_2)+\cdots+k_{n-1}(\boldsymbol{\beta}_1,\boldsymbol{\alpha}_{n-1})+l(\boldsymbol{\beta}_1,\boldsymbol{\beta}_1)=0$.
因为 $(\boldsymbol{\beta}_1,\boldsymbol{\alpha}_i)=0(i=1,2,\cdots,n-1)$，及 $\|\boldsymbol{\beta}_1\|\neq0$，有 $l(\boldsymbol{\beta}_1,\boldsymbol{\beta}_1)=l\|\boldsymbol{\beta}_1\|^2=0$，
得到 $l=0$. 将 $l=0$ 代入 $(*)$ 式，有 $k_1\boldsymbol{\alpha}_1+k_2\boldsymbol{\alpha}_2+\cdots+k_{n-1}\boldsymbol{\alpha}_{n-1}=\boldsymbol{0}$.

由于 $\boldsymbol{\alpha}_1,\boldsymbol{\alpha}_2,\cdots,\boldsymbol{\alpha}_{n-1}$ 线性无关，得 $k_1=k_2=\cdots=k_{n-1}=0$，所以 $(*)$ 中组合系数必全是零，即 $\boldsymbol{\alpha}_1,\boldsymbol{\alpha}_2,\cdots,\boldsymbol{\alpha}_{n-1},\boldsymbol{\beta}_1$ 线性无关.

专题五 线性表示

解题要点

给定向量组$\boldsymbol{\alpha}_1,\boldsymbol{\alpha}_2,\cdots,\boldsymbol{\alpha}_m$和向量$\boldsymbol{\beta}$，若存在一组数$k_1,k_2,\cdots,k_m$，使$\boldsymbol{\beta}=k_1\boldsymbol{\alpha}_1+k_2\boldsymbol{\alpha}_2+\cdots+k_m\boldsymbol{\alpha}_m$，则称$\boldsymbol{\beta}$可由$\boldsymbol{\alpha}_1,\boldsymbol{\alpha}_2,\cdots,\boldsymbol{\alpha}_m$线性表示.

1. $\boldsymbol{\beta}$可由$\boldsymbol{\alpha}_1,\boldsymbol{\alpha}_2,\cdots,\boldsymbol{\alpha}_m$线性表示$\Leftrightarrow$非齐次线性方程组$(\boldsymbol{\alpha}_1,\boldsymbol{\alpha}_2,\cdots,\boldsymbol{\alpha}_m)\boldsymbol{x}=\boldsymbol{\beta}$有解

$$\Leftrightarrow r(\boldsymbol{\alpha}_1,\boldsymbol{\alpha}_2,\cdots,\boldsymbol{\alpha}_m)=r(\boldsymbol{\alpha}_1,\boldsymbol{\alpha}_2,\cdots,\boldsymbol{\alpha}_m\mid\boldsymbol{\beta}).$$

2. 若$\boldsymbol{\alpha}_1,\boldsymbol{\alpha}_2,\cdots,\boldsymbol{\alpha}_m$线性无关，$\boldsymbol{\alpha}_1,\boldsymbol{\alpha}_2,\cdots,\boldsymbol{\alpha}_m,\boldsymbol{\beta}$线性相关，则$\boldsymbol{\beta}$可由$\boldsymbol{\alpha}_1,\boldsymbol{\alpha}_2,\cdots,\boldsymbol{\alpha}_m$线性表示，且表达式唯一.

3. 若$\boldsymbol{\alpha}_1,\boldsymbol{\alpha}_2,\cdots,\boldsymbol{\alpha}_s$可由$\boldsymbol{\beta}_1,\boldsymbol{\beta}_2,\cdots,\boldsymbol{\beta}_t$线性表示，则

$$r(\boldsymbol{\alpha}_1,\boldsymbol{\alpha}_2,\cdots,\boldsymbol{\alpha}_s)\leqslant r(\boldsymbol{\beta}_1,\boldsymbol{\beta}_2,\cdots,\boldsymbol{\beta}_t).$$

4. $\boldsymbol{\alpha}_1,\boldsymbol{\alpha}_2,\cdots,\boldsymbol{\alpha}_s$可由$\boldsymbol{\beta}_1,\boldsymbol{\beta}_2,\cdots,\boldsymbol{\beta}_t$线性表示

$$\Leftrightarrow r(\boldsymbol{\beta}_1,\boldsymbol{\beta}_2,\cdots,\boldsymbol{\beta}_t)=r(\boldsymbol{\beta}_1,\boldsymbol{\beta}_2,\cdots,\boldsymbol{\beta}_t\mid\boldsymbol{\alpha}_1,\boldsymbol{\alpha}_2,\cdots,\boldsymbol{\alpha}_s).$$

5. 若$\boldsymbol{\alpha}_1,\boldsymbol{\alpha}_2,\cdots,\boldsymbol{\alpha}_s$和$\boldsymbol{\beta}_1,\boldsymbol{\beta}_2,\cdots,\boldsymbol{\beta}_t$等价，则$r(\boldsymbol{\alpha}_1,\boldsymbol{\alpha}_2,\cdots,\boldsymbol{\alpha}_s)=r(\boldsymbol{\beta}_1,\boldsymbol{\beta}_2,\cdots,\boldsymbol{\beta}_t)$.

6. $\boldsymbol{\alpha}_1,\boldsymbol{\alpha}_2,\cdots,\boldsymbol{\alpha}_s$和$\boldsymbol{\beta}_1,\boldsymbol{\beta}_2,\cdots,\boldsymbol{\beta}_t$等价$\Leftrightarrow r(\boldsymbol{\alpha}_1,\boldsymbol{\alpha}_2,\cdots,\boldsymbol{\alpha}_s)=r(\boldsymbol{\alpha}_1,\cdots,\boldsymbol{\alpha}_s\mid\boldsymbol{\beta}_1,\cdots,\boldsymbol{\beta}_t)=r(\boldsymbol{\beta}_1,\boldsymbol{\beta}_2,\cdots,\boldsymbol{\beta}_t)\Leftrightarrow\boldsymbol{\alpha}_1,\boldsymbol{\alpha}_2,\cdots,\boldsymbol{\alpha}_s$可由$\boldsymbol{\beta}_1,\boldsymbol{\beta}_2,\cdots,\boldsymbol{\beta}_t$线性表示，且$r(\boldsymbol{\alpha}_1,\boldsymbol{\alpha}_2,\cdots,\boldsymbol{\alpha}_s)=r(\boldsymbol{\beta}_1,\boldsymbol{\beta}_2,\cdots,\boldsymbol{\beta}_t)\Leftrightarrow\boldsymbol{\beta}_1,\boldsymbol{\beta}_2,\cdots,\boldsymbol{\beta}_t$可由$\boldsymbol{\alpha}_1,\boldsymbol{\alpha}_2,\cdots,\boldsymbol{\alpha}_s$线性表示，且$r(\boldsymbol{\beta}_1,\boldsymbol{\beta}_2,\cdots,\boldsymbol{\beta}_t)=r(\boldsymbol{\alpha}_1,\boldsymbol{\alpha}_2,\cdots,\boldsymbol{\alpha}_s)$.

7. 若$\boldsymbol{A}_{m\times n}\boldsymbol{B}_{n\times s}=\boldsymbol{C}_{m\times s}$，则$\begin{cases}\boldsymbol{C}\text{ 的列向量可由 }\boldsymbol{A}\text{ 的列向量线性表示，}\\ \boldsymbol{C}\text{ 的行向量可由 }\boldsymbol{B}\text{ 的行向量线性表示、}\end{cases}$

反之，若$\begin{cases}\boldsymbol{C}\text{ 的列向量可由 }\boldsymbol{A}\text{ 的列向量线性表示，则存在矩阵 }\boldsymbol{B}\text{，使得 }\boldsymbol{AB}=\boldsymbol{C}\text{，}\\ \boldsymbol{C}\text{ 的行向量可由 }\boldsymbol{B}\text{ 的行向量线性表示，则存在矩阵 }\boldsymbol{A}\text{，使得 }\boldsymbol{AB}=\boldsymbol{C}.\end{cases}$

1. 设 $\boldsymbol{\alpha}_1=(1,2,0)^{\mathrm{T}}$，$\boldsymbol{\alpha}_2=(1,a+2,-3a)^{\mathrm{T}}$，$\boldsymbol{\alpha}_3=(-1,-b-2,a+2b)^{\mathrm{T}}$，$\boldsymbol{\beta}=(1,3,-3)^{\mathrm{T}}$，试讨论当 a,b 为何值时，

(1) $\boldsymbol{\beta}$ 不能由 $\boldsymbol{\alpha}_1,\boldsymbol{\alpha}_2,\boldsymbol{\alpha}_3$ 线性表示；

(2) $\boldsymbol{\beta}$ 可由 $\boldsymbol{\alpha}_1,\boldsymbol{\alpha}_2,\boldsymbol{\alpha}_3$ 唯一地线性表示，并求出表达式；

(3) $\boldsymbol{\beta}$ 可由 $\boldsymbol{\alpha}_1,\boldsymbol{\alpha}_2,\boldsymbol{\alpha}_3$ 线性表示，但表达式不唯一，并求出表达式.

解

假设存在常数 k_1,k_2,k_3，使得

$$k_1\boldsymbol{\alpha}_1+k_2\boldsymbol{\alpha}_2+k_3\boldsymbol{\alpha}_3=\boldsymbol{\beta}. \tag{$*$}$$

记 $\boldsymbol{A}=(\boldsymbol{\alpha}_1,\boldsymbol{\alpha}_2,\boldsymbol{\alpha}_3)$. 对矩阵 $(\boldsymbol{A}\mid\boldsymbol{\beta})$ 施以初等行变换，得

$$(\boldsymbol{A}\mid\boldsymbol{\beta})=\left[\begin{array}{ccc|c}1&1&-1&1\\2&a+2&-b-2&3\\0&-3a&a+2b&-3\end{array}\right]\to\left[\begin{array}{ccc|c}1&1&-1&1\\0&a&-b&1\\0&0&a-b&0\end{array}\right].$$

(1) 当 $a=0$ 时，有

$$(\boldsymbol{A}\mid\boldsymbol{\beta})\to\left[\begin{array}{ccc|c}1&1&-1&1\\0&0&-b&1\\0&0&0&-1\end{array}\right],$$

于是 $r(\boldsymbol{A})\neq r(\boldsymbol{A}\mid\boldsymbol{\beta})$，故方程组 $(*)$ 无解，即 $\boldsymbol{\beta}$ 不能由 $\boldsymbol{\alpha}_1,\boldsymbol{\alpha}_2,\boldsymbol{\alpha}_3$ 线性表示.

(2) 当 $a\neq0$ 且 $a\neq b$ 时，$r(\boldsymbol{A})=r(\boldsymbol{A}\mid\boldsymbol{\beta})=3$，于是方程组 $(*)$ 有唯一解

$$k_1=1-\frac{1}{a},k_2=\frac{1}{a},k_3=0,$$

故 $\boldsymbol{\beta}$ 可由 $\boldsymbol{\alpha}_1,\boldsymbol{\alpha}_2,\boldsymbol{\alpha}_3$ 唯一地线性表示，其表达式为 $\boldsymbol{\beta}=\left(1-\dfrac{1}{a}\right)\boldsymbol{\alpha}_1+\dfrac{1}{a}\boldsymbol{\alpha}_2$.

(3) 当 $a=b\neq0$ 时，有

$$(\boldsymbol{A}\mid\boldsymbol{\beta})\to\left[\begin{array}{ccc|c}1&0&0&1-\dfrac{1}{a}\\0&1&-1&\dfrac{1}{a}\\0&0&0&0\end{array}\right],$$

从而 $r(\boldsymbol{A})=r(\boldsymbol{A}\mid\boldsymbol{\beta})=2$，于是方程组 $(*)$ 有无穷多解，其全部解为

$$k_1=1-\frac{1}{a},k_2=\frac{1}{a}+k,k_3=k,$$

此时$\boldsymbol{\beta}$可由$\boldsymbol{\alpha}_1,\boldsymbol{\alpha}_2,\boldsymbol{\alpha}_3$线性表示，但表达式不唯一，其表达式为

$$\boldsymbol{\beta}=\left(1-\frac{1}{a}\right)\boldsymbol{\alpha}_1+\left(\frac{1}{a}+k\right)\boldsymbol{\alpha}_2+k\boldsymbol{\alpha}_3,\text{其中 } k \text{ 为任意常数.}$$

2. 确定常数a，使向量组$\boldsymbol{\alpha}_1=(1,1,a)^{\mathrm{T}},\boldsymbol{\alpha}_2=(1,a,1)^{\mathrm{T}},\boldsymbol{\alpha}_3=(a,1,1)^{\mathrm{T}}$可由向量组$\boldsymbol{\beta}_1=(1,1,a)^{\mathrm{T}},\boldsymbol{\beta}_2=(-2,a,4)^{\mathrm{T}},\boldsymbol{\beta}_3=(-2,a,a)^{\mathrm{T}}$线性表示，但向量组$\boldsymbol{\beta}_1,\boldsymbol{\beta}_2,\boldsymbol{\beta}_3$不能由向量组$\boldsymbol{\alpha}_1,\boldsymbol{\alpha}_2,\boldsymbol{\alpha}_3$线性表示.

解

记$\boldsymbol{A}=(\boldsymbol{\alpha}_1,\boldsymbol{\alpha}_2,\boldsymbol{\alpha}_3),\boldsymbol{B}=(\boldsymbol{\beta}_1,\boldsymbol{\beta}_2,\boldsymbol{\beta}_3)$. 由于$\boldsymbol{\beta}_1,\boldsymbol{\beta}_2,\boldsymbol{\beta}_3$不能由$\boldsymbol{\alpha}_1,\boldsymbol{\alpha}_2,\boldsymbol{\alpha}_3$线性表示，所以$r(\boldsymbol{A})<3$，从而

$$|\boldsymbol{A}|=\begin{vmatrix}1&1&a\\1&a&1\\a&1&1\end{vmatrix}=-(a-1)^2(a+2)=0,$$

得$a=1$或$a=-2$.

当$a=1$时，$\boldsymbol{\alpha}_1=\boldsymbol{\alpha}_2=\boldsymbol{\alpha}_3=\boldsymbol{\beta}_1=(1,1,1)^{\mathrm{T}}$，显然$\boldsymbol{\alpha}_1,\boldsymbol{\alpha}_2,\boldsymbol{\alpha}_3$可由$\boldsymbol{\beta}_1,\boldsymbol{\beta}_2,\boldsymbol{\beta}_3$线性表示，而$\boldsymbol{\beta}_2=(-2,1,4)^{\mathrm{T}}$不能由$\boldsymbol{\alpha}_1,\boldsymbol{\alpha}_2,\boldsymbol{\alpha}_3$线性表示，即$a=1$符合题意；

当$a=-2$时，则有

$$(\boldsymbol{B}\,\vdots\,\boldsymbol{A})=\left[\begin{array}{ccc:ccc}1&-2&-2&1&1&-2\\1&-2&-2&1&-2&1\\-2&4&-2&-2&1&1\end{array}\right]\to\left[\begin{array}{ccc:ccc}1&-2&-2&1&1&-2\\0&0&-6&0&3&-3\\0&0&0&0&-3&3\end{array}\right].$$

考虑非齐次线性方程组$\boldsymbol{Bx}=\boldsymbol{\alpha}_2$，由上述增广矩阵可知$r(\boldsymbol{B})=2$，而$r(\boldsymbol{B}\,\vdots\,\boldsymbol{\alpha}_2)=3$，则方程组$\boldsymbol{Bx}=\boldsymbol{\alpha}_2$无解，即$\boldsymbol{\alpha}_2$不能由向量组$\boldsymbol{\beta}_1,\boldsymbol{\beta}_2,\boldsymbol{\beta}_3$线性表示，所以$a=-2$不符合题意，应舍去.综上，$a=1$.

注

对$\boldsymbol{A}=(\boldsymbol{\alpha}_1,\boldsymbol{\alpha}_2,\boldsymbol{\alpha}_3)$，若$r(\boldsymbol{A})=3$，则$\boldsymbol{\alpha}_1,\boldsymbol{\alpha}_2,\boldsymbol{\alpha}_3$线性无关，而$\boldsymbol{\alpha}_1,\boldsymbol{\alpha}_2,\boldsymbol{\alpha}_3,\boldsymbol{\beta}_i(i=1,2,3)$是4个3维向量，必相关，此时$\boldsymbol{\beta}_i(i=1,2,3)$可由$\boldsymbol{\alpha}_1,\boldsymbol{\alpha}_2,\boldsymbol{\alpha}_3$线性表示，这与题目矛盾，于是$r(\boldsymbol{A})<3$.

另解：$\boldsymbol{\alpha}_1,\boldsymbol{\alpha}_2,\boldsymbol{\alpha}_3$能由$\boldsymbol{\beta}_1,\boldsymbol{\beta}_2,\boldsymbol{\beta}_3$表示$\Rightarrow r(\boldsymbol{\alpha}_1,\boldsymbol{\alpha}_2,\boldsymbol{\alpha}_3)\leqslant r(\boldsymbol{\beta}_1,\boldsymbol{\beta}_2,\boldsymbol{\beta}_3)$.

又$\boldsymbol{\beta}_1,\boldsymbol{\beta}_2,\boldsymbol{\beta}_3$不能由$\boldsymbol{\alpha}_1,\boldsymbol{\alpha}_2,\boldsymbol{\alpha}_3$表示$\Rightarrow r(\boldsymbol{\alpha}_1,\boldsymbol{\alpha}_2,\boldsymbol{\alpha}_3)<r(\boldsymbol{\beta}_1,\boldsymbol{\beta}_2,\boldsymbol{\beta}_3)$

（因为已知$\boldsymbol{\alpha}_1,\boldsymbol{\alpha}_2,\boldsymbol{\alpha}_3$能由$\boldsymbol{\beta}_1,\boldsymbol{\beta}_2,\boldsymbol{\beta}_3$表示，所以若$r(\boldsymbol{\alpha}_1,\boldsymbol{\alpha}_2,\boldsymbol{\alpha}_3)=r(\boldsymbol{\beta}_1,\boldsymbol{\beta}_2,\boldsymbol{\beta}_3)$，就会有$\boldsymbol{\alpha}_1,\boldsymbol{\alpha}_2,\boldsymbol{\alpha}_3$与$\boldsymbol{\beta}_1,\boldsymbol{\beta}_2,\boldsymbol{\beta}_3$等价，此时二者便可相互表示，这与题目矛盾）.

而$r(\boldsymbol{\beta}_1,\boldsymbol{\beta}_2,\boldsymbol{\beta}_3)\leqslant 3$，于是$r(\boldsymbol{\alpha}_1,\boldsymbol{\alpha}_2,\boldsymbol{\alpha}_3)<3$，从而$|\boldsymbol{\alpha}_1,\boldsymbol{\alpha}_2,\boldsymbol{\alpha}_3|=0$，得$a=1$或$-2$，余下同原解法.

3. 已知$\boldsymbol{\beta}$可用$\boldsymbol{\alpha}_1,\boldsymbol{\alpha}_2,\cdots,\boldsymbol{\alpha}_m$线性表示，但不能用$\boldsymbol{\alpha}_1,\boldsymbol{\alpha}_2,\cdots,\boldsymbol{\alpha}_{m-1}$线性表出，试判断：

（1）$\boldsymbol{\alpha}_m$能否用$\boldsymbol{\alpha}_1,\boldsymbol{\alpha}_2,\cdots,\boldsymbol{\alpha}_{m-1},\boldsymbol{\beta}$线性表示；

（2）$\boldsymbol{\alpha}_m$能否用$\boldsymbol{\alpha}_1,\boldsymbol{\alpha}_2,\cdots,\boldsymbol{\alpha}_{m-1}$线性表示，并说明理由.

解

解法 1　$\boldsymbol{\alpha}_m$不能用$\boldsymbol{\alpha}_1,\boldsymbol{\alpha}_2,\cdots,\boldsymbol{\alpha}_{m-1}$线性表示，但能用$\boldsymbol{\alpha}_1,\boldsymbol{\alpha}_2,\cdots,\boldsymbol{\alpha}_{m-1},\boldsymbol{\beta}$线性表示.

因为$\boldsymbol{\beta}$可用$\boldsymbol{\alpha}_1,\boldsymbol{\alpha}_2,\cdots,\boldsymbol{\alpha}_m$线性表示. 可设

$$x_1\boldsymbol{\alpha}_1+x_2\boldsymbol{\alpha}_2+\cdots+x_m\boldsymbol{\alpha}_m=\boldsymbol{\beta},\qquad (*)$$

则必有$x_m\neq 0$，否则$\boldsymbol{\beta}$可用$\boldsymbol{\alpha}_1,\boldsymbol{\alpha}_2,\cdots,\boldsymbol{\alpha}_{m-1}$线性表示，与已知矛盾. 所以

$$\boldsymbol{\alpha}_m=\frac{1}{x_m}(\boldsymbol{\beta}-x_1\boldsymbol{\alpha}_1-x_2\boldsymbol{\alpha}_2-\cdots-x_{m-1}\boldsymbol{\alpha}_{m-1}),$$

即$\boldsymbol{\alpha}_m$可由$\boldsymbol{\alpha}_1,\boldsymbol{\alpha}_2,\cdots,\boldsymbol{\alpha}_{m-1},\boldsymbol{\beta}$线性表示.

如$\boldsymbol{\alpha}_m=l_1\boldsymbol{\alpha}_1+l_2\boldsymbol{\alpha}_2+\cdots+l_{m-1}\boldsymbol{\alpha}_{m-1}$，代入（$*$）式知$\boldsymbol{\beta}=(x_1+l_1x_m)\boldsymbol{\alpha}_1+(x_2+l_2x_m)\boldsymbol{\alpha}_2+\cdots+(x_{m-1}+l_{m-1}x_m)\boldsymbol{\alpha}_{m-1}$与已知矛盾. 即$\boldsymbol{\alpha}_m$不能用$\boldsymbol{\alpha}_1,\boldsymbol{\alpha}_2,\cdots,\boldsymbol{\alpha}_{m-1}$线性表示.

解法 2　因为$\boldsymbol{\beta}$可由$\boldsymbol{\alpha}_1,\boldsymbol{\alpha}_2,\cdots,\boldsymbol{\alpha}_m$线性表示，有

$$r(\boldsymbol{\alpha}_1,\boldsymbol{\alpha}_2,\cdots,\boldsymbol{\alpha}_m)=r(\boldsymbol{\alpha}_1,\boldsymbol{\alpha}_2,\cdots,\boldsymbol{\alpha}_m,\boldsymbol{\beta});\qquad ①$$

又因$\boldsymbol{\beta}$不能由$\boldsymbol{\alpha}_1,\boldsymbol{\alpha}_2,\cdots,\boldsymbol{\alpha}_{m-1}$线性表示，有

$$r(\boldsymbol{\alpha}_1,\boldsymbol{\alpha}_2,\cdots,\boldsymbol{\alpha}_{m-1})+1=r(\boldsymbol{\alpha}_1,\boldsymbol{\alpha}_2,\cdots,\boldsymbol{\alpha}_{m-1},\boldsymbol{\beta}).\qquad ②$$

那么

$$\begin{aligned}r(\boldsymbol{\alpha}_1,\boldsymbol{\alpha}_2,\cdots,\boldsymbol{\alpha}_m)&\overset{①}{=\!=}r(\boldsymbol{\alpha}_1,\boldsymbol{\alpha}_2,\cdots,\boldsymbol{\alpha}_m,\boldsymbol{\beta})\\&\geqslant r(\boldsymbol{\alpha}_1,\boldsymbol{\alpha}_2,\cdots,\boldsymbol{\alpha}_{m-1},\boldsymbol{\beta})\text{（整体}\geqslant\text{局部）}\\&\overset{②}{=\!=}r(\boldsymbol{\alpha}_1,\boldsymbol{\alpha}_2,\cdots,\boldsymbol{\alpha}_{m-1})+1\\&\geqslant r(\boldsymbol{\alpha}_1,\boldsymbol{\alpha}_2,\cdots,\boldsymbol{\alpha}_m).\end{aligned}$$

从而$r(\boldsymbol{\alpha}_1,\boldsymbol{\alpha}_2,\cdots,\boldsymbol{\alpha}_{m-1},\boldsymbol{\beta})=r(\boldsymbol{\alpha}_1,\boldsymbol{\alpha}_2,\cdots,\boldsymbol{\alpha}_m,\boldsymbol{\beta})$，$r(\boldsymbol{\alpha}_1,\boldsymbol{\alpha}_2,\cdots,\boldsymbol{\alpha}_{m-1})+1=r(\boldsymbol{\alpha}_1,\boldsymbol{\alpha}_2,\cdots,\boldsymbol{\alpha}_m)$，即$\boldsymbol{\alpha}_m$可由$\boldsymbol{\alpha}_1,\cdots,\boldsymbol{\alpha}_{m-1},\boldsymbol{\beta}$线性表示，而$\boldsymbol{\alpha}_m$不能由$\boldsymbol{\alpha}_1,\boldsymbol{\alpha}_2,\cdots,\boldsymbol{\alpha}_{m-1}$线性表示.

专题六 矩阵及向量组的秩

解题要点

一方面,矩阵 $\boldsymbol{A}$ 中不为零的子式的最高阶数称为矩阵 $\boldsymbol{A}$ 的秩,记为 $r(\boldsymbol{A})$;另一方面,矩阵 $\boldsymbol{A}$ 的秩就是其列(行)向量组的秩.

1. 若 $\boldsymbol{A}$ 中有某 2 阶子式(行列式)不为零,则 $r(\boldsymbol{A})\geqslant 2$.

2. 若 $\boldsymbol{\alpha}_1,\boldsymbol{\alpha}_2,\boldsymbol{\alpha}_3$ 线性相关,则 $r(\boldsymbol{\alpha}_1,\boldsymbol{\alpha}_2,\boldsymbol{\alpha}_3)<3$(向量个数).

3. 若 $\boldsymbol{A}_{m\times n}\boldsymbol{x}=\boldsymbol{0}$ 有非零解(无穷多解),则其线性无关的解有 $n-r(\boldsymbol{A})$ 个.

4. 若 n 阶矩阵 $\boldsymbol{A}$ 能相似对角化,且 $\lambda_1=\lambda_2=1$ 是二重特征值,则 $n-r(\boldsymbol{E}-\boldsymbol{A})=2$.

5. 若 $\boldsymbol{A}\sim\boldsymbol{B}$,则 $r(\boldsymbol{A})=r(\boldsymbol{B})$.

6. $r(\boldsymbol{A})=r(\boldsymbol{A}^{\mathrm{T}}\boldsymbol{A})=r(\boldsymbol{A}\boldsymbol{A}^{\mathrm{T}})=r(\boldsymbol{A}^{\mathrm{T}})$;$r(k\boldsymbol{A})=r(\boldsymbol{A})\ (k\neq 0)$;

$r(\boldsymbol{A}_{m\times n})\leqslant\min\{m,n\}$;$r(\boldsymbol{AB})\leqslant\min\{r(\boldsymbol{A}),r(\boldsymbol{B})\}$;$r(\boldsymbol{A}+\boldsymbol{B})\leqslant r(\boldsymbol{A})+r(\boldsymbol{B})$;

$$r(\boldsymbol{A}^*)=\begin{cases}n, & r(\boldsymbol{A})=n,\\ 1, & r(\boldsymbol{A})=n-1,\\ 0, & r(\boldsymbol{A})<n-1.\end{cases}$$

7. 若 $\boldsymbol{A}_{m\times n}\boldsymbol{B}_{n\times s}=\boldsymbol{O}$,则 $r(\boldsymbol{A})+r(\boldsymbol{B})\leqslant n$.

8. 设 $\boldsymbol{A},\boldsymbol{B}$ 为 n 阶矩阵,若 $\boldsymbol{A}$ 可逆,则 $r(\boldsymbol{AB})=r(\boldsymbol{B})$,$r(\boldsymbol{BA})=r(\boldsymbol{B})$.更一般地,设 $\boldsymbol{A}$ 是 $m\times n$ 矩阵,$\boldsymbol{B}$ 是 $n\times s$ 矩阵,若 $r(\boldsymbol{A})=n$,则 $r(\boldsymbol{AB})=r(\boldsymbol{B})$.

9. 分块矩阵的秩的公式.

设 $\boldsymbol{A}$ 可逆,则 $r\left(\begin{bmatrix}\boldsymbol{A} & \boldsymbol{O}\\ \boldsymbol{C} & \boldsymbol{D}\end{bmatrix}\right)=r(\boldsymbol{A})+r(\boldsymbol{D})$,$r\left(\begin{bmatrix}\boldsymbol{A} & \boldsymbol{B}\\ \boldsymbol{O} & \boldsymbol{D}\end{bmatrix}\right)=r(\boldsymbol{A})+r(\boldsymbol{D})$.

$r\left(\begin{bmatrix}\boldsymbol{A} & \boldsymbol{O}\\ \boldsymbol{O} & \boldsymbol{B}\end{bmatrix}\right)=r(\boldsymbol{A})+r(\boldsymbol{B})$,$r\left(\begin{bmatrix}\boldsymbol{O} & \boldsymbol{A}\\ \boldsymbol{B} & \boldsymbol{O}\end{bmatrix}\right)=r(\boldsymbol{A})+r(\boldsymbol{B})$.

$r\left(\begin{bmatrix}\boldsymbol{A} & \boldsymbol{O}\\ \boldsymbol{C} & \boldsymbol{D}\end{bmatrix}\right)\geqslant r(\boldsymbol{A})+r(\boldsymbol{D})$,$r\left(\begin{bmatrix}\boldsymbol{A} & \boldsymbol{B}\\ \boldsymbol{O} & \boldsymbol{D}\end{bmatrix}\right)\geqslant r(\boldsymbol{A})+r(\boldsymbol{D})$.

1. 设 $\boldsymbol{A},\boldsymbol{B}$ 都是 3 阶矩阵，满足 $\boldsymbol{A}^2-2\boldsymbol{AB}=\boldsymbol{E}$，且 $\boldsymbol{B}=\begin{bmatrix}1&2&0\\0&3&a\\0&0&5\end{bmatrix}$，则 $r(\boldsymbol{AB}-2\boldsymbol{BA}+3\boldsymbol{A})=$ (　　).

(A) 1　　(B) 2　　(C) 3　　(D) 4

解

$\boldsymbol{A}^2-2\boldsymbol{AB}=\boldsymbol{E}\Rightarrow\boldsymbol{A}(\boldsymbol{A}-2\boldsymbol{B})=\boldsymbol{E}$，则 $\boldsymbol{A}$ 可逆，且 $(\boldsymbol{A}-2\boldsymbol{B})\boldsymbol{A}=\boldsymbol{E}$，即 $\boldsymbol{A}^2-2\boldsymbol{BA}=\boldsymbol{E}$，从而又有 $\boldsymbol{AB}=\boldsymbol{BA}$，于是 $r(\boldsymbol{AB}-2\boldsymbol{BA}+3\boldsymbol{A})=r(3\boldsymbol{A}-\boldsymbol{AB})=r(\boldsymbol{A}(3\boldsymbol{E}-\boldsymbol{B}))=r(3\boldsymbol{E}-\boldsymbol{B})=2$.

2. 设矩阵 $\boldsymbol{B}=\begin{bmatrix}0&0&0&0\\0&3&0&0\\0&0&-1&2\\0&0&2&2\end{bmatrix}$，矩阵 $\boldsymbol{A}$ 和 $\boldsymbol{B}$ 相似，则 $r(\boldsymbol{A}-\boldsymbol{E})+r(\boldsymbol{A}-3\boldsymbol{E})=$ (　　).

(A) 4　　(B) 5　　(C) 6　　(D) 7

解

因为 $\boldsymbol{A}\sim\boldsymbol{B}$，所以 $\boldsymbol{A}-\boldsymbol{E}\sim\boldsymbol{B}-\boldsymbol{E}$，$\boldsymbol{A}-3\boldsymbol{E}\sim\boldsymbol{B}-3\boldsymbol{E}$. 于是

$$r(\boldsymbol{A}-\boldsymbol{E})+r(\boldsymbol{A}-3\boldsymbol{E})=r(\boldsymbol{B}-\boldsymbol{E})+r(\boldsymbol{B}-3\boldsymbol{E}).$$

$$\boldsymbol{B}-\boldsymbol{E}=\begin{bmatrix}-1&0&0&0\\0&2&0&0\\0&0&-2&2\\0&0&2&1\end{bmatrix},r(\boldsymbol{B}-\boldsymbol{E})=4.$$

$$\boldsymbol{B}-3\boldsymbol{E}=\begin{bmatrix}-3&0&0&0\\0&0&0&0\\0&0&-4&2\\0&0&2&-1\end{bmatrix},r(\boldsymbol{B}-3\boldsymbol{E})=2.$$

故 $r(\boldsymbol{A}-\boldsymbol{E})+r(\boldsymbol{A}-3\boldsymbol{E})=6$. 应选(C).

3. 设 $\boldsymbol{A}$ 为 $m\times n$ 矩阵，则 $r(\boldsymbol{A})=n$ 是存在 $n\times m$ 矩阵 $\boldsymbol{C}$，使得 $\boldsymbol{CA}=\boldsymbol{E}_n$ 的(　　)条件.

(A) 充分非必要　　(B) 必要非充分

（C）充分且必要　　　　　　　　　　　　（D）既非充分也非必要

解

若存在 $n\times m$ 矩阵 $\boldsymbol{C}$，使得 $\boldsymbol{CA}=\boldsymbol{E}_n$，则 $r(\boldsymbol{CA})=r(\boldsymbol{E}_n)=n$，同时 $r(\boldsymbol{CA})\leqslant r(\boldsymbol{A})\leqslant n$，于是得 $r(\boldsymbol{A})=n$．若 $r(\boldsymbol{A})=n$，则通过初等行变换可将 $\boldsymbol{A}$ 化成 $\begin{bmatrix}\boldsymbol{E}_n\\ \boldsymbol{O}\end{bmatrix}$，即存在可逆矩阵 $\boldsymbol{P}_{m\times m}$，使得 $\boldsymbol{PA}=\begin{bmatrix}\boldsymbol{E}_n\\ \boldsymbol{O}\end{bmatrix}$，取 $\boldsymbol{P}$ 的前 n 行组成的 $n\times m$ 矩阵为 $\boldsymbol{C}$，则由矩阵乘法，得 $\boldsymbol{CA}=\boldsymbol{E}_n$．

注

对于 $m\times n$ 矩阵 $\boldsymbol{A}$，若 $\boldsymbol{A}$ 的秩等于 $\boldsymbol{A}$ 的列数 n，则称 $\boldsymbol{A}$ 为列满秩矩阵；若 $\boldsymbol{A}$ 的秩等于 $\boldsymbol{A}$ 的行数 m，则称 $\boldsymbol{A}$ 为行满秩矩阵；若存在 $n\times m$ 矩阵 $\boldsymbol{C}$，使得 $\boldsymbol{CA}=\boldsymbol{E}_n$，则称 $\boldsymbol{C}$ 为 $\boldsymbol{A}$ 的左逆；若存在 $n\times m$ 矩阵 $\boldsymbol{D}$，使得 $\boldsymbol{AD}=\boldsymbol{E}_m$，则称 $\boldsymbol{D}$ 为 $\boldsymbol{A}$ 的右逆．本题证明了：$m\times n$ 矩阵 $\boldsymbol{A}$ 存在左逆的充分必要条件是 $\boldsymbol{A}$ 为列满秩矩阵．对称地有：$m\times n$ 矩阵 $\boldsymbol{A}$ 存在右逆的充分必要条件是 $\boldsymbol{A}$ 为行满秩矩阵．

4. 设 $\boldsymbol{A},\boldsymbol{B}$ 都是 n 阶矩阵，$r(\boldsymbol{A}+\boldsymbol{B})=n$，则有（　　）．

（A）$r\begin{pmatrix}\boldsymbol{A}\\ \boldsymbol{B}\end{pmatrix}=n,r(\boldsymbol{A}\,\vdots\,\boldsymbol{B})<n$　　　　（B）$r\begin{pmatrix}\boldsymbol{A}\\ \boldsymbol{B}\end{pmatrix}<n,r(\boldsymbol{A}\,\vdots\,\boldsymbol{B})=n$

（C）$r\begin{pmatrix}\boldsymbol{A}\\ \boldsymbol{B}\end{pmatrix}<n,r(\boldsymbol{A}\,\vdots\,\boldsymbol{B})<n$　　　　（D）$r\begin{pmatrix}\boldsymbol{A}\\ \boldsymbol{B}\end{pmatrix}=n,r(\boldsymbol{A}\,\vdots\,\boldsymbol{B})=n$

解

因为 $n=r(\boldsymbol{A}+\boldsymbol{B})=r\left((\boldsymbol{E}\,\vdots\,\boldsymbol{E})\begin{bmatrix}A\\ B\end{bmatrix}\right)\leqslant r\begin{pmatrix}\boldsymbol{A}\\ \boldsymbol{B}\end{pmatrix}\leqslant n$，

$$n=r(\boldsymbol{A}+\boldsymbol{B})=r\left((\boldsymbol{A}\,\vdots\,\boldsymbol{B})\begin{bmatrix}E\\ E\end{bmatrix}\right)\leqslant r(\boldsymbol{A}\,\vdots\,\boldsymbol{B})\leqslant n,$$

所以 $r\begin{pmatrix}\boldsymbol{A}\\ \boldsymbol{B}\end{pmatrix}=r(\boldsymbol{A}\,\vdots\,\boldsymbol{B})=n$．

专题七 齐次线性方程组及其基础解系

解题要点

称 $\boldsymbol{\alpha}_1,\boldsymbol{\alpha}_2,\cdots,\boldsymbol{\alpha}_s$ 是 $\boldsymbol{A}_{m\times n}\boldsymbol{x}=\boldsymbol{0}$ 的基础解系，当且仅当：

(1) $\boldsymbol{\alpha}_1,\boldsymbol{\alpha}_2,\cdots,\boldsymbol{\alpha}_s$ 是 $\boldsymbol{A}\boldsymbol{x}=\boldsymbol{0}$ 的解.

(2) $\boldsymbol{\alpha}_1,\boldsymbol{\alpha}_2,\cdots,\boldsymbol{\alpha}_s$ 线性无关.

(3) $\boldsymbol{\alpha}_1,\boldsymbol{\alpha}_2,\cdots,\boldsymbol{\alpha}_s$ 可以线性表示 $\boldsymbol{A}\boldsymbol{x}=\boldsymbol{0}$ 的任一解或 $n-r(\boldsymbol{A})=s$.

从而 $\boldsymbol{A}\boldsymbol{x}=\boldsymbol{0}$ 的通解为 $k_1\boldsymbol{\alpha}_1+k_2\boldsymbol{\alpha}_2+\cdots+k_s\boldsymbol{\alpha}_s$（$k_1,k_2,\cdots,k_s$ 为任意常数）.

注　对 $\boldsymbol{A}_{n\times n}\boldsymbol{x}=\boldsymbol{0}$，有时用行列式（克拉默法则）求解更简单.

1. 已知齐次线性方程组

$$\begin{cases}(a_1+b)x_1+a_2x_2+a_3x_3+\cdots+a_nx_n=0,\\ a_1x_1+(a_2+b)x_2+a_3x_3+\cdots+a_nx_n=0,\\ a_1x_1+a_2x_2+(a_3+b)x_3+\cdots+a_nx_n=0,\\ \qquad\qquad\cdots\cdots\\ a_1x_1+a_2x_2+a_3x_3+\cdots+(a_n+b)x_n=0,\end{cases}$$

其中 $\sum\limits_{i=1}^{n}a_i\neq0$，讨论 $a_1,a_2,\cdots,a_n$ 和 b 满足何种关系时，

(1) 方程组仅有零解；

(2) 方程组有非零解，在有非零解时，求此方程组的一个基础解系.

解

方程组的系数行列式

$$|\boldsymbol{A}|=\begin{vmatrix} a_1+b & a_2 & a_3 & \cdots & a_n \\ a_1 & a_2+b & a_3 & \cdots & a_n \\ a_1 & a_2 & a_3+b & \cdots & a_n \\ \vdots & \vdots & \vdots & & \vdots \\ a_1 & a_2 & a_3 & \cdots & a_n+b \end{vmatrix}=\begin{vmatrix} b+\sum\limits_{i=1}^n a_i & a_2 & a_3 & \cdots & a_n \\ b+\sum\limits_{i=1}^n a_i & a_2+b & a_3 & \cdots & a_n \\ b+\sum\limits_{i=1}^n a_i & a_2 & a_3+b & \cdots & a_n \\ \vdots & \vdots & \vdots & & \vdots \\ b+\sum\limits_{i=1}^n a_i & a_2 & a_3 & \cdots & a_n+b \end{vmatrix}$$

$$=\left(b+\sum_{i=1}^n a_i\right)\begin{vmatrix} 1 & a_2 & a_3 & \cdots & a_n \\ 1 & a_2+b & a_3 & \cdots & a_n \\ 1 & a_2 & a_3+b & \cdots & a_n \\ \vdots & \vdots & \vdots & & \vdots \\ 1 & a_2 & a_3 & \cdots & a_n+b \end{vmatrix}=\left(b+\sum_{i=1}^n a_i\right)\begin{vmatrix} 1 & a_2 & a_3 & \cdots & a_n \\ 0 & b & 0 & \cdots & 0 \\ 0 & 0 & b & \cdots & 0 \\ \vdots & \vdots & \vdots & & \vdots \\ 0 & 0 & 0 & \cdots & b \end{vmatrix}$$

$$=b^{n-1}\left(b+\sum_{i=1}^n a_i\right).$$

（1）当 $b\neq 0$ 且 $b+\sum\limits_{i=1}^n a_i\neq 0$ 时，$r(\boldsymbol{A})=n$，方程组仅有零解.

（2）当 $b=0$ 时，原方程组的同解方程组为 $a_1x_1+a_2x_2+\cdots+a_nx_n=0$，由 $\sum\limits_{i=1}^n a_i\neq 0$ 可知，$a_i(i=1,2,\cdots,n)$ 不全为零，不妨设 $a_1\neq 0$，得原方程组的一个基础解系为

$$\boldsymbol{\alpha}_1=\left(-\frac{a_2}{a_1},1,0,\cdots,0\right)^{\mathrm{T}},\boldsymbol{\alpha}_2=\left(-\frac{a_3}{a_1},0,1,\cdots,0\right)^{\mathrm{T}},\cdots,\boldsymbol{\alpha}_{n-1}=\left(-\frac{a_n}{a_1},0,0,\cdots,1\right)^{\mathrm{T}}.$$

当 $b=-\sum\limits_{i=1}^n a_i$ 时，有 $b\neq 0$，原方程组的系数矩阵可化为

$$\begin{bmatrix} a_1-\sum\limits_{i=1}^n a_i & a_2 & a_3 & \cdots & a_n \\ -1 & 1 & 0 & \cdots & 0 \\ -1 & 0 & 1 & \cdots & 0 \\ \vdots & \vdots & \vdots & & \vdots \\ -1 & 0 & 0 & \cdots & 1 \end{bmatrix}\to\begin{bmatrix} -1 & 1 & 0 & \cdots & 0 \\ -1 & 0 & 1 & \cdots & 0 \\ \vdots & \vdots & \vdots & & \vdots \\ -1 & 0 & 0 & \cdots & 1 \\ 0 & 0 & 0 & \cdots & 0 \end{bmatrix},$$

由此得原方程的同解方程组为 $x_2=x_1,x_3=x_1,\cdots,x_n=x_1$，原方程组的一个基础解系为 $\boldsymbol{\alpha}=(1,1,\cdots,1)^{\mathrm{T}}$.

2. 记方程组 $\begin{cases}x_1+2x_2-2x_3=0,\\2x_1-x_2+\lambda x_3=0,\\3x_1+x_2-x_3=0\end{cases}$ 的系数矩阵为 $\boldsymbol{A}$，若存在三阶非零矩阵 $\boldsymbol{B}$，使得 $\boldsymbol{AB}=\boldsymbol{O}$，求 λ 的值及矩阵 $\boldsymbol{B}$.

解

由于 $\boldsymbol{B}$ 的每个列向量都是方程组的解，且 $\boldsymbol{B}$ 是非零矩阵，所以矩阵方程 $\boldsymbol{AX}=\boldsymbol{O}$ 有非零解，从而 $r(\boldsymbol{A})\leqslant 2$，即

$$|\boldsymbol{A}|=\begin{vmatrix}1&2&-2\\2&-1&\lambda\\3&1&-1\end{vmatrix}=5(\lambda-1)=0.$$

由此得到 $\lambda=1$.将 $\lambda=1$ 代入 $\boldsymbol{A}$，并对它施行初等行变换：

$$\boldsymbol{A}=\begin{bmatrix}1&2&-2\\2&-1&1\\3&1&-1\end{bmatrix}\to\begin{bmatrix}1&2&-2\\0&-5&5\\0&-5&5\end{bmatrix}\to\begin{bmatrix}1&2&-2\\0&1&-1\\0&0&0\end{bmatrix}\to\begin{bmatrix}1&0&0\\0&1&-1\\0&0&0\end{bmatrix},$$

所以，$\boldsymbol{AX}=\boldsymbol{O}$ 与 $\begin{bmatrix}1&0&0\\0&1&-1\\0&0&0\end{bmatrix}\boldsymbol{X}=\boldsymbol{O}$ 同解.

由于 $\begin{bmatrix}1&0&0\\0&1&-1\\0&0&0\end{bmatrix}\begin{bmatrix}x\\y\\z\end{bmatrix}=\boldsymbol{0}$ 的通解为 $\begin{bmatrix}x\\y\\z\end{bmatrix}=C\begin{bmatrix}0\\1\\1\end{bmatrix}=\begin{bmatrix}0\\C\\C\end{bmatrix}$，

所以 $\boldsymbol{AX}=\boldsymbol{O}$ 的通解为 $\begin{bmatrix}0&0&0\\C_1&C_2&C_3\\C_1&C_2&C_3\end{bmatrix}$，它即为所求的 $\boldsymbol{B}$，$\boldsymbol{B}=\begin{bmatrix}0&0&0\\C_1&C_2&C_3\\C_1&C_2&C_3\end{bmatrix}$，其中 C_1,C_2,C_3 是不全为零的任意常数.

3. 设 3 阶实对称矩阵 $\boldsymbol{A}$ 满足 $\boldsymbol{A}^2-2\boldsymbol{A}=\boldsymbol{O}$，且 $r(\boldsymbol{A})=2$，又设 $\boldsymbol{\xi}_1=(1,0,1)^{\mathrm{T}}$ 是 $\boldsymbol{Ax}=\boldsymbol{0}$ 的解，

则方程组 $\boldsymbol{A}^*\boldsymbol{x}=\boldsymbol{0}$ 的通解为(　　).

(A) $k(0,1,0)^{\mathrm{T}}$　　(B) $k_1(0,1,0)^{\mathrm{T}}+k_2(-1,0,1)^{\mathrm{T}}$

(C) $k(-1,0,1)^{\mathrm{T}}$　　(D) $k_1(0,1,0)^{\mathrm{T}}+k_2(1,0,1)^{\mathrm{T}}$

解

由 $r(\boldsymbol{A})=2$,得 $r(\boldsymbol{A}^*)=1$,于是 $n-r(\boldsymbol{A}^*)=2$,故 $\boldsymbol{A}^*\boldsymbol{x}=\boldsymbol{0}$ 的基础解系中有 2 个解,排除(A)和(C).由 $\boldsymbol{A}^2-2\boldsymbol{A}=\boldsymbol{O}\Rightarrow\lambda^2-2\lambda=0$,这里 λ 是 $\boldsymbol{A}$ 的特征值,又因为 $r(\boldsymbol{A})=2$,故 $\lambda_1=0,\lambda_2=\lambda_3=2$,进而 $\boldsymbol{A}^*$ 的特征值 $\mu_1=4,\mu_2=\mu_3=0$.

因为 $\boldsymbol{\xi}_1=(1,0,1)^{\mathrm{T}}$是 $\boldsymbol{A}$ 的属于 $\lambda_1=0$ 的特征向量($\boldsymbol{\xi}_1$也是 $\boldsymbol{A}^*$ 的属于 $\mu_1=4$ 的特征向量),利用实对称矩阵不同特征值对应的特征向量必正交的性质,可得 $\boldsymbol{A}$ 的属于 $\lambda_2=\lambda_3=2$ 的特征向量 $\boldsymbol{\xi}_2=(0,1,0)^{\mathrm{T}},\boldsymbol{\xi}_3=(-1,0,1)^{\mathrm{T}}$,同时 $\boldsymbol{\xi}_2,\boldsymbol{\xi}_3$也是 $\boldsymbol{A}^*$ 的属于 $\mu_2=\mu_3=0$ 的特征向量,进而 $\boldsymbol{\xi}_2,\boldsymbol{\xi}_3$是 $\boldsymbol{A}^*\boldsymbol{x}=\boldsymbol{0}$ 的基础解系,所以 $\boldsymbol{A}^*\boldsymbol{x}=\boldsymbol{0}$ 的通解是 $k_1(0,1,0)^{\mathrm{T}}+k_2(-1,0,1)^{\mathrm{T}}$,其中 k_1,k_2是任意常数,选(B).

专题八 非齐次线性方程组解的判定及求解

解题要点

1. $A_{m\times n}x=b$ 无解$\Leftrightarrow r(A)\neq r(A\mid b)\Leftrightarrow r(A)+1=r(A\mid b)$.

$A_{m\times n}x=b$ 有唯一解$\Leftrightarrow r(A)=r(A\mid b)=n$.

$A_{m\times n}x=b$ 有无穷多解$\Leftrightarrow r(A)=r(A\mid b)=r<n$,其通解为

$$\eta+k_1\alpha_1+k_2\alpha_2+\cdots+k_{n-r}\alpha_{n-r},$$

式中 η 是 $A_{m\times n}x=b$ 的解,$\alpha_1,\alpha_2,\cdots,\alpha_{n-r}$是对应导出组 $A_{m\times n}x=0$ 的基础解系,$k_1,k_2,\cdots,k_{n-r}$为任意常数.

注 (1) 对 $A_{n\times n}x=b$,不要忘记可用行列式(克拉默法则)求解.

(2) $A_{m\times n}x=b$ 有无穷多解时,其线性无关的解有 $n-r(A)+1$ 个.

2. 线性方程组的求解(含参数的方程组、抽象方程组).

首先要利用所给条件确定系数矩阵的秩.对含参数的方程组讨论要全面,熟练掌握自由变量赋值的方法求方程组的解;对抽象方程组要会利用解的性质及观察法来求方程组的解.

1. 设 A 为 $n(n\geqslant2)$阶矩阵,B 为 n 阶可逆矩阵,b 为 n 维列向量.下列命题中,错误的是( ).

(A) 若方程组 $Ax=b$ 有解,则方程组 $ABx=b$ 有解

(B) 若方程组 $Ax=b$ 有解,则方程组 $BAx=b$ 有解

(C) 若方程组 $Ax=0$ 有非零解,则方程组 $ABx=0$ 有非零解

(D) 若方程组 $Ax=0$ 有非零解,则方程组 $BAx=0$ 有非零解

解

若方程组 $\boldsymbol{Ax}=\boldsymbol{b}$ 有解,则可设 n 维列向量 $\boldsymbol{\xi}$ 为该方程组的一个解,从而 $\boldsymbol{A\xi}=\boldsymbol{b}$,于是

$$\boldsymbol{AB}(\boldsymbol{B}^{-1}\boldsymbol{\xi})=\boldsymbol{AE\xi}=\boldsymbol{A\xi}=\boldsymbol{b}.$$

由此可得,$\boldsymbol{B}^{-1}\boldsymbol{\xi}$ 是方程组 $\boldsymbol{ABx}=\boldsymbol{b}$ 的一个解.因此,若方程组 $\boldsymbol{Ax}=\boldsymbol{b}$ 有解,则方程组 $\boldsymbol{ABx}=\boldsymbol{b}$ 也有解.选项(A)正确.

实际上,由 $\boldsymbol{B}$ 可逆可知 $\boldsymbol{A}$ 与 $\boldsymbol{AB}$ 的列向量组等价,从而若 $\boldsymbol{A}$ 的列向量组能表示 $\boldsymbol{b}$,即方程组 $\boldsymbol{Ax}=\boldsymbol{b}$ 有解,则 $\boldsymbol{AB}$ 的列向量组也能表示 $\boldsymbol{b}$,即方程组 $\boldsymbol{ABx}=\boldsymbol{b}$ 有解.

但由 $\boldsymbol{B}$ 可逆不能保证 $\boldsymbol{A}$ 与 $\boldsymbol{BA}$ 的列向量组等价,从而方程组 $\boldsymbol{Ax}=\boldsymbol{b}$ 有解时,方程组 $\boldsymbol{BAx}=\boldsymbol{b}$ 不一定有解.

例如,取 $n=2$,$\boldsymbol{A}=\begin{bmatrix}0&0\\1&0\end{bmatrix}$,$\boldsymbol{B}=\begin{bmatrix}0&1\\1&0\end{bmatrix}$,$\boldsymbol{b}=\begin{bmatrix}0\\1\end{bmatrix}$.此时,$\boldsymbol{Ax}=\boldsymbol{b}$ 有解 $\boldsymbol{\xi}=\begin{bmatrix}1\\0\end{bmatrix}$.方程组 $\boldsymbol{BAx}=\boldsymbol{b}$ 的增广矩阵为$(\boldsymbol{BA},\boldsymbol{b})=\begin{bmatrix}1&0&0\\0&0&1\end{bmatrix}$,$r(\boldsymbol{BA},\boldsymbol{b})>r(\boldsymbol{BA})$.于是,方程组 $\boldsymbol{BAx}=\boldsymbol{b}$ 无解.该例子说明选项(B)不正确.

若方程组 $\boldsymbol{Ax}=\boldsymbol{0}$ 有非零解,则 $r(\boldsymbol{A})<n$,从而 $r(\boldsymbol{AB})\leqslant r(\boldsymbol{A})<n$,$r(\boldsymbol{BA})\leqslant r(\boldsymbol{A})<n$,方程组 $\boldsymbol{ABx}=\boldsymbol{0}$ 和 $\boldsymbol{BAx}=\boldsymbol{0}$ 都有非零解.选项(C)和(D)均正确.

综上所述,应选(B).

2. 3 阶矩阵 $\boldsymbol{A}$ 的特征值为 1,2,3.$\boldsymbol{\alpha}_1=(-1,-1,1)^{\mathrm{T}}$,$\boldsymbol{\alpha}_2=(1,-2,-1)^{\mathrm{T}}$且 $\boldsymbol{A\alpha}_1=\boldsymbol{\alpha}_1$,$\boldsymbol{A\alpha}_2=2\boldsymbol{\alpha}_2$.则方程组 $\boldsymbol{A}^*\boldsymbol{x}=\boldsymbol{\alpha}_1+2\boldsymbol{\alpha}_2$的解是(　　).

(A) $\left(\frac{1}{2},-\frac{3}{2},-\frac{1}{2}\right)^{\mathrm{T}}$　　(B) $\left(\frac{1}{2},\frac{3}{2},-\frac{1}{2}\right)^{\mathrm{T}}$

(C) $\left(\frac{1}{2},\frac{3}{2},\frac{1}{2}\right)^{\mathrm{T}}$　　(D) $\left(-\frac{1}{2},-\frac{3}{2},-\frac{1}{2}\right)^{\mathrm{T}}$

解

$\boldsymbol{A}$ 的特征值是 $1,2,3\Rightarrow|\boldsymbol{A}|=6$,此时 $\boldsymbol{A}^*$ 可逆,由克拉默法则知方程组 $\boldsymbol{A}^*\boldsymbol{x}=\boldsymbol{\alpha}_1+2\boldsymbol{\alpha}_2$ 有唯一解 $\boldsymbol{x}=(\boldsymbol{A}^*)^{-1}(\boldsymbol{\alpha}_1+2\boldsymbol{\alpha}_2)=\dfrac{\boldsymbol{A}}{|\boldsymbol{A}|}(\boldsymbol{\alpha}_1+2\boldsymbol{\alpha}_2)=\dfrac{1}{6}\boldsymbol{A}(\boldsymbol{\alpha}_1+2\boldsymbol{\alpha}_2)=\dfrac{1}{6}(\boldsymbol{A\alpha}_1+2\boldsymbol{A\alpha}_2)$

$$=\frac{1}{6}(1\boldsymbol{\alpha}_1+2\cdot 2\boldsymbol{\alpha}_2)=\left(\frac{1}{2},-\frac{3}{2},-\frac{1}{2}\right)^{\mathrm{T}},选(\mathrm{A}).$$

3. 设 $\boldsymbol{A}=\begin{bmatrix}1&-2&1\\1&2&0\\2&0&1\end{bmatrix}$，$\boldsymbol{B}=\begin{bmatrix}1&2&a\\4&0&b\\0&-4&c\end{bmatrix}$，已知矩阵方程 $\boldsymbol{XA}=\boldsymbol{B}$ 有解.

(1) 求 a,b,c 的值；(2) 求矩阵方程的全部解.

解

(1) 矩阵方程 $\boldsymbol{XA}=\boldsymbol{B}$ 有解等价于矩阵方程 $\boldsymbol{A}^{\mathrm{T}}\boldsymbol{X}^{\mathrm{T}}=\boldsymbol{B}^{\mathrm{T}}$ 有解，故 $r(\boldsymbol{A}^{\mathrm{T}})=r(\boldsymbol{A}^{\mathrm{T}}\mid\boldsymbol{B}^{\mathrm{T}})$.

记 $\boldsymbol{B}=\begin{bmatrix}\boldsymbol{\beta}_1\\\boldsymbol{\beta}_2\\\boldsymbol{\beta}_3\end{bmatrix}$，则 $\boldsymbol{B}^{\mathrm{T}}=(\boldsymbol{\beta}_1^{\mathrm{T}},\boldsymbol{\beta}_2^{\mathrm{T}},\boldsymbol{\beta}_3^{\mathrm{T}})$，

对矩阵 $(\boldsymbol{A}^{\mathrm{T}}\mid\boldsymbol{B}^{\mathrm{T}})$ 作初等行变换，得

$$(\boldsymbol{A}^{\mathrm{T}}\mid\boldsymbol{B}^{\mathrm{T}})=\left[\begin{array}{ccc:ccc}1&1&2&1&4&0\\-2&2&0&2&0&-4\\1&0&1&a&b&c\end{array}\right]$$

$$\to\left[\begin{array}{ccc:ccc}1&1&2&1&4&0\\0&1&1&1&2&-1\\0&-1&-1&a-1&b-4&c\end{array}\right]$$

$$\to\left[\begin{array}{ccc:ccc}1&0&1&0&2&1\\0&1&1&1&2&-1\\0&0&0&a&b-2&c-1\end{array}\right],$$

故当 $a=0,b=2,c=1$ 时，$r(\boldsymbol{A}^{\mathrm{T}})=r(\boldsymbol{A}^{\mathrm{T}}\mid\boldsymbol{B}^{\mathrm{T}})=2$，矩阵方程有解.

(2) 因此，非齐次线性方程组 $\boldsymbol{A}^{\mathrm{T}}\boldsymbol{x}=\boldsymbol{\beta}_1^{\mathrm{T}}$ 的通解为

$$\boldsymbol{x}_1=k_1\begin{bmatrix}1\\1\\-1\end{bmatrix}+\begin{bmatrix}0\\1\\0\end{bmatrix}=\begin{bmatrix}k_1\\k_1+1\\-k_1\end{bmatrix},$$

$\boldsymbol{A}^{\mathrm{T}}\boldsymbol{x}=\boldsymbol{\beta}_2^{\mathrm{T}}$ 的通解为

$$\boldsymbol{x}_2=k_2\begin{bmatrix}1\\1\\-1\end{bmatrix}+\begin{bmatrix}2\\2\\0\end{bmatrix}=\begin{bmatrix}k_2+2\\k_2+2\\-k_2\end{bmatrix},$$

$\boldsymbol{A}^{\mathrm{T}}\boldsymbol{x}=\boldsymbol{\beta}_3^{\mathrm{T}}$ 的通解为

$$\boldsymbol{x}_3=k_3\begin{bmatrix}1\\1\\-1\end{bmatrix}+\begin{bmatrix}1\\-1\\0\end{bmatrix}=\begin{bmatrix}k_3+1\\k_3-1\\-k_3\end{bmatrix},$$

其中 k_1,k_2,k_3为任意常数.

所以 $\boldsymbol{X}^{\mathrm{T}}=(\boldsymbol{x}_1,\boldsymbol{x}_2,\boldsymbol{x}_3)=\begin{bmatrix}k_1&k_2+2&k_3+1\\k_1+1&k_2+2&k_3-1\\-k_1&-k_2&-k_3\end{bmatrix}$,

故 $\boldsymbol{X}=\begin{bmatrix}k_1&k_1+1&-k_1\\k_2+2&k_2+2&-k_2\\k_3+1&k_3-1&-k_3\end{bmatrix}$,其中 k_1,k_2,k_3为任意常数.

4. 设方程组 $\boldsymbol{A}_{4\times4}\boldsymbol{x}=(\boldsymbol{\alpha}_1,\boldsymbol{\alpha}_2,\boldsymbol{\alpha}_3,\boldsymbol{\alpha}_4)\boldsymbol{x}=\boldsymbol{\alpha}_5$ 有通解

$$k(2,-3,0,-1)^{\mathrm{T}}+(2,1,-2,3)^{\mathrm{T}},$$

问 (1) $\boldsymbol{\alpha}_5$能否由 $\boldsymbol{\alpha}_2,\boldsymbol{\alpha}_3,\boldsymbol{\alpha}_4$线性表出,若能,写出该表出式,若不能,说明理由;

(2) $\boldsymbol{\alpha}_3$能否由 $\boldsymbol{\alpha}_1,\boldsymbol{\alpha}_2,\boldsymbol{\alpha}_4$线性表出,若能,写出该表出式,若不能,说明理由;

(3) 求方程组$(\boldsymbol{\alpha}_1+\boldsymbol{\alpha}_5,\boldsymbol{\alpha}_1,\boldsymbol{\alpha}_2,\boldsymbol{\alpha}_3,\boldsymbol{\alpha}_4)\boldsymbol{x}=\boldsymbol{\alpha}_5$ 的通解.

解

(1) 能,取 $k=-1$,得方程组的一个特解为 $\boldsymbol{\eta}=(0,4,-2,4)^{\mathrm{T}}$. 即 $\boldsymbol{\alpha}_5=4\boldsymbol{\alpha}_2-2\boldsymbol{\alpha}_3+4\boldsymbol{\alpha}_4$.

(2) 不能,由题设条件知,对应齐次方程组$(\boldsymbol{\alpha}_1,\boldsymbol{\alpha}_2,\boldsymbol{\alpha}_3,\boldsymbol{\alpha}_4)\boldsymbol{x}=\boldsymbol{0}$ 的通解为 $k(2,-3,0,-1)^{\mathrm{T}}$知 $2\boldsymbol{\alpha}_1-3\boldsymbol{\alpha}_2-\boldsymbol{\alpha}_4=\boldsymbol{0}$,即 $\boldsymbol{\alpha}_4=2\boldsymbol{\alpha}_1-3\boldsymbol{\alpha}_2$,且 $r(\boldsymbol{\alpha}_1,\boldsymbol{\alpha}_2,\boldsymbol{\alpha}_3,\boldsymbol{\alpha}_4)=3$. 若 $\boldsymbol{\alpha}_3$可以由 $\boldsymbol{\alpha}_1,\boldsymbol{\alpha}_2,\boldsymbol{\alpha}_4$线性表出,则将使 $r(\boldsymbol{\alpha}_1,\boldsymbol{\alpha}_2,\boldsymbol{\alpha}_3,\boldsymbol{\alpha}_4)\leqslant 2$ 导出矛盾,故 $\boldsymbol{\alpha}_3$不能由 $\boldsymbol{\alpha}_1,\boldsymbol{\alpha}_2,\boldsymbol{\alpha}_4$线性表出.

(3) 因 $r(\boldsymbol{\alpha}_1,\boldsymbol{\alpha}_2,\boldsymbol{\alpha}_3,\boldsymbol{\alpha}_4)=r(\boldsymbol{\alpha}_1,\boldsymbol{\alpha}_2,\boldsymbol{\alpha}_3,\boldsymbol{\alpha}_4,\boldsymbol{\alpha}_5)=r(\boldsymbol{\alpha}_1+\boldsymbol{\alpha}_5,\boldsymbol{\alpha}_1,\boldsymbol{\alpha}_2,\boldsymbol{\alpha}_3,\boldsymbol{\alpha}_4)=r(\boldsymbol{\alpha}_1+\boldsymbol{\alpha}_5,\boldsymbol{\alpha}_1,\boldsymbol{\alpha}_2,\boldsymbol{\alpha}_3,\boldsymbol{\alpha}_4,\boldsymbol{\alpha}_5)=3$. 故方程组$(\boldsymbol{\alpha}_1+\boldsymbol{\alpha}_5,\boldsymbol{\alpha}_1,\boldsymbol{\alpha}_2,\boldsymbol{\alpha}_3,\boldsymbol{\alpha}_4)\boldsymbol{x}=\boldsymbol{\alpha}_5$的通解的结构为

$$k_1\boldsymbol{\xi}_1+k_2\boldsymbol{\xi}_2+\boldsymbol{\eta},$$

其中

$$(\boldsymbol{\alpha}_1+\boldsymbol{\alpha}_5,\boldsymbol{\alpha}_1,\boldsymbol{\alpha}_2,\boldsymbol{\alpha}_3,\boldsymbol{\alpha}_4)\begin{bmatrix}0\\0\\4\\-2\\4\end{bmatrix}=\boldsymbol{\alpha}_5,\quad 故有\ \boldsymbol{\eta}=\begin{bmatrix}0\\0\\4\\-2\\4\end{bmatrix}.$$

$$(\boldsymbol{\alpha}_1+\boldsymbol{\alpha}_5,\boldsymbol{\alpha}_1,\boldsymbol{\alpha}_2,\boldsymbol{\alpha}_3,\boldsymbol{\alpha}_4)\begin{bmatrix}0\\2\\-3\\0\\-1\end{bmatrix}=\boldsymbol{0},\quad 故有\ \boldsymbol{\xi}_1=\begin{bmatrix}0\\2\\-3\\0\\-1\end{bmatrix}.$$

$\boldsymbol{\xi}_2$可有两种求法:

方法 1　因

$$(\boldsymbol{\alpha}_1+\boldsymbol{\alpha}_5,\boldsymbol{\alpha}_1,\boldsymbol{\alpha}_2,\boldsymbol{\alpha}_3,\boldsymbol{\alpha}_4)\begin{bmatrix}1\\-1\\0\\0\\0\end{bmatrix}=\boldsymbol{\alpha}_5,故有\ \boldsymbol{\eta}'=\begin{bmatrix}1\\-1\\0\\0\\0\end{bmatrix}.$$

从而得

$$\boldsymbol{\xi}_2=\boldsymbol{\eta}-\boldsymbol{\eta}'=\begin{bmatrix}-1\\1\\4\\-2\\4\end{bmatrix}.$$

方法 2　因 $\boldsymbol{\alpha}_1+\boldsymbol{\alpha}_5=\boldsymbol{\alpha}_1+4\boldsymbol{\alpha}_2-2\boldsymbol{\alpha}_3+4\boldsymbol{\alpha}_4$,故有

$$(\boldsymbol{\alpha}_1+\boldsymbol{\alpha}_5,\boldsymbol{\alpha}_1,\boldsymbol{\alpha}_2,\boldsymbol{\alpha}_3,\boldsymbol{\alpha}_4)\begin{bmatrix}1\\-1\\-4\\2\\-4\end{bmatrix}=0,得\ \boldsymbol{\xi}_2=\begin{bmatrix}1\\-1\\-4\\2\\-4\end{bmatrix}.$$

故方程组$(\boldsymbol{\alpha}_1+\boldsymbol{\alpha}_5,\boldsymbol{\alpha}_1,\boldsymbol{\alpha}_2,\boldsymbol{\alpha}_3,\boldsymbol{\alpha}_4)\boldsymbol{x}=\boldsymbol{\alpha}_5$ 的通解为

$$k_1\boldsymbol{\xi}_1+k_2\boldsymbol{\xi}_2+\boldsymbol{\eta}=k_1\begin{bmatrix}0\\2\\-3\\0\\-1\end{bmatrix}+k_2\begin{bmatrix}1\\-1\\-4\\2\\-4\end{bmatrix}+\begin{bmatrix}0\\0\\4\\-2\\4\end{bmatrix},$$

其中 k_1,k_2是任意常数.

专题九 方程组的公共解与同解问题

解题要点

若 $\boldsymbol{\alpha}$ 是 $\boldsymbol{Ax}=\boldsymbol{0}$ 的解，且 $\boldsymbol{\alpha}$ 也是 $\boldsymbol{Bx}=\boldsymbol{0}$ 的解，则称 $\boldsymbol{\alpha}$ 是 $\boldsymbol{Ax}=\boldsymbol{0}$ 和 $\boldsymbol{Bx}=\boldsymbol{0}$ 的公共解.如何求公共解，见下面考题.

若 $\boldsymbol{Ax}=\boldsymbol{0}$ 的解都是 $\boldsymbol{Bx}=\boldsymbol{0}$ 的解，且 $\boldsymbol{Bx}=\boldsymbol{0}$ 的解也都是 $\boldsymbol{Ax}=\boldsymbol{0}$ 的解，则称方程组 $\boldsymbol{Ax}=\boldsymbol{0}$ 和 $\boldsymbol{Bx}=\boldsymbol{0}$ 是同解方程组.

1. $\boldsymbol{Ax}=\boldsymbol{0}$ 和 $\boldsymbol{Bx}=\boldsymbol{0}$ 是同解方程组 $\Rightarrow r(\boldsymbol{A})=r(\boldsymbol{B})$.

2. $\boldsymbol{Ax}=\boldsymbol{0}$ 和 $\boldsymbol{Bx}=\boldsymbol{0}$ 同解 $\Leftrightarrow r(\boldsymbol{A})=r(\boldsymbol{B})=r\begin{pmatrix}\boldsymbol{A}\\ \boldsymbol{B}\end{pmatrix}$

$\Leftrightarrow \boldsymbol{Ax}=\boldsymbol{0}$ 的解都是 $\boldsymbol{Bx}=\boldsymbol{0}$ 的解，且 $r(\boldsymbol{A})=r(\boldsymbol{B})$

$\Leftrightarrow \boldsymbol{Bx}=\boldsymbol{0}$ 的解都是 $\boldsymbol{Ax}=\boldsymbol{0}$ 的解，且 $r(\boldsymbol{A})=r(\boldsymbol{B})$

$\Leftrightarrow \boldsymbol{A}$ 的行向量组与 $\boldsymbol{B}$ 的行向量组等价（$\boldsymbol{A}$ 可经过初等行变换得到 $\boldsymbol{B}$）.

3. 设 $\boldsymbol{A}$ 是 $m\times n$ 矩阵，则 $\boldsymbol{Ax}=\boldsymbol{0}$ 和 $(\boldsymbol{A}^{\mathrm{T}}\boldsymbol{A})\boldsymbol{x}=\boldsymbol{0}$ 是同解方程组.

4. 设 $\boldsymbol{A}$ 是 n 阶矩阵，则 $\boldsymbol{A}^{n}\boldsymbol{x}=\boldsymbol{0}$ 和 $\boldsymbol{A}^{n+1}\boldsymbol{x}=\boldsymbol{0}$ 是同解方程组.

1. 设 $\boldsymbol{A}$ 为 $m\times n$ 矩阵，$\boldsymbol{e}=(1,1,\cdots,1)^{\mathrm{T}}$.若方程组 $\boldsymbol{Ay}=\boldsymbol{e}$ 有解，则对于（Ⅰ）$\boldsymbol{A}^{\mathrm{T}}\boldsymbol{x}=\boldsymbol{0}$ 与（Ⅱ）$\begin{cases}\boldsymbol{A}^{\mathrm{T}}\boldsymbol{x}=\boldsymbol{0},\\ \boldsymbol{e}^{\mathrm{T}}\boldsymbol{x}=0,\end{cases}$ 说法正确的是（　　）.

（A）（Ⅰ）的解都是（Ⅱ）的解，但（Ⅱ）的解未必是（Ⅰ）的解

（B）（Ⅱ）的解都是（Ⅰ）的解，但（Ⅰ）的解未必是（Ⅱ）的解

（C）（Ⅰ）的解不是（Ⅱ）的解，且（Ⅱ）的解也不必是（Ⅰ）的解

（D）（Ⅰ）的解都是（Ⅱ）的解，且（Ⅱ）的解也都是（Ⅰ）的解

解

显然方程组(Ⅱ)的解都是方程组(Ⅰ)的解.由 $\boldsymbol{Ay}=\boldsymbol{e}$ 有解,知 $r(\boldsymbol{A})=r(\boldsymbol{A},\boldsymbol{e})$,于是 $r(\boldsymbol{A}^{\mathrm{T}})=r(\boldsymbol{A},\boldsymbol{e})^{\mathrm{T}}=r\begin{pmatrix}\boldsymbol{A}^{\mathrm{T}}\\ \boldsymbol{e}^{\mathrm{T}}\end{pmatrix}$,于是方程组(Ⅰ)与方程组(Ⅱ)同解.

2. 已知齐次线性方程组(Ⅰ)的基础解系为 $\boldsymbol{\alpha}_1=(1,0,1,1)^{\mathrm{T}},\boldsymbol{\alpha}_2=(2,1,0,-1)^{\mathrm{T}},\boldsymbol{\alpha}_3=(0,2,1,-1)^{\mathrm{T}}$,添加两个方程 $\begin{cases}x_1+x_2+x_3+x_4=0,\\ x_1+2x_2+2x_4=0\end{cases}$ 后组成齐次线性方程组(Ⅱ),求(Ⅱ)的基础解系.

解

由题设知(Ⅰ)的通解为

$$(x_1,x_2,x_3,x_4)^{\mathrm{T}}=C_1\boldsymbol{\alpha}_1+C_2\boldsymbol{\alpha}_2+C_3\boldsymbol{\alpha}_3=(C_1+2C_2,C_2+2C_3,C_1+C_3,C_1-C_2-C_3)^{\mathrm{T}}, \quad ①$$

其中 C_1,C_2,C_3 为任意常数,即 $x_1=C_1+2C_2,x_2=C_2+2C_3,x_3=C_1+C_3,x_4=C_1-C_2-C_3$,代入添加的两个方程,得

$$\begin{cases}(C_1+2C_2)+(C_2+2C_3)+(C_1+C_3)+(C_1-C_2-C_3)=0,\\ (C_1+2C_2)+2(C_2+2C_3)+2(C_1-C_2-C_3)=0,\end{cases}$$

即

$$3C_1+2C_2+2C_3=0 \text{ 或 } C_3=-\frac{3}{2}C_1-C_2. \quad ②$$

将②式代入①式得

$$(x_1,x_2,x_3,x_4)^{\mathrm{T}}=\left(C_1+2C_2,-3C_1-C_2,-\frac{1}{2}C_1-C_2,\frac{5}{2}C_1\right)^{\mathrm{T}}$$

$$=C_1\left(1,-3,-\frac{1}{2},\frac{5}{2}\right)^{\mathrm{T}}+C_2(2,-1,-1,0)^{\mathrm{T}}(C_1,C_2\text{是任意常数}).$$

由此可知,(Ⅱ)的基础解系为 $\left(1,-3,-\frac{1}{2},\frac{5}{2}\right)^{\mathrm{T}},(2,-1,-1,0)^{\mathrm{T}}$.

注

从题解中可以看到，(Ⅰ)的通解①中包含有三个任意常数，而(Ⅱ)的通解中只包含两个任意常数，这是因为 C_1,C_2,C_3 受添加的两个方程，即 $3C_1+2C_2+2C_3=0$ 的约束.

3. 已知 $\boldsymbol{A},\boldsymbol{B}$ 均是 2×4 矩阵，$\boldsymbol{Ax}=\boldsymbol{0}$ 的基础解系是 $\boldsymbol{\alpha}_1=(1,1,2,1)^{\mathrm{T}},\boldsymbol{\alpha}_2=(0,-3,1,0)^{\mathrm{T}}$，$\boldsymbol{Bx}=\boldsymbol{0}$ 的基础解系是 $\boldsymbol{\beta}_1=(1,3,0,2)^{\mathrm{T}},\boldsymbol{\beta}_2=(1,2,-1,a)^{\mathrm{T}}$.

(1) 求矩阵 $\boldsymbol{A}$；

(2) 如果 $\boldsymbol{Ax}=\boldsymbol{0}$ 和 $\boldsymbol{Bx}=\boldsymbol{0}$ 有非零公共解，求 a 的值及所有非零公共解.

解

(1) 记 $\boldsymbol{C}=(\boldsymbol{\alpha}_1,\boldsymbol{\alpha}_2)$，则有 $\boldsymbol{AC}=\boldsymbol{A}(\boldsymbol{\alpha}_1,\boldsymbol{\alpha}_2)=\boldsymbol{O}$，得 $\boldsymbol{C}^{\mathrm{T}}\boldsymbol{A}^{\mathrm{T}}=\boldsymbol{O}$，即 $\boldsymbol{A}^{\mathrm{T}}$ 的列向量(即 $\boldsymbol{A}$ 的行向量)是 $\boldsymbol{C}^{\mathrm{T}}\boldsymbol{x}=\boldsymbol{0}$ 的解向量.

$$\boldsymbol{C}^{\mathrm{T}}=\begin{bmatrix}1&1&2&1\\0&-3&1&0\end{bmatrix}.$$

解得 $\boldsymbol{C}^{\mathrm{T}}\boldsymbol{x}=\boldsymbol{0}$ 的基础解系为 $\boldsymbol{\xi}_1=(1,0,0,-1)^{\mathrm{T}},\boldsymbol{\xi}_2=(-7,1,3,0)^{\mathrm{T}}$.

故
$$\boldsymbol{A}=\begin{bmatrix}1&0&0&-1\\-7&1&3&0\end{bmatrix}.$$

(2) 若 $\boldsymbol{Ax}=\boldsymbol{0}$ 和 $\boldsymbol{Bx}=\boldsymbol{0}$ 有非零公共解，则非零公共解既可由 $\boldsymbol{\alpha}_1,\boldsymbol{\alpha}_2$ 线性表出，也可由 $\boldsymbol{\beta}_1,\boldsymbol{\beta}_2$ 线性表出，设非零公共解为

$$\boldsymbol{\eta}=x_1\boldsymbol{\alpha}_1+x_2\boldsymbol{\alpha}_2=x_3\boldsymbol{\beta}_1+x_4\boldsymbol{\beta}_2.$$

于是
$$x_1\boldsymbol{\alpha}_1+x_2\boldsymbol{\alpha}_2-x_3\boldsymbol{\beta}_1-x_4\boldsymbol{\beta}_2=\boldsymbol{0}. \qquad (*)$$

对 $(\boldsymbol{\alpha}_1,\boldsymbol{\alpha}_2,-\boldsymbol{\beta}_1,-\boldsymbol{\beta}_2)$ 作初等行变换，

$$(\boldsymbol{\alpha}_1,\boldsymbol{\alpha}_2,-\boldsymbol{\beta}_1,-\boldsymbol{\beta}_2)=\begin{bmatrix}1&0&-1&-1\\1&-3&-3&-2\\2&1&0&1\\1&0&-2&-a\end{bmatrix}\to\begin{bmatrix}1&0&-1&-1\\0&-3&-2&-1\\0&1&2&3\\0&0&-1&-a+1\end{bmatrix}$$

$$\to\begin{bmatrix}1&0&-1&-1\\0&1&2&3\\0&0&4&8\\0&0&-1&-a+1\end{bmatrix}\to\begin{bmatrix}1&0&-1&-1\\0&1&2&3\\0&0&1&2\\0&0&0&-a+3\end{bmatrix}.$$

当 $a=3$ 时，方程组(*)有非零解 $k(-1,1,-2,1)^{\mathrm{T}}$($k$ 是任意非零常数)，此时 $\boldsymbol{A}\boldsymbol{x}=\boldsymbol{0}$ 和 $\boldsymbol{B}\boldsymbol{x}=\boldsymbol{0}$ 的非零公共解为

$$\boldsymbol{\eta}=k(-\boldsymbol{\alpha}_1+\boldsymbol{\alpha}_2)=k(-1,-4,-1,-1)^{\mathrm{T}}=k_1(1,4,1,1)^{\mathrm{T}},$$

其中 k_1 是任意非零常数.

或

$$\boldsymbol{\eta}=k(-2\boldsymbol{\beta}_1+\boldsymbol{\beta}_2)=k_2(1,4,1,1)^{\mathrm{T}},$$

其中 k_2 是任意非零常数.

注

(1) 中 $\boldsymbol{A}$ 表达式不唯一.

专题十　特征值与特征向量

解题要点

设 $\boldsymbol{A}$ 是 n 阶矩阵，λ 是一个数，$\boldsymbol{\alpha}$ 是 n 维非零列向量，若 $\boldsymbol{A\alpha}=\lambda\boldsymbol{\alpha}$，则称 λ 是 $\boldsymbol{A}$ 的特征值，非零列向量 $\boldsymbol{\alpha}$ 是 $\boldsymbol{A}$ 的对应于特征值 λ 的特征向量.

1. 若 $\boldsymbol{A}$ 是元素已给出的具体矩阵，则先由 $|\lambda\boldsymbol{E}-\boldsymbol{A}|=0$ 求得 $\boldsymbol{A}$ 的特征值 $\lambda_1,\lambda_2,\cdots,\lambda_n$；再由 $(\lambda_i\boldsymbol{E}-\boldsymbol{A})\boldsymbol{x}=\boldsymbol{0}(i=1,2,\cdots,n)$ 求基础解系，得 $\boldsymbol{A}$ 的对应于特征值 λ_i 的线性无关的特征向量.

2. 若 $\boldsymbol{A}$ 是元素未给出的抽象矩阵，则一般是利用定义、性质等去求 $\boldsymbol{A}$ 的特征值和特征向量.

3. 若 $r(\boldsymbol{A})=1$，则 $\boldsymbol{A}$ 的特征值是 $\lambda_1=\lambda_2=\cdots=\lambda_{n-1}=0,\lambda_n=\sum\limits_{i=1}^{n}a_{ii}$.

4. 若 $f(\boldsymbol{A})=\boldsymbol{O}$，则 $f(\lambda)=0$，其中 λ 是 $\boldsymbol{A}$ 的特征值.

5. 若 $\boldsymbol{A}$ 是正交矩阵，λ 是 $\boldsymbol{A}$ 的实特征值，$\boldsymbol{\alpha}$ 是相应的特征向量，则 λ 只能是 ±1，且 $\boldsymbol{\alpha}$ 也是 $\boldsymbol{A}^{\mathrm{T}}$ 的特征向量.

证明　按特征值定义，对于 $\boldsymbol{A\alpha}=\lambda\boldsymbol{\alpha}$，经转置得

$$\boldsymbol{\alpha}^{\mathrm{T}}\boldsymbol{A}^{\mathrm{T}}=(\boldsymbol{A\alpha})^{\mathrm{T}}=(\lambda\boldsymbol{\alpha})^{\mathrm{T}}=\lambda\boldsymbol{\alpha}^{\mathrm{T}},$$

因为 $\boldsymbol{A}^{\mathrm{T}}\boldsymbol{A}=\boldsymbol{E}$，从而 $\boldsymbol{\alpha}^{\mathrm{T}}\boldsymbol{\alpha}=\boldsymbol{\alpha}^{\mathrm{T}}\boldsymbol{A}^{\mathrm{T}}\boldsymbol{A\alpha}=(\lambda\boldsymbol{\alpha}^{\mathrm{T}})(\lambda\boldsymbol{\alpha})=\lambda^2\boldsymbol{\alpha}^{\mathrm{T}}\boldsymbol{\alpha}$，则 $(1-\lambda^2)\boldsymbol{\alpha}^{\mathrm{T}}\boldsymbol{\alpha}=0$.
因为 $\boldsymbol{\alpha}$ 是实特征向量，$\boldsymbol{\alpha}^{\mathrm{T}}\boldsymbol{\alpha}=x_1^2+x_2^2+\cdots+x_n^2>0$，可知 $\lambda^2=1$，由于 λ 是实数，故只能是 1 或 -1.

若 $\lambda=1$，从 $\boldsymbol{A\alpha}=\boldsymbol{\alpha}$，两边左乘 $\boldsymbol{A}^{\mathrm{T}}$，得到 $\boldsymbol{A}^{\mathrm{T}}\boldsymbol{\alpha}=\boldsymbol{A}^{\mathrm{T}}\boldsymbol{A\alpha}=\boldsymbol{\alpha}$，即 $\boldsymbol{\alpha}$ 是 $\boldsymbol{A}^{\mathrm{T}}$ 关于 $\lambda=1$ 的特征向量（类似可有 $\lambda=-1$ 的论证，下略）.

注　如 $\boldsymbol{A}$ 是 n 阶矩阵，从 $|\lambda\boldsymbol{E}-\boldsymbol{A}|=|(\lambda\boldsymbol{E}-\boldsymbol{A})^{\mathrm{T}}|=|\lambda\boldsymbol{E}-\boldsymbol{A}^{\mathrm{T}}|$ 知 $\boldsymbol{A}$ 与 $\boldsymbol{A}^{\mathrm{T}}$ 有相同的特征值，但 $\boldsymbol{A}$ 与 $\boldsymbol{A}^{\mathrm{T}}$ 的特征向量往往是无关联的. 例如 $\boldsymbol{A}=\begin{bmatrix}4&-5\\2&-3\end{bmatrix}$ 与 $\boldsymbol{A}^{\mathrm{T}}=\begin{bmatrix}4&2\\-5&-3\end{bmatrix}$，虽特征值

都是 2 和 -1,但 $\boldsymbol{A}$ 关于 $\lambda=2$ 的特征向量是 $\begin{bmatrix}5\\2\end{bmatrix}$,而 $\boldsymbol{A}^{\mathrm{T}}$ 关于 $\lambda=2$ 的特征向量是 $\begin{bmatrix}1\\-1\end{bmatrix}$.

1. 设 $\boldsymbol{A}=\begin{bmatrix}4&5&a\\-2&-2&1\\-1&-1&1\end{bmatrix}$ 只有一个线性无关的特征向量,则 $\boldsymbol{A}$ 的特征向量是________.

解

根据“不同特征值对应的特征向量线性无关”,知 $\lambda_1=\lambda_2=\lambda_3=\lambda$.

由 $\lambda_1+\lambda_2+\lambda_3=3\lambda=4-2+1$,知 $\lambda_1=\lambda_2=\lambda_3=1$.

由 $\boldsymbol{E}-\boldsymbol{A}=\begin{bmatrix}-3&-5&-a\\2&3&-1\\1&1&0\end{bmatrix}\to\begin{bmatrix}0&-2&-a\\0&1&-1\\1&1&0\end{bmatrix}\to\begin{bmatrix}1&1&0\\0&1&-1\\0&0&0\end{bmatrix}$,

可得 A 的所有特征向量为 $k\begin{bmatrix}-1\\1\\1\end{bmatrix}$,其中 k 为任意不为 0 的常数.

2. 命题:(1) 设 $\boldsymbol{A}$ 是 $m\times n$ 阶矩阵,则 $\boldsymbol{A}^{\mathrm{T}}\boldsymbol{A}$ 的特征值都是非负数;

(2) 设 $\boldsymbol{A}$ 是 n 阶反对称矩阵,则它的实特征值只能是 0.

对以上命题描述正确的是(　　).

(A) (1)和(2)都对　　(B) (1)对,但(2)不对

(C) (1)不对,但(2)对　　(D) (1)和(2)都不对

解

(1) 设 λ 是 $\boldsymbol{A}^{\mathrm{T}}\boldsymbol{A}$ 的特征值,于是 $\boldsymbol{A}^{\mathrm{T}}\boldsymbol{A}\boldsymbol{\alpha}=\lambda\boldsymbol{\alpha},\boldsymbol{\alpha}\neq\boldsymbol{0}$,进而 $\boldsymbol{\alpha}^{\mathrm{T}}\boldsymbol{A}^{\mathrm{T}}\boldsymbol{A}\boldsymbol{\alpha}=\lambda\boldsymbol{\alpha}^{\mathrm{T}}\boldsymbol{\alpha}$,即 $(\boldsymbol{A}\boldsymbol{\alpha})^{\mathrm{T}}(\boldsymbol{A}\boldsymbol{\alpha})=\lambda\boldsymbol{\alpha}^{\mathrm{T}}\boldsymbol{\alpha}$,注意到 $(\boldsymbol{A}\boldsymbol{\alpha})^{\mathrm{T}}(\boldsymbol{A}\boldsymbol{\alpha})\geqslant 0$,而 $\boldsymbol{\alpha}^{\mathrm{T}}\boldsymbol{\alpha}>0$,于是 $\lambda\geqslant 0$.

(2) $\boldsymbol{A}$ 是 n 阶反对称矩阵,则 $\boldsymbol{A}^{\mathrm{T}}=-\boldsymbol{A}$,于是 $\boldsymbol{A}^{\mathrm{T}}\boldsymbol{A}=-\boldsymbol{A}\boldsymbol{A}=-\boldsymbol{A}^2$,设 λ 是 $\boldsymbol{A}$ 的特征值,则 $-\boldsymbol{A}^2$ 的特征值是 $-\lambda^2$,显然 $-\lambda^2\leqslant 0$,由(1)知 $\boldsymbol{A}^{\mathrm{T}}\boldsymbol{A}$ 的特征值是非负的,于是 $-\lambda^2\geqslant 0$,故 $\lambda=0$.

3. 设矩阵 $\boldsymbol{A}=\begin{bmatrix} a & -1 & c \\ 5 & b & 3 \\ 1-c & 0 & -a \end{bmatrix}$，其行列式 $|\boldsymbol{A}|=-1$，又 $\boldsymbol{A}$ 的伴随矩阵 $\boldsymbol{A}^*$ 有一个特征值 λ_0，属于 λ_0 的一个特征向量为 $\boldsymbol{\alpha}=(-1,-1,1)^{\mathrm{T}}$，求 a,b,c 和 λ_0 的值.

解

根据题设可得 $\boldsymbol{AA}^*=|\boldsymbol{A}|\boldsymbol{E}=-\boldsymbol{E}$，和

$$\boldsymbol{A}^*\boldsymbol{\alpha}=\lambda_0\boldsymbol{\alpha}.$$

于是

$$\boldsymbol{AA}^*\boldsymbol{\alpha}=\boldsymbol{A}(\lambda_0\boldsymbol{\alpha})=\lambda_0\boldsymbol{A\alpha},$$

又

$$\boldsymbol{AA}^*\boldsymbol{\alpha}=-\boldsymbol{E\alpha}=-\boldsymbol{\alpha},$$

所以 $\lambda_0\boldsymbol{A\alpha}=-\boldsymbol{\alpha}$，即

$$\lambda_0\begin{bmatrix} a & -1 & c \\ 5 & b & 3 \\ 1-c & 0 & -a \end{bmatrix}\begin{bmatrix} -1 \\ -1 \\ 1 \end{bmatrix}=-\begin{bmatrix} -1 \\ -1 \\ 1 \end{bmatrix},$$

由此可得

$$\begin{cases} \lambda_0(-a+1+c)=1, & ① \\ \lambda_0(-5-b+3)=1, & ② \\ \lambda_0(-1+c-a)=-1, & ③ \end{cases}$$

由①和③，解得 $\lambda_0=1$，将 $\lambda_0=1$ 代入②和①，得 $b=-3,a=c$.

由 $|\boldsymbol{A}|=-1$ 和 $a=c$，有

$$\begin{vmatrix} a & -1 & a \\ 5 & -3 & 3 \\ 1-a & 0 & -a \end{vmatrix}=a-3=-1,$$

故 $a=c=2$.因此 $a=2,b=-3,c=2,\lambda_0=1$.

注

题中是给出 $\boldsymbol{A}^*$ 的特征值与特征向量，利用 $\boldsymbol{AA}^*=\boldsymbol{A}^*\boldsymbol{A}=|\boldsymbol{A}|\boldsymbol{E}$ 转化为 $\boldsymbol{A}$ 的特征值与特征向量处理.

4. 设 $\boldsymbol{A}$ 是 3 阶可相似对角化的矩阵，满足 $\boldsymbol{A}^3+2\boldsymbol{A}^2=\boldsymbol{O}$，且 $r(\boldsymbol{A})=2$，则 $|\boldsymbol{A}|$ 的主对角线元素的代数余子式 $A_{11}+A_{22}+A_{33}=$________.

解

设 λ 是 $\boldsymbol{A}$ 的特征值，由 $\boldsymbol{A}^3+2\boldsymbol{A}^2=\boldsymbol{O}$，得 $\lambda^3+2\lambda^2=0$，于是 $\lambda=0$ 或 -2.

又 $\boldsymbol{A}$ 可对角化，且 $r(\boldsymbol{A})=2$，所以 $\lambda_1=0,\lambda_2=\lambda_3=-2$，从而 $A_{11}+A_{22}+A_{33}=\lambda_2\lambda_3+\lambda_1\lambda_3+\lambda_1\lambda_2=4$.

5. 设 $\boldsymbol{A}$ 是 3 阶实对称矩阵，$\boldsymbol{A\alpha}=3\boldsymbol{\beta},\boldsymbol{A\beta}=3\boldsymbol{\alpha},\boldsymbol{\alpha}=(0,-1,1)^{\mathrm{T}},\boldsymbol{\beta}=(1,0,-1)^{\mathrm{T}}$，且存在 3 阶非零矩阵 $\boldsymbol{B}$，使得 $r(\boldsymbol{AB})<r(\boldsymbol{B})$.若 $\boldsymbol{\gamma}=(2,0,-1)^{\mathrm{T}}$，则 $\boldsymbol{A}^n\boldsymbol{\gamma}=$________.

解

由 $\boldsymbol{A}(\boldsymbol{\alpha}+\boldsymbol{\beta})=3\boldsymbol{\beta}+3\boldsymbol{\alpha}=3(\boldsymbol{\alpha}+\boldsymbol{\beta})$，知 $\boldsymbol{\alpha}_1=\boldsymbol{\alpha}+\boldsymbol{\beta}=(1,-1,0)^{\mathrm{T}}$ 是 $\boldsymbol{A}$ 属于 $\lambda_1=3$ 的特征向量；

由 $\boldsymbol{A}(\boldsymbol{\alpha}-\boldsymbol{\beta})=3\boldsymbol{\beta}-3\boldsymbol{\alpha}=-3(\boldsymbol{\alpha}-\boldsymbol{\beta})$，知 $\boldsymbol{\alpha}_2=\boldsymbol{\alpha}-\boldsymbol{\beta}=(-1,-1,2)^{\mathrm{T}}$ 是 $\boldsymbol{A}$ 属于 $\lambda_2=-3$ 的特征向量；

由 $r(\boldsymbol{AB})<r(\boldsymbol{B})$，知 $\boldsymbol{A}$ 不可逆，则 $\lambda_3=0$，设 $\boldsymbol{\alpha}_3=(x_1,x_2,x_3)^{\mathrm{T}}$ 是 $\lambda_3=0$ 对应的特征向量，根据实对称矩阵特征值不同的特征向量必正交，有

$$\begin{cases}\boldsymbol{\alpha}_1^{\mathrm{T}}\boldsymbol{\alpha}_3=x_1-x_2=0,\\ \boldsymbol{\alpha}_2^{\mathrm{T}}\boldsymbol{\alpha}_3=-x_1-x_2+2x_3=0,\end{cases}$$

取 $\boldsymbol{\alpha}_3=(1,1,1)^{\mathrm{T}}$.设 $\boldsymbol{\gamma}=k_1\boldsymbol{\alpha}_1+k_2\boldsymbol{\alpha}_2+k_3\boldsymbol{\alpha}_3$，由 $(\boldsymbol{\alpha}_1,\boldsymbol{\alpha}_2,\boldsymbol{\alpha}_3\ \vdots\ \boldsymbol{\gamma})\to\begin{bmatrix}1&-1&1&2\\0&-1&1&1\\0&0&3&1\end{bmatrix}$，知 $k_3=\dfrac{1}{3}$，$k_2=-\dfrac{2}{3},k_1=1\Rightarrow\boldsymbol{\gamma}=\boldsymbol{\alpha}_1-\dfrac{2}{3}\boldsymbol{\alpha}_2+\dfrac{1}{3}\boldsymbol{\alpha}_3$，两端乘 $\boldsymbol{A}^n$，并注意 $\boldsymbol{A}^n\boldsymbol{\alpha}_i=\lambda_i^n\boldsymbol{\alpha}_i$，有

$$\boldsymbol{A}^n\boldsymbol{\gamma}=\boldsymbol{A}^n\left(\boldsymbol{\alpha}_1-\frac{2}{3}\boldsymbol{\alpha}_2+\frac{1}{3}\boldsymbol{\alpha}_3\right)=\boldsymbol{A}^n\boldsymbol{\alpha}_1-\frac{2}{3}\boldsymbol{A}^n\boldsymbol{\alpha}_2+\frac{1}{3}\boldsymbol{A}^n\boldsymbol{\alpha}_3$$

$$=\lambda_1^n\boldsymbol{\alpha}_1-\frac{2}{3}\lambda_2^n\boldsymbol{\alpha}_2+\frac{1}{3}\lambda_3^n\boldsymbol{\alpha}_3=\begin{bmatrix}3^n+\dfrac{2}{3}(-3)^n\\ -3^n+\dfrac{2}{3}(-3)^n\\ -\dfrac{4}{3}(-3)^n\end{bmatrix}.$$

专题十一 相似对角化问题

解题要点

设 $\boldsymbol{A},\boldsymbol{B}$ 是 n 阶矩阵，$\boldsymbol{\Lambda}$ 是 n 阶对角矩阵，若存在可逆矩阵 $\boldsymbol{P}$，使 $\boldsymbol{P}^{-1}\boldsymbol{AP}=\boldsymbol{\Lambda}$，则称 $\boldsymbol{A}$ 可相似对角化，记为 $\boldsymbol{A}\sim\boldsymbol{\Lambda}$.

1. $\boldsymbol{A}\sim\boldsymbol{\Lambda}\Leftrightarrow\boldsymbol{A}$ 有 n 个线性无关的特征向量

$\Leftrightarrow\boldsymbol{A}$ 的 i 重特征值 λ_i 有 i 个线性无关的特征向量，即 $n-r(\lambda_i\boldsymbol{E}-\boldsymbol{A})=i$.

$\boldsymbol{A}$ 有 n 个不同的特征值$\Rightarrow\boldsymbol{A}\sim\boldsymbol{\Lambda}$.

$\boldsymbol{A}$ 是实对称矩阵$\Rightarrow\boldsymbol{A}\sim\boldsymbol{\Lambda}$.

2. 若 $r(\boldsymbol{A})=1$，则 $\boldsymbol{A}\sim\boldsymbol{\Lambda}\Leftrightarrow\sum\limits_{i=1}^{n}a_{ii}$（迹）$\neq0$.

3. 若 $\boldsymbol{A}^2-(\lambda_1+\lambda_2)\boldsymbol{A}+\lambda_1\lambda_2\boldsymbol{E}=\boldsymbol{O}$，且 $\lambda_1\neq\lambda_2$，则 $\boldsymbol{A}\sim\boldsymbol{\Lambda}$.

4. 对 $\boldsymbol{P}^{-1}\boldsymbol{AP}=\boldsymbol{\Lambda}$，其中可逆矩阵 $\boldsymbol{P}$ 是由 $\boldsymbol{A}$ 的特征向量 $\boldsymbol{\alpha}_i$ 拼成的，$\boldsymbol{\Lambda}$ 是由 $\boldsymbol{A}$ 的特征值 λ_i 拼成的，同时要保证 $\boldsymbol{P}$ 中的特征向量 $\boldsymbol{\alpha}_i$ 要与 $\boldsymbol{\Lambda}$ 中的特征值 λ_i 一一对应.

5. 若 $\boldsymbol{A}$ 与 $\boldsymbol{B}$ 的对角线之和、秩、行列式、特征值中有一个不相等，则 $\boldsymbol{A}$ 与 $\boldsymbol{B}$ 不相似（有时亦可从 $\boldsymbol{A}+k\boldsymbol{E}$ 与 $\boldsymbol{B}+k\boldsymbol{E}$ 的对角线之和、秩、行列式或特征值入手）.

6. 若 $\boldsymbol{A}\sim\boldsymbol{\Lambda}$，但 $\boldsymbol{B}$ 不能相似对角化，则 $\boldsymbol{A}$ 与 $\boldsymbol{B}$ 不相似.

7. 若 $\boldsymbol{A}\sim\boldsymbol{\Lambda}$，且 $\boldsymbol{B}\sim\boldsymbol{\Lambda}$，则 $\boldsymbol{A}$ 与 $\boldsymbol{B}$ 相似.

1. $\boldsymbol{\alpha}=(1,2,3)^{\mathrm{T}},\boldsymbol{\beta}_1=(0,1,1)^{\mathrm{T}},\boldsymbol{\beta}_2=(-3,2,0)^{\mathrm{T}},\boldsymbol{\beta}_3=(-2,1,1)^{\mathrm{T}},\boldsymbol{\beta}_4=(-3,0,1)^{\mathrm{T}}$，记 $\boldsymbol{A}_i=\boldsymbol{\alpha}\boldsymbol{\beta}_i^{\mathrm{T}}(i=1,2,3,4)$，则不能相似于对角矩阵的是（　　）.

(A) $\boldsymbol{A}_1$　　(B) $\boldsymbol{A}_2$　　(C) $\boldsymbol{A}_3$　　(D) $\boldsymbol{A}_4$

解

$A_i=\alpha\beta_i^{\mathrm{T}}$ 是秩为 1 的矩阵，只需考察 $\beta_i^{\mathrm{T}}\alpha$ 是否为 0.

由于 $\beta_i^{\mathrm{T}}\alpha\neq0(i=1,2,3)$，于是 $A_i=\alpha\beta_i^{\mathrm{T}}(i=1,2,3)$ 可相似对角化；

而 $\beta_4^{\mathrm{T}}\alpha=0$，于是 $A_4=\alpha\beta_4^{\mathrm{T}}$ 不可相似对角化，选(D).

2. 若矩阵 $A=\begin{bmatrix}2&2&0\\8&2&a\\0&0&6\end{bmatrix}$ 相似于对角矩阵 Λ，试确定常数 a 的值，并求可逆矩阵 P 使 $P^{-1}AP=\Lambda$.

解

矩阵 A 的特征多项式为

$$|\lambda E-A|=\begin{vmatrix}\lambda-2&-2&0\\-8&\lambda-2&-a\\0&0&\lambda-6\end{vmatrix}=(\lambda-6)[(\lambda-2)^2-16]$$

$$=(\lambda-6)^2(\lambda+2),$$

故 A 的特征值为 $\lambda_1=\lambda_2=6,\lambda_3=-2$.

由于 A 相似于对角矩阵 Λ，故对应于 $\lambda_1=\lambda_2=6$ 有两个线性无关的特征向量，因此矩阵 $6E-A$ 的秩应为 1，从而由

$$6E-A=\begin{bmatrix}4&-2&0\\-8&4&-a\\0&0&0\end{bmatrix}\to\begin{bmatrix}2&-1&0\\0&0&a\\0&0&0\end{bmatrix},$$

知 $a=0$. 对应于 $\lambda_1=\lambda_2=6$ 的两个线性无关的特征向量可取为

$$\xi_1=\begin{bmatrix}0\\0\\1\end{bmatrix},\xi_2=\begin{bmatrix}1\\2\\0\end{bmatrix}.$$

当 $\lambda_3=-2$ 时，

$$-2\boldsymbol{E}-\boldsymbol{A}=\begin{bmatrix}-4&-2&0\\-8&-4&0\\0&0&-8\end{bmatrix}\to\begin{bmatrix}2&1&0\\0&0&1\\0&0&0\end{bmatrix},$$

解方程组$\begin{cases}2x_1+x_2=0,\\x_3=0\end{cases}$得对应于$\lambda_3=-2$的特征向量$\boldsymbol{\xi}_3=\begin{bmatrix}1\\-2\\0\end{bmatrix}$.

令$\boldsymbol{P}=(\boldsymbol{\xi}_1,\boldsymbol{\xi}_2,\boldsymbol{\xi}_3)=\begin{bmatrix}0&1&1\\0&2&-2\\1&0&0\end{bmatrix}$,$\boldsymbol{\Lambda}=\begin{bmatrix}6&&\\&6&\\&&-2\end{bmatrix}$,则$\boldsymbol{P}$可逆,并有$\boldsymbol{P}^{-1}\boldsymbol{AP}=\boldsymbol{\Lambda}$.

3. 设$\boldsymbol{A}=\begin{bmatrix}2&0&0\\0&2&1\\0&1&2\end{bmatrix}$,矩阵$\boldsymbol{B}$满足$\boldsymbol{AB}=\boldsymbol{A}-\boldsymbol{B}$,求可逆矩阵$\boldsymbol{P}$,使得$\boldsymbol{P}^{-1}(\boldsymbol{A}+\boldsymbol{B})\boldsymbol{P}$为对角矩阵.

解

由于$|\lambda\boldsymbol{E}-\boldsymbol{A}|=\begin{vmatrix}\lambda-2&0&0\\0&\lambda-2&-1\\0&-1&\lambda-2\end{vmatrix}=(\lambda-1)(\lambda-2)(\lambda-3)$,

知$\boldsymbol{A}$的特征值为$\lambda_1=1,\lambda_2=2,\lambda_3=3$.

对于特征值$\lambda_1=1$,$\boldsymbol{E}-\boldsymbol{A}=\begin{bmatrix}-1&0&0\\0&-1&-1\\0&-1&-1\end{bmatrix}\to\begin{bmatrix}1&0&0\\0&1&1\\0&0&0\end{bmatrix}$,

特征向量为$\boldsymbol{\xi}_1=(0,-1,1)^{\mathrm{T}}$.

对于特征值$\lambda_2=2$,$2\boldsymbol{E}-\boldsymbol{A}=\begin{bmatrix}0&0&0\\0&0&-1\\0&-1&0\end{bmatrix}\to\begin{bmatrix}0&1&0\\0&0&1\\0&0&0\end{bmatrix}$,

特征向量为$\boldsymbol{\xi}_2=(1,0,0)^{\mathrm{T}}$.

对于特征值 $\lambda_3=3$，$3\boldsymbol{E}-\boldsymbol{A}=\begin{bmatrix}1&0&0\\0&1&-1\\0&-1&1\end{bmatrix}\to\begin{bmatrix}1&0&0\\0&1&-1\\0&0&0\end{bmatrix}$，

特征向量为 $\boldsymbol{\xi}_3=(0,1,1)^{\mathrm{T}}$.

令 $\boldsymbol{P}=(\boldsymbol{\xi}_1,\boldsymbol{\xi}_2,\boldsymbol{\xi}_3)=\begin{bmatrix}0&1&0\\-1&0&1\\1&0&1\end{bmatrix}$，则 $\boldsymbol{P}^{-1}\boldsymbol{AP}=\begin{bmatrix}1&0&0\\0&2&0\\0&0&3\end{bmatrix}$，由 $\boldsymbol{AB}=\boldsymbol{A}-\boldsymbol{B}$，得 $\boldsymbol{AB}-\boldsymbol{A}+\boldsymbol{B}=\boldsymbol{O}$，即 $\boldsymbol{A}(\boldsymbol{B}-\boldsymbol{E})+\boldsymbol{B}=\boldsymbol{O}$，亦即 $\boldsymbol{A}(\boldsymbol{B}-\boldsymbol{E})+\boldsymbol{B}-\boldsymbol{E}=-\boldsymbol{E}$，故 $(\boldsymbol{A}+\boldsymbol{E})(\boldsymbol{B}-\boldsymbol{E})=-\boldsymbol{E}$，所以 $(\boldsymbol{A}+\boldsymbol{E})^{-1}=\boldsymbol{E}-\boldsymbol{B}$，从而 $\boldsymbol{B}=\boldsymbol{E}-(\boldsymbol{A}+\boldsymbol{E})^{-1}$.

由特征值的性质，$\boldsymbol{B}$ 的全部特征值为 $\bar{\lambda}_1=\frac{1}{2}$，$\bar{\lambda}_2=\frac{2}{3}$，$\bar{\lambda}_3=\frac{3}{4}$，特征向量分别为 $\boldsymbol{\xi}_1$，$\boldsymbol{\xi}_2$，$\boldsymbol{\xi}_3$.

令 $\boldsymbol{P}=(\boldsymbol{\xi}_1,\boldsymbol{\xi}_2,\boldsymbol{\xi}_3)=\begin{bmatrix}0&1&0\\-1&0&1\\1&0&1\end{bmatrix}$，则 $\boldsymbol{P}^{-1}\boldsymbol{BP}=\begin{bmatrix}\frac{1}{2}&0&0\\0&\frac{2}{3}&0\\0&0&\frac{3}{4}\end{bmatrix}$.

此时 $\boldsymbol{P}^{-1}(\boldsymbol{A}+\boldsymbol{B})\boldsymbol{P}=\boldsymbol{P}^{-1}\boldsymbol{AP}+\boldsymbol{P}^{-1}\boldsymbol{BP}=\begin{bmatrix}\frac{3}{2}&&\\&\frac{8}{3}&\\&&\frac{15}{4}\end{bmatrix}$.

4. 设 $\boldsymbol{A}$ 是 n 阶实矩阵，则“$\boldsymbol{A}^2=\boldsymbol{A}$”与“$r(\boldsymbol{A})+r(\boldsymbol{A}-\boldsymbol{E})=n$”是(　　)关系.

(A) 充分非必要　　(B) 必要非充分

(C) 充分必要　　(D) 既非充分也非必要

解

首先 $\boldsymbol{A}^2=\boldsymbol{A}\Rightarrow\boldsymbol{A}^2-\boldsymbol{A}=\boldsymbol{O}\Rightarrow\boldsymbol{A}(\boldsymbol{A}-\boldsymbol{E})=\boldsymbol{O}\Rightarrow r(\boldsymbol{A})+r(\boldsymbol{A}-\boldsymbol{E})\leqslant n$，而

$r(\boldsymbol{A})+r(\boldsymbol{A}-\boldsymbol{E})=r(\boldsymbol{A})+r(\boldsymbol{E}-\boldsymbol{A})\geqslant r(\boldsymbol{A}+\boldsymbol{E}-\boldsymbol{A})=r(\boldsymbol{E})=n$，

于是，$r(\boldsymbol{A})+r(\boldsymbol{A}-\boldsymbol{E})=n$. 下面证明反之也正确.

因为 $r(\boldsymbol{A})+r(\boldsymbol{A}-\boldsymbol{E})=n$，设 $r(\boldsymbol{A})=r$，则 $r(\boldsymbol{A}-\boldsymbol{E})=n-r$.

因为 $r(\boldsymbol{A})=r$，则 $\boldsymbol{Ax}=\boldsymbol{0}$ 有 $n-r$ 个线性无关解，于是 $\boldsymbol{A}$ 的特征值 0 有 $n-r$ 个线性无关特征向量.

因为 $r(\boldsymbol{A}-\boldsymbol{E})=n-r$，则 $(\boldsymbol{A}-\boldsymbol{E})\boldsymbol{x}=\boldsymbol{0}$ 有 $n-(n-r)=r$ 个线性无关解，于是 $\boldsymbol{A}$ 的特征值 1 有 r 个线性无关特征向量.

综上，n 阶矩阵 $\boldsymbol{A}$ 共有 $n-r+r=n$ 个线性无关特征向量，于是 $\boldsymbol{A}$ 可相似对角化.

进而 $\boldsymbol{A}^2-\boldsymbol{A}$ 也可相似对角化，且 $\boldsymbol{A}^2-\boldsymbol{A}$ 的特征值全是 0. 于是存在可逆矩阵 $\boldsymbol{P}$，使得

$$\boldsymbol{P}^{-1}(\boldsymbol{A}^2-\boldsymbol{A})\boldsymbol{P}=\begin{bmatrix}0 & & \\ & \ddots & \\ & & 0\end{bmatrix}=\boldsymbol{O}，所以 \boldsymbol{A}^2-\boldsymbol{A}=\boldsymbol{POP}^{-1}=\boldsymbol{O}，即 \boldsymbol{A}^2=\boldsymbol{A}.$$

5. 设 3 阶方阵 $\boldsymbol{A}=\begin{bmatrix}2 & 0 & 0\\0 & 0 & 1\\0 & 1 & 0\end{bmatrix}$ 和 $\boldsymbol{B}=\begin{bmatrix}1 & 0 & 0\\0 & -1 & 0\\0 & -6 & 2\end{bmatrix}$，试判断 $\boldsymbol{A},\boldsymbol{B}$ 是否相似，若相似，则求出可逆矩阵 $\boldsymbol{P}$，使得 $\boldsymbol{B}=\boldsymbol{P}^{-1}\boldsymbol{AP}$.

解

若直接由 $\boldsymbol{B}=\boldsymbol{P}^{-1}\boldsymbol{AP}$ 求 $\boldsymbol{P}$，显然是相当复杂的，可以变换一下思路：若 $\boldsymbol{A},\boldsymbol{B}$ 都相似于同一对角矩阵，则也可证得 $\boldsymbol{A}$ 与 $\boldsymbol{B}$ 相似.

由
$$|\lambda\boldsymbol{E}-\boldsymbol{A}|=\begin{vmatrix}\lambda-2 & 0 & 0\\0 & \lambda & -1\\0 & -1 & \lambda\end{vmatrix}=(\lambda-2)(\lambda-1)(\lambda+1),$$
得 $\boldsymbol{A}$ 的特征值为 $\lambda_1=2,\lambda_2=1,\lambda_3=-1$.

又由
$$|\lambda\boldsymbol{E}-\boldsymbol{B}|=\begin{vmatrix}\lambda-1 & 0 & 0\\0 & \lambda+1 & 0\\0 & 6 & \lambda-2\end{vmatrix}=(\lambda-2)(\lambda-1)(\lambda+1),$$
得 $\boldsymbol{B}$ 的特征值为 $\lambda_1=2,\lambda_2=1,\lambda_3=-1$.

$\boldsymbol{A},\boldsymbol{B}$ 有相同的三个互异特征值，因此 $\boldsymbol{A}$ 与 $\boldsymbol{B}$ 同时与对角矩阵 $\begin{bmatrix}2&&\\&1&\\&&-1\end{bmatrix}$ 相似，由相似关系的对称性与传递性知 $\boldsymbol{A}\sim\boldsymbol{B}$.

对于特征值 $\lambda=2,1,-1,\boldsymbol{A}$ 的对应的特征向量分别为

$$\boldsymbol{\xi}_1=\begin{bmatrix}1\\0\\0\end{bmatrix},\boldsymbol{\xi}_2=\begin{bmatrix}0\\1\\1\end{bmatrix},\boldsymbol{\xi}_3=\begin{bmatrix}0\\1\\-1\end{bmatrix}.$$

对于特征值 $\lambda=2,1,-1,\boldsymbol{B}$ 的对应的特征向量分别为

$$\boldsymbol{\eta}_1=\begin{bmatrix}0\\0\\1\end{bmatrix},\boldsymbol{\eta}_2=\begin{bmatrix}1\\0\\0\end{bmatrix},\boldsymbol{\eta}_3=\begin{bmatrix}0\\1\\2\end{bmatrix}.$$

故存在 $\boldsymbol{P}_1=(\boldsymbol{\xi}_1,\boldsymbol{\xi}_2,\boldsymbol{\xi}_3)=\begin{bmatrix}1&0&0\\0&1&1\\0&1&-1\end{bmatrix},\boldsymbol{P}_2=(\boldsymbol{\eta}_1,\boldsymbol{\eta}_2,\boldsymbol{\eta}_3)=\begin{bmatrix}0&1&0\\0&0&1\\1&0&2\end{bmatrix}$，使得

$$\boldsymbol{P}_1^{-1}\boldsymbol{A}\boldsymbol{P}_1=\boldsymbol{P}_2^{-1}\boldsymbol{B}\boldsymbol{P}_2=\begin{bmatrix}2&&\\&1&\\&&-1\end{bmatrix},$$

从而有
$$\boldsymbol{B}=\boldsymbol{P}_2\boldsymbol{P}_1^{-1}\boldsymbol{A}\boldsymbol{P}_1\boldsymbol{P}_2^{-1}=(\boldsymbol{P}_1\boldsymbol{P}_2^{-1})^{-1}\boldsymbol{A}(\boldsymbol{P}_1\boldsymbol{P}_2^{-1}).$$

令 $\boldsymbol{P}=\boldsymbol{P}_1\boldsymbol{P}_2^{-1}$，则 $\boldsymbol{P}$ 可逆，且使得 $\boldsymbol{B}=\boldsymbol{P}^{-1}\boldsymbol{A}\boldsymbol{P}$，这里

$$\boldsymbol{P}=\boldsymbol{P}_1\boldsymbol{P}_2^{-1}=\begin{bmatrix}0&-2&1\\1&1&0\\1&-1&0\end{bmatrix}.$$

注

若 $\boldsymbol{A}$ 与 $\boldsymbol{B}$ 均不可相似对角化且 $\boldsymbol{A}$ 与 $\boldsymbol{B}$ 相似，这时可通过 $\boldsymbol{AP}=\boldsymbol{PB}$ 两端矩阵元素对应相等来求可逆矩阵 $\boldsymbol{P}$.

6. 设 $\boldsymbol{A}=\begin{bmatrix}a_{11}&a_{12}&a_{13}\\a_{21}&a_{22}&a_{23}\\a_{31}&a_{32}&a_{33}\end{bmatrix}$ 可逆，另有 3 阶矩阵 $\boldsymbol{B}$ 满足 $\boldsymbol{BA}=\begin{bmatrix}2a_{11}&a_{11}+a_{12}&a_{11}+a_{13}\\2a_{21}&a_{21}+a_{22}&a_{21}+a_{23}\\2a_{31}&a_{31}+a_{32}&a_{31}+a_{33}\end{bmatrix}$.

（1）求可逆矩阵 $\boldsymbol{P}$，使得 $\boldsymbol{P}^{-1}\boldsymbol{B}\boldsymbol{P}$ 为对角矩阵；

（2）求 $(\boldsymbol{B}-\boldsymbol{E})^*$.

解

令 $\boldsymbol{A}=(\boldsymbol{\alpha}_1,\boldsymbol{\alpha}_2,\boldsymbol{\alpha}_3)$，则 $\boldsymbol{B}\boldsymbol{A}=[2\boldsymbol{\alpha}_1,\boldsymbol{\alpha}_1+\boldsymbol{\alpha}_2,\boldsymbol{\alpha}_1+\boldsymbol{\alpha}_3]=[\boldsymbol{\alpha}_1,\boldsymbol{\alpha}_2,\boldsymbol{\alpha}_3]\begin{bmatrix}2&1&1\\0&1&0\\0&0&1\end{bmatrix}=\boldsymbol{A}\boldsymbol{Q}$，从而 $\boldsymbol{A}^{-1}\boldsymbol{B}\boldsymbol{A}=\boldsymbol{Q}$，故 $\boldsymbol{B}\sim\boldsymbol{Q}$.

（1）由 $|\lambda\boldsymbol{E}-\boldsymbol{Q}|=\begin{vmatrix}\lambda-2&-1&-1\\0&\lambda-1&0\\0&0&\lambda-1\end{vmatrix}=0$，得 $\boldsymbol{Q}$ 的特征值为 2，1，1.

由 $2\boldsymbol{E}-\boldsymbol{Q}=\begin{bmatrix}0&-1&-1\\0&1&0\\0&0&1\end{bmatrix}\to\begin{bmatrix}0&1&0\\0&0&1\\0&0&0\end{bmatrix}$，得 $\boldsymbol{Q}$ 对应于特征值 2 的特征向量为

$$\boldsymbol{\xi}_1=(1,0,0)^{\mathrm{T}}.$$

由 $\boldsymbol{E}-\boldsymbol{Q}=\begin{bmatrix}-1&-1&-1\\0&0&0\\0&0&0\end{bmatrix}\to\begin{bmatrix}1&1&1\\0&0&0\\0&0&0\end{bmatrix}$，得 $\boldsymbol{Q}$ 对应于特征值 1 的特征向量为

$$\boldsymbol{\xi}_2=(-1,1,0)^{\mathrm{T}},\boldsymbol{\xi}_3=(-1,0,1)^{\mathrm{T}}.$$

于是 $\boldsymbol{B}$ 对应于特征值 2 的特征向量为 $\boldsymbol{A}\boldsymbol{\xi}_1=\begin{bmatrix}a_{11}\\a_{21}\\a_{31}\end{bmatrix}$，

同时 $\boldsymbol{B}$ 对应于特征值 1 的特征向量为 $\boldsymbol{A}\boldsymbol{\xi}_2=\begin{bmatrix}-a_{11}+a_{12}\\-a_{21}+a_{22}\\-a_{31}+a_{32}\end{bmatrix}$，$\boldsymbol{A}\boldsymbol{\xi}_3=\begin{bmatrix}-a_{11}+a_{13}\\-a_{21}+a_{23}\\-a_{31}+a_{33}\end{bmatrix}$.

令 $\boldsymbol{P}=\begin{bmatrix}a_{11}&a_{12}-a_{11}&a_{13}-a_{11}\\a_{21}&a_{22}-a_{21}&a_{23}-a_{21}\\a_{31}&a_{32}-a_{31}&a_{33}-a_{31}\end{bmatrix}$，则 $\boldsymbol{P}^{-1}\boldsymbol{B}\boldsymbol{P}=\begin{bmatrix}2&&\\&1&\\&&1\end{bmatrix}$.

(2) 由(1)$\boldsymbol{B}\sim\begin{bmatrix}2&&\\&1&\\&&1\end{bmatrix}$,知$\boldsymbol{B}-\boldsymbol{E}\sim\begin{bmatrix}1&&\\&0&\\&&0\end{bmatrix}$,

于是$r(\boldsymbol{B}-\boldsymbol{E})=1$,进而$r((\boldsymbol{B}-\boldsymbol{E})^*)=0$,故$(\boldsymbol{B}-\boldsymbol{E})^*=\boldsymbol{O}$.

专题十二 相似对角化的应用

解题要点

相似关系有以下应用.

1. 求 $\boldsymbol{A}$.若 $\boldsymbol{A}\sim\boldsymbol{\Lambda}$,则 $\boldsymbol{A}=\boldsymbol{P\Lambda P}^{-1}$,于是求 $\boldsymbol{A}$ 需要知道 $\boldsymbol{A}$ 的全部特征值(即 $\boldsymbol{\Lambda}$)和 $\boldsymbol{A}$ 的全部特征向量(即 $\boldsymbol{P}$),一般缺少什么就要求出什么.

2. 求 $\boldsymbol{A}^n$.若 $\boldsymbol{A}\sim\boldsymbol{\Lambda}$,则 $\boldsymbol{A}=\boldsymbol{P\Lambda P}^{-1}$,进而 $\boldsymbol{A}^n=\boldsymbol{P\Lambda}^n\boldsymbol{P}^{-1}$.

1. 设 $\boldsymbol{A}$ 是三阶矩阵.其第一行元素均为 1,已知 $\boldsymbol{A}$ 的三个特征向量为 $\boldsymbol{\xi}_1=(1,1,1)^{\mathrm{T}}$,$\boldsymbol{\xi}_2=(1,0,0)^{\mathrm{T}}$,$\boldsymbol{\xi}_3=(1,1,0)^{\mathrm{T}}$,则 $\boldsymbol{A}=$________.

解

设

$$\boldsymbol{A}=\begin{bmatrix}1&1&1\\a_{21}&a_{22}&a_{23}\\a_{31}&a_{32}&a_{33}\end{bmatrix},$$

则由 $\boldsymbol{A\xi}_i=\lambda_i\boldsymbol{\xi}_i$,$i=1,2,3$,即

$$\begin{bmatrix}1&1&1\\a_{21}&a_{22}&a_{23}\\a_{31}&a_{32}&a_{33}\end{bmatrix}\begin{bmatrix}1\\1\\1\end{bmatrix}=\lambda_1\begin{bmatrix}1\\1\\1\end{bmatrix},\text{得 }\lambda_1=3,$$

同理可得 $\lambda_2=1$,$\lambda_3=2$.

设 $\boldsymbol{P}=(\boldsymbol{\xi}_1,\boldsymbol{\xi}_2,\boldsymbol{\xi}_3)=\begin{bmatrix}1&1&1\\1&0&1\\1&0&0\end{bmatrix}$,则 $\boldsymbol{P}^{-1}\boldsymbol{AP}=\mathrm{diag}(3,1,2)$,

$$\boldsymbol{A}=\boldsymbol{P}\operatorname{diag}(3,1,2)\boldsymbol{P}^{-1}=\begin{bmatrix}1&1&1\\1&0&1\\1&0&0\end{bmatrix}\begin{bmatrix}3&&\\&1&\\&&2\end{bmatrix}\begin{bmatrix}1&1&1\\1&0&1\\1&0&0\end{bmatrix}^{-1}$$

$$=\begin{bmatrix}1&1&1\\1&0&1\\1&0&0\end{bmatrix}\begin{bmatrix}3&&\\&1&\\&&2\end{bmatrix}\begin{bmatrix}0&0&1\\1&-1&0\\0&1&-1\end{bmatrix}=\begin{bmatrix}1&1&1\\0&2&1\\0&0&3\end{bmatrix}.$$

2. 设 $\boldsymbol{A}$ 是 n 阶矩阵,则"任一 n 维非零列向量都是 n 阶矩阵 $\boldsymbol{A}$ 的特征向量"与"$\boldsymbol{A}=\lambda\boldsymbol{E}$"是(　　)关系.

(A) 充分非必要　　(B) 必要非充分

(C) 充分必要　　(D) 既非充分也非必要

解

任一 n 维非零列向量都是 n 阶矩阵 $\boldsymbol{A}$ 的特征向量 $\Rightarrow \boldsymbol{e}_1,\boldsymbol{e}_2,\cdots,\boldsymbol{e}_n$(这里 $\boldsymbol{e}_i$ 是 $\boldsymbol{E}$ 的第 i 列)是 n 阶矩阵 $\boldsymbol{A}$ 的 n 个线性无关特征向量,对应的特征值分别是 $\lambda_1,\lambda_2,\cdots,\lambda_n$.

令 $\boldsymbol{P}=(\boldsymbol{e}_1,\boldsymbol{e}_2,\cdots,\boldsymbol{e}_n)=\boldsymbol{E}$,则 $\boldsymbol{P}^{-1}\boldsymbol{A}\boldsymbol{P}=\begin{bmatrix}\lambda_1&&&\\&\lambda_2&&\\&&\ddots&\\&&&\lambda_n\end{bmatrix}$,

于是 $\boldsymbol{A}=\boldsymbol{P}\begin{bmatrix}\lambda_1&&&\\&\lambda_2&&\\&&\ddots&\\&&&\lambda_n\end{bmatrix}\boldsymbol{P}^{-1}=\boldsymbol{E}\begin{bmatrix}\lambda_1&&&\\&\lambda_2&&\\&&\ddots&\\&&&\lambda_n\end{bmatrix}\boldsymbol{E}^{-1}=\begin{bmatrix}\lambda_1&&&\\&\lambda_2&&\\&&\ddots&\\&&&\lambda_n\end{bmatrix}$,

若 $\lambda_1\neq\lambda_2$,则 $\boldsymbol{e}_1+\boldsymbol{e}_2$ 不再是 $\boldsymbol{A}$ 的特征向量了,这与任一非零向量都是特征向量矛盾!

于是 $\lambda_1=\lambda_2$,同理 $\lambda_2=\lambda_3=\cdots=\lambda_n$(记为 λ),此时 $\boldsymbol{A}=\lambda\boldsymbol{E}$.

若 $\boldsymbol{A}=\lambda\boldsymbol{E}$,则对任意非零列向量 $\boldsymbol{\alpha}$,有 $\boldsymbol{A}\boldsymbol{\alpha}=\lambda\boldsymbol{\alpha}$,即任意非零列向量 $\boldsymbol{\alpha}$ 都是 $\boldsymbol{A}$ 的特征向量.

专题十三 实对称矩阵问题

解题要点

实对称矩阵主要有以下性质.

1. 特征值都是实数.

2. 不同特征值对应的特征向量相互正交.

3. 必可相似对角化,且存在正交矩阵 $\boldsymbol{Q}$,使得 $\boldsymbol{Q}^{-1}\boldsymbol{A}\boldsymbol{Q}=\boldsymbol{Q}^{\mathrm{T}}\boldsymbol{A}\boldsymbol{Q}=\boldsymbol{\Lambda}$.

这里的对角矩阵 $\boldsymbol{\Lambda}$ 是由 $\boldsymbol{A}$ 的特征值拼成的,正交矩阵 $\boldsymbol{Q}$ 是由 $\boldsymbol{A}$ 的单位正交特征向量拼成的,需注意 $\boldsymbol{Q}$ 与 $\boldsymbol{\Lambda}$ 要一一对应.

1. 设 $\boldsymbol{A}$ 是 3 阶实矩阵,则"$\boldsymbol{A}$ 是实对称矩阵"是"$\boldsymbol{A}$ 有 3 个相互正交的特征向量"的(　　)条件.

(A) 充分非必要　　(B) 必要非充分

(C) 充分必要　　(D) 既非充分也非必要

解

充分性显然正确.

(必要性)设 $\boldsymbol{\beta}_1,\boldsymbol{\beta}_2,\boldsymbol{\beta}_3$ 是 3 阶矩阵 $\boldsymbol{A}$ 的 3 个相互正交的特征向量(注意,3 个相互正交的特征向量必是 3 个相互无关的特征向量),则该 3 阶矩阵 $\boldsymbol{A}$ 必可相似对角化,将相互正交的特征向量 $\boldsymbol{\beta}_1,\boldsymbol{\beta}_2,\boldsymbol{\beta}_3$ 单位化处理成 $\boldsymbol{\gamma}_1,\boldsymbol{\gamma}_2,\boldsymbol{\gamma}_3$,则 $\boldsymbol{\gamma}_1,\boldsymbol{\gamma}_2,\boldsymbol{\gamma}_3$ 仍是该 3 阶矩阵 $\boldsymbol{A}$ 的特征向量.

令 $\boldsymbol{Q}=(\boldsymbol{\gamma}_1,\boldsymbol{\gamma}_2,\boldsymbol{\gamma}_3)$(特征向量拼成的矩阵),则 $\boldsymbol{Q}^{-1}\boldsymbol{A}\boldsymbol{Q}=\boldsymbol{\Lambda}$,从而 $\boldsymbol{A}=\boldsymbol{Q}\boldsymbol{\Lambda}\boldsymbol{Q}^{-1}$,进而 $\boldsymbol{A}^{\mathrm{T}}=(\boldsymbol{Q}\boldsymbol{\Lambda}\boldsymbol{Q}^{-1})^{\mathrm{T}}=(\boldsymbol{Q}^{-1})^{\mathrm{T}}\boldsymbol{\Lambda}^{\mathrm{T}}\boldsymbol{Q}^{\mathrm{T}}=(\boldsymbol{Q}^{\mathrm{T}})^{\mathrm{T}}\boldsymbol{\Lambda}\boldsymbol{Q}^{-1}=\boldsymbol{Q}\boldsymbol{\Lambda}\boldsymbol{Q}^{-1}=\boldsymbol{A}$,于是 $\boldsymbol{A}$ 是实对称矩阵.

2. 设 $\boldsymbol{A}$ 是 3 阶实对称矩阵,特征值 $\lambda_1=-1,\lambda_2=\lambda_3=1$,且 $\boldsymbol{\xi}_1=(0,1,1)^{\mathrm{T}}$ 是 $\lambda_1=-1$ 的特征向量,$\boldsymbol{\alpha}$ 是 3 维非零列向量,则"$\boldsymbol{\alpha}$ 是 $\lambda_2=\lambda_3=1$ 的特征向量"与"$\boldsymbol{\alpha}$ 与 $\boldsymbol{\xi}_1$ 正交"形成(   )条件.

(A) 充分非必要　　(B) 必要非充分

(C) 充分必要　　(D) 既非充分也非必要

解

充分性显然正确.下面证明必要性.因为 $\boldsymbol{A}$ 是 3 阶实对称矩阵,于是 $\lambda_2=\lambda_3=1$ 必有两个无关的特征向量 $\boldsymbol{\xi}_2,\boldsymbol{\xi}_3$,且 $\boldsymbol{\xi}_2$ 与 $\boldsymbol{\xi}_1$ 正交,$\boldsymbol{\xi}_3$ 也与 $\boldsymbol{\xi}_1$ 正交.注意 $\boldsymbol{\xi}_1,\boldsymbol{\xi}_2,\boldsymbol{\xi}_3$ 无关,而对任意 3 维非零列向量 $\boldsymbol{\alpha}$,有 $\boldsymbol{\xi}_1,\boldsymbol{\xi}_2,\boldsymbol{\xi}_3,\boldsymbol{\alpha}$ 相关,于是任意 3 维非零列向量 $\boldsymbol{\alpha}$ 均可由 $\boldsymbol{\xi}_1,\boldsymbol{\xi}_2,\boldsymbol{\xi}_3$ 表示.即 $\boldsymbol{\alpha}=k_1\boldsymbol{\xi}_1+k_2\boldsymbol{\xi}_2+k_3\boldsymbol{\xi}_3$.当非零 $\boldsymbol{\alpha}$ 与 $\boldsymbol{\xi}_1$ 正交时,有 $0=\boldsymbol{\xi}_1^{\mathrm{T}}\boldsymbol{\alpha}=k_1\boldsymbol{\xi}_1^{\mathrm{T}}\boldsymbol{\xi}_1+k_2\boldsymbol{\xi}_1^{\mathrm{T}}\boldsymbol{\xi}_2+k_3\boldsymbol{\xi}_1^{\mathrm{T}}\boldsymbol{\xi}_3=k_1\boldsymbol{\xi}_1^{\mathrm{T}}\boldsymbol{\xi}_1$,而$\boldsymbol{\xi}_1^{\mathrm{T}}\boldsymbol{\xi}_1>0$(因为 $\boldsymbol{\xi}_1\neq\mathbf{0}$),于是必有 $k_1=0$,此时 $\boldsymbol{\alpha}=k_2\boldsymbol{\xi}_2+k_3\boldsymbol{\xi}_3$,显然此时的非零 $\boldsymbol{\alpha}$ 是 $\lambda_2=\lambda_3=1$ 的特征向量.

3. 已知 3 阶实对称矩阵 $\boldsymbol{A}$ 有特征值 $\lambda_1=3$,其对应的特征向量为 $\boldsymbol{\xi}_1=(-3,1,1)^{\mathrm{T}}$,且 $r(\boldsymbol{A})=1$,则 $\boldsymbol{A}=$________.

解

先证明一个结论,然后快速解答本题(这类实对称矩阵的题)!

设 $\boldsymbol{\gamma}_1,\boldsymbol{\gamma}_2,\boldsymbol{\gamma}_3$ 是 3 阶实对称矩阵 $\boldsymbol{A}$ 的分别属于特征值 $\lambda_1,\lambda_2,\lambda_3$ 的单位正交特征向量,令 $\boldsymbol{Q}=(\boldsymbol{\gamma}_1,\boldsymbol{\gamma}_2,\boldsymbol{\gamma}_3)$(正交矩阵),则 $\boldsymbol{Q}^{-1}\boldsymbol{A}\boldsymbol{Q}=\boldsymbol{\Lambda}$,于是

$$\boldsymbol{A}=\boldsymbol{Q}\boldsymbol{\Lambda}\boldsymbol{Q}^{-1}=\boldsymbol{Q}\boldsymbol{\Lambda}\boldsymbol{Q}^{\mathrm{T}}=(\boldsymbol{\gamma}_1,\boldsymbol{\gamma}_2,\boldsymbol{\gamma}_3)\begin{bmatrix}\lambda_1 & & \\ & \lambda_2 & \\ & & \lambda_3\end{bmatrix}\begin{bmatrix}\boldsymbol{\gamma}_1^{\mathrm{T}}\\ \boldsymbol{\gamma}_2^{\mathrm{T}}\\ \boldsymbol{\gamma}_3^{\mathrm{T}}\end{bmatrix}$$

$$=(\boldsymbol{\gamma}_1,\boldsymbol{\gamma}_2,\boldsymbol{\gamma}_3)\left(\begin{bmatrix}\lambda_1 & & \\ & 0 & \\ & & 0\end{bmatrix}+\begin{bmatrix}0 & & \\ & \lambda_2 & \\ & & 0\end{bmatrix}+\begin{bmatrix}0 & & \\ & 0 & \\ & & \lambda_3\end{bmatrix}\right)\begin{bmatrix}\boldsymbol{\gamma}_1^{\mathrm{T}}\\ \boldsymbol{\gamma}_2^{\mathrm{T}}\\ \boldsymbol{\gamma}_3^{\mathrm{T}}\end{bmatrix}$$

$$=\lambda_1\boldsymbol{\gamma}_1\boldsymbol{\gamma}_1^{\mathrm{T}}+\lambda_2\boldsymbol{\gamma}_2\boldsymbol{\gamma}_2^{\mathrm{T}}+\lambda_3\boldsymbol{\gamma}_3\boldsymbol{\gamma}_3^{\mathrm{T}}.$$

至此，得到公式：实对称矩阵 $\boldsymbol{A}=\lambda_1\boldsymbol{\gamma}_1\boldsymbol{\gamma}_1^{\mathrm{T}}+\lambda_2\boldsymbol{\gamma}_2\boldsymbol{\gamma}_2^{\mathrm{T}}+\lambda_3\boldsymbol{\gamma}_3\boldsymbol{\gamma}_3^{\mathrm{T}}$.

就本题而言，由于 $\lambda_1=3,\boldsymbol{\xi}_1=(-3,1,1)^{\mathrm{T}}$，因此 $\boldsymbol{\gamma}_1=\dfrac{1}{\sqrt{11}}(-3,1,1)^{\mathrm{T}}$. 又 $r(\boldsymbol{A})=1$，则 $\lambda_2=\lambda_3=0$，故

$$\boldsymbol{A}=\frac{3}{\sqrt{11}}\begin{bmatrix}-3\\1\\1\end{bmatrix}\frac{1}{\sqrt{11}}(-3,1,1)+\boldsymbol{O}+\boldsymbol{O}=\frac{3}{11}\begin{bmatrix}9&-3&-3\\-3&1&1\\-3&1&1\end{bmatrix}.$$

4. 设 $\boldsymbol{A}$ 是 3 阶实对称矩阵，其主对角元素都是 0，且 $\boldsymbol{\alpha}=(1,2,-1)^{\mathrm{T}}$ 满足 $\boldsymbol{A\alpha}=2\boldsymbol{\alpha}$.

（1）求矩阵 $\boldsymbol{A}$；（2）求正交变换 $\boldsymbol{Q}$，使 $\boldsymbol{Q}^{\mathrm{T}}\boldsymbol{AQ}=\boldsymbol{\Lambda}$.

解

（1）设 $\boldsymbol{A}=\begin{bmatrix}0&a_{12}&a_{13}\\a_{12}&0&a_{23}\\a_{13}&a_{23}&0\end{bmatrix}$，由 $\boldsymbol{A\alpha}=2\boldsymbol{\alpha}$ 得到

$$\begin{cases}2a_{12}-a_{13}=2,\\a_{12}-a_{23}=4,\\a_{13}+2a_{23}=-2\end{cases}\Rightarrow a_{12}=2,a_{13}=2,a_{23}=-2.$$

故

$$\boldsymbol{A}=\begin{bmatrix}0&2&2\\2&0&-2\\2&-2&0\end{bmatrix}.$$

（2）由矩阵 $\boldsymbol{A}$ 的特征多项式

$$|\lambda\boldsymbol{E}-\boldsymbol{A}|=\begin{vmatrix}\lambda&-2&-2\\-2&\lambda&2\\-2&2&\lambda\end{vmatrix}=\begin{vmatrix}\lambda-2&\lambda-2&0\\-2&\lambda&2\\-2&2&\lambda\end{vmatrix}=(\lambda-2)^2(\lambda+4),$$

得到矩阵 $\boldsymbol{A}$ 的特征值为 $\lambda_1=\lambda_2=2,\lambda_3=-4$.

对于 $\lambda=2$，由 $(2\boldsymbol{E}-\boldsymbol{A})\boldsymbol{x}=\boldsymbol{0}$，$\begin{bmatrix}2&-2&-2\\-2&2&2\\-2&2&2\end{bmatrix}\to\begin{bmatrix}1&-1&-1\\0&0&0\\0&0&0\end{bmatrix}$，

得到属于 $\lambda=2$ 的特征向量 $\boldsymbol{\alpha}_1=(1,2,-1)^{\mathrm{T}},\boldsymbol{\alpha}_2=(1,0,1)^{\mathrm{T}}$.

对 $\lambda=-4$,由 $(-4\boldsymbol{E}-\boldsymbol{A})\boldsymbol{x}=\boldsymbol{0}$, $\begin{bmatrix}-4&-2&-2\\-2&-4&2\\-2&2&-4\end{bmatrix}\to\begin{bmatrix}1&2&-1\\0&1&-1\\0&0&0\end{bmatrix}$.

得到属于 $\lambda=-4$ 的特征向量 $\boldsymbol{\alpha}_3=(-1,1,1)^{\mathrm{T}}$.

因为 $\boldsymbol{\alpha}_1,\boldsymbol{\alpha}_2$ 已正交,故只需单位化,有

$$\boldsymbol{\gamma}_1=\frac{1}{\sqrt{6}}\begin{bmatrix}1\\2\\-1\end{bmatrix},\quad \boldsymbol{\gamma}_2=\frac{1}{\sqrt{2}}\begin{bmatrix}1\\0\\1\end{bmatrix},\quad \boldsymbol{\gamma}_3=\frac{1}{\sqrt{3}}\begin{bmatrix}-1\\1\\1\end{bmatrix}.$$

那么,令 $\boldsymbol{P}=(\boldsymbol{\gamma}_1,\boldsymbol{\gamma}_2,\boldsymbol{\gamma}_3)=\begin{bmatrix}\frac{1}{\sqrt{6}}&\frac{1}{\sqrt{2}}&-\frac{1}{\sqrt{3}}\\\frac{2}{\sqrt{6}}&0&\frac{1}{\sqrt{3}}\\-\frac{1}{\sqrt{6}}&\frac{1}{\sqrt{2}}&\frac{1}{\sqrt{3}}\end{bmatrix}$,则 $\boldsymbol{P}^{-1}\boldsymbol{A}\boldsymbol{P}=\boldsymbol{\Lambda}=\begin{bmatrix}2&&\\&2&\\&&-4\end{bmatrix}$.

5. 设 $\boldsymbol{A}$ 是 n 阶实对称矩阵,试求 n 阶实对称矩阵 $\boldsymbol{B}$,使得 $\boldsymbol{A}=\boldsymbol{B}^3$.

解

$\boldsymbol{A}$ 是 n 阶实对称矩阵,故存在可逆矩阵 $\boldsymbol{P}$(或正交矩阵 $\boldsymbol{T}$),使得

$$\boldsymbol{P}^{-1}\boldsymbol{A}\boldsymbol{P}=\begin{bmatrix}\lambda_1&0&\cdots&0\\0&\lambda_2&\cdots&0\\\vdots&\vdots&&\vdots\\0&0&\cdots&\lambda_n\end{bmatrix},$$

其中 $\lambda_i(i=1,2,\cdots,n)$ 是 $\boldsymbol{A}$ 的实特征值,故

$$\boldsymbol{A}=\boldsymbol{P}\begin{bmatrix}\lambda_1&0&\cdots&0\\0&\lambda_2&\cdots&0\\\vdots&\vdots&&\vdots\\0&0&\cdots&\lambda_n\end{bmatrix}\boldsymbol{P}^{-1}=\boldsymbol{P}\begin{bmatrix}\lambda_1^{\frac{1}{3}}&0&\cdots&0\\0&\lambda_2^{\frac{1}{3}}&\cdots&0\\\vdots&\vdots&&\vdots\\0&0&\cdots&\lambda_n^{\frac{1}{3}}\end{bmatrix}^3\boldsymbol{P}^{-1}$$

$$=P\begin{bmatrix}\lambda_1^{\frac{1}{3}} & 0 & \cdots & 0\\ 0 & \lambda_2^{\frac{1}{3}} & \cdots & 0\\ \vdots & \vdots & & \vdots\\ 0 & 0 & \cdots & \lambda_n^{\frac{1}{3}}\end{bmatrix}P^{-1}P\begin{bmatrix}\lambda_1^{\frac{1}{3}} & 0 & \cdots & 0\\ 0 & \lambda_2^{\frac{1}{3}} & \cdots & 0\\ \vdots & \vdots & & \vdots\\ 0 & 0 & \cdots & \lambda_n^{\frac{1}{3}}\end{bmatrix}P^{-1}P\begin{bmatrix}\lambda_1^{\frac{1}{3}} & 0 & \cdots & 0\\ 0 & \lambda_2^{\frac{1}{3}} & \cdots & 0\\ \vdots & \vdots & & \vdots\\ 0 & 0 & \cdots & \lambda_n^{\frac{1}{3}}\end{bmatrix}P^{-1}=B^3,$$

其中

$$B=P\begin{bmatrix}\lambda_1^{\frac{1}{3}} & 0 & \cdots & 0\\ 0 & \lambda_2^{\frac{1}{3}} & \cdots & 0\\ \vdots & \vdots & & \vdots\\ 0 & 0 & \cdots & \lambda_n^{\frac{1}{3}}\end{bmatrix}P^{-1}.$$

注

（1）实对称矩阵必相似于对角矩阵，对角矩阵开 n 次方即对角元素开 n 次方.

（2）若要求 $\boldsymbol{B}$，使得 $\boldsymbol{B}^2=\boldsymbol{A}$，在实数范围内，则要求 $\boldsymbol{A}$ 的全部特征值大于等于零.

专题十四　用正交变换化二次型为标准形及规范形

解题要点

对任一个二次型$f(x_1,x_2,\cdots,x_n)=\boldsymbol{x}^{\mathrm{T}}\boldsymbol{A}\boldsymbol{x}$，都存在正交变换$\boldsymbol{x}=\boldsymbol{Q}\boldsymbol{y}$将其化成标准形，其中$\boldsymbol{Q}$是正交矩阵，即$f(x_1,x_2,\cdots,x_n)=\boldsymbol{x}^{\mathrm{T}}\boldsymbol{A}\boldsymbol{x}=\boldsymbol{y}^{\mathrm{T}}\boldsymbol{\Lambda}\boldsymbol{y}=\lambda_1y_1^2+\lambda_2y_2^2+\cdots+\lambda_ny_n^2$，其中$\lambda_1,\lambda_2,\cdots,\lambda_n$是$\boldsymbol{A}$的特征值.但用配方法化成的标准形，其标准形的系数不一定是$\boldsymbol{A}$的特征值，不过每一个标准形所含的正、负平方项个数(正、负惯性指数)是相同的.

1. 设二次型$f(x_1,x_2,x_3)=\boldsymbol{x}^{\mathrm{T}}\boldsymbol{A}\boldsymbol{x}$的矩阵$\boldsymbol{A}$主对角线元素之和为2，且$\boldsymbol{AB}=\boldsymbol{O}$，其中

$$\boldsymbol{B}=\begin{bmatrix}1&-1&0\\1&1&2\\1&0&1\end{bmatrix}.$$

(1) 求正交变换$\boldsymbol{x}=\boldsymbol{Q}\boldsymbol{y}$化二次型为标准形；(2) 求该二次型.

解

(1) 由$\boldsymbol{AB}=\boldsymbol{O}\Rightarrow\boldsymbol{A}\begin{bmatrix}1\\1\\1\end{bmatrix}=\boldsymbol{0}=0\begin{bmatrix}1\\1\\1\end{bmatrix}$；$\boldsymbol{A}\begin{bmatrix}0\\2\\1\end{bmatrix}=\boldsymbol{0}=0\begin{bmatrix}0\\2\\1\end{bmatrix}$，则$\boldsymbol{\alpha}_1=\begin{bmatrix}1\\1\\1\end{bmatrix}$和$\boldsymbol{\alpha}_2=\begin{bmatrix}0\\2\\1\end{bmatrix}$是$\boldsymbol{A}$对应特征值$\lambda=0$的两个无关的特征向量，从而0至少是2重特征值，又$\sum\limits_{i=1}^{3}\lambda_i=2$，则$\lambda_1=\lambda_2=0$，$\lambda_3=2$.

设$\boldsymbol{\alpha}_3=(x_1,x_2,x_3)^{\mathrm{T}}$是$\boldsymbol{A}$对应$\lambda_3=2$的特征向量，根据实对称矩阵特征值不同的特征向量正交，则$\begin{cases}\boldsymbol{\alpha}_1^{\mathrm{T}}\boldsymbol{\alpha}_3=x_1+x_2+x_3=0,\\\boldsymbol{\alpha}_2^{\mathrm{T}}\boldsymbol{\alpha}_3=2x_2+x_3=0\end{cases}\Rightarrow\boldsymbol{\alpha}_3=(1,1,-2)^{\mathrm{T}}$.

将 $\boldsymbol{\alpha}_1$ 和 $\boldsymbol{\alpha}_2$ 正交化处理，令 $\boldsymbol{\beta}_1=\boldsymbol{\alpha}_1=(1,1,1)^{\mathrm{T}}$，则 $\boldsymbol{\beta}_2=\boldsymbol{\alpha}_2-\dfrac{(\boldsymbol{\alpha}_2,\boldsymbol{\beta}_1)}{(\boldsymbol{\beta}_1,\boldsymbol{\beta}_1)}\boldsymbol{\beta}_1=(-1,1,0)^{\mathrm{T}}$；

再将 $\boldsymbol{\beta}_1,\boldsymbol{\beta}_2,\boldsymbol{\alpha}_3$ 正交化处理，则 $\boldsymbol{\gamma}_1=\dfrac{1}{\sqrt{3}}(1,1,1)^{\mathrm{T}}$，$\boldsymbol{\gamma}_2=\dfrac{1}{\sqrt{2}}(-1,1,0)^{\mathrm{T}}$，$\boldsymbol{\gamma}_3=\dfrac{1}{\sqrt{6}}(1,1,-2)^{\mathrm{T}}$；

令 $\boldsymbol{Q}=(\gamma_1,\gamma_2,\gamma_3)$，则存在正交变换 $\boldsymbol{x}=\boldsymbol{Q}\boldsymbol{y}$，使得 $\boldsymbol{x}^{\mathrm{T}}\boldsymbol{A}\boldsymbol{x}=2y_3^2$.

（2）由（1）中知，$\boldsymbol{Q}^{-1}\boldsymbol{A}\boldsymbol{Q}=\boldsymbol{\Lambda}$，则 $\boldsymbol{A}=\boldsymbol{Q}\boldsymbol{\Lambda}\boldsymbol{Q}^{\mathrm{T}}=\dfrac{1}{3}\begin{bmatrix}1&1&-2\\1&1&-2\\-2&-2&4\end{bmatrix}$，

所以该二次型为 $f(x_1,x_2,x_3)=\dfrac{1}{3}(x_1^2+x_2^2+4x_3^2+2x_1x_2-4x_1x_3-4x_2x_3)$.

注

若取 $\boldsymbol{B}$ 的第一列和第二列使用则可避免正交化的处理，这里旨在强调一下正交化公式.

2. 已知矩阵 $\boldsymbol{A}=\begin{bmatrix}2&2&0\\8&2&0\\0&a&6\end{bmatrix}$ 能相似对角化.

（1）求 a 的值；

（2）求正交变换 $\boldsymbol{x}=\boldsymbol{Q}\boldsymbol{y}$ 将二次型 $f=\boldsymbol{x}^{\mathrm{T}}\boldsymbol{A}\boldsymbol{x}$ 化为标准形.

解

（1）由 $|\lambda\boldsymbol{E}-\boldsymbol{A}|=\begin{vmatrix}\lambda-2&-2&0\\-8&\lambda-2&0\\0&-a&\lambda-6\end{vmatrix}=(\lambda-6)^2(\lambda+2)$，知 $\boldsymbol{A}$ 有特征值 $-2,6$（二重）.

由于 $\boldsymbol{A}$ 可相似对角化，因此 $\boldsymbol{A}$ 应有三个线性无关的特征向量，从而属于特征值 6 的线性无关的特征向量有两个，因此有

$$r(6\boldsymbol{E}-\boldsymbol{A})=r\left(\begin{bmatrix}4&-2&0\\-8&4&0\\0&-a&0\end{bmatrix}\right)=1，即 a=0.$$

（2）由（1）知

$$A=\begin{bmatrix}2&2&0\\8&2&0\\0&0&6\end{bmatrix},$$

于是，$f=x^{\mathrm{T}}Ax=(x_1,x_2,x_3)\begin{bmatrix}2&2&0\\8&2&0\\0&0&6\end{bmatrix}\begin{bmatrix}x_1\\x_2\\x_3\end{bmatrix}=2x_1^2+2x_2^2+6x_3^2+10x_1x_2=x^{\mathrm{T}}\begin{bmatrix}2&5&0\\5&2&0\\0&0&6\end{bmatrix}x.$

记 $A_1=\begin{bmatrix}2&5&0\\5&2&0\\0&0&6\end{bmatrix}$，则由 $|\lambda E-A_1|=\begin{vmatrix}\lambda-2&-5&0\\-5&\lambda-2&0\\0&0&\lambda-6\end{vmatrix}=(\lambda+3)(\lambda-6)(\lambda-7)$，知 A_1 有特征值-3，6，7.

设 A_1 的属于特征值-3 的特征向量为 $\alpha=(a_1,a_1,a_3)^{\mathrm{T}}$，则 α 满足

$$\begin{bmatrix}-5&-5&0\\-5&-5&0\\0&0&-9\end{bmatrix}\begin{bmatrix}a_1\\a_2\\a_3\end{bmatrix}=\mathbf{0},$$

它的基础解系为 $(1,-1,0)^{\mathrm{T}}$，所以可取 $\alpha=(1,-1,0)^{\mathrm{T}}$.

设 A_1 的属于特征值 6 的特征向量为 $\beta=(b_1,b_2,b_3)^{\mathrm{T}}$，则 β 满足

$$\begin{bmatrix}4&-5&0\\-5&4&0\\0&0&0\end{bmatrix}\begin{bmatrix}b_1\\b_2\\b_3\end{bmatrix}=\mathbf{0},$$

它的基础解系为 $(0,0,1)^{\mathrm{T}}$，所以可取 $\beta=(0,0,1)^{\mathrm{T}}$.

设 A_1 的属于特征值 7 的特征向量为 $\gamma=(c_1,c_2,c_3)^{\mathrm{T}}$，则 γ 满足

$$\begin{bmatrix}5&-5&0\\-5&5&0\\0&0&1\end{bmatrix}\begin{bmatrix}c_1\\c_2\\c_3\end{bmatrix}=\mathbf{0},$$

它的基础解系为 $(1,1,0)^{\mathrm{T}}$，所以可取 $\gamma=(1,1,0)^{\mathrm{T}}$.

显然，α,β,γ 两两正交，现将它们单位化：

$$\xi_1=\frac{\alpha}{\|\alpha\|}=\left(\frac{1}{\sqrt{2}},-\frac{1}{\sqrt{2}},0\right)^{\mathrm{T}},\xi_2=\beta=(0,0,1)^{\mathrm{T}},\xi_3=\frac{\gamma}{\|\gamma\|}=\left(\frac{1}{\sqrt{2}},\frac{1}{\sqrt{2}},0\right)^{\mathrm{T}},$$

令 $\boldsymbol{Q}=(\boldsymbol{\xi}_1,\boldsymbol{\xi}_2,\boldsymbol{\xi}_3)$，所以，所求的正交变换为 $\boldsymbol{x}=\boldsymbol{Q}\boldsymbol{y}=\begin{bmatrix}\frac{1}{\sqrt{2}} & 0 & \frac{1}{\sqrt{2}}\\ -\frac{1}{\sqrt{2}} & 0 & \frac{1}{\sqrt{2}}\\ 0 & 1 & 0\end{bmatrix}\boldsymbol{y}$，它将 f 化为标准形为

$$f=-3y_1^2+6y_2^2+7y_3^2.$$

注

本题中应注意的是所给的二次型 f 的矩阵 $\boldsymbol{A}$ 不是实对称矩阵，为了用正交变换将它化为标准形，必须将二次型改写为 $f=\boldsymbol{x}^{\mathrm{T}}\boldsymbol{A}_1\boldsymbol{x}$（$\boldsymbol{A}_1$ 是实对称矩阵）.

如果用可逆线性变换将所给二次型化为标准形，则对 $f=\boldsymbol{x}^{\mathrm{T}}\boldsymbol{A}\boldsymbol{x}$ 直接进行配方即可.

3. 设三元二次型 $f(x_1,x_2,x_3)=\boldsymbol{x}^{\mathrm{T}}\boldsymbol{A}\boldsymbol{x}$ 的秩为 2，其中 $\boldsymbol{A}$ 是实对称矩阵且 $\boldsymbol{A}$ 的每行元素之和为 2，$\boldsymbol{\alpha}=(1,1,0)^{\mathrm{T}}$ 是线性方程组 $(\boldsymbol{A}-2\boldsymbol{E})\boldsymbol{x}=\boldsymbol{0}$ 的解.

（1）求正交变换 $\boldsymbol{x}=\boldsymbol{Q}\boldsymbol{y}$ 把 $f(x_1,x_2,x_3)$ 化为标准形；

（2）求矩阵 $\boldsymbol{A}$ 及 $(\boldsymbol{A}-\boldsymbol{E})^{10}$；

（3）求方程 $f(x_1,x_2,x_3)=0$ 的解.

解

（1）由于 $\boldsymbol{A}$ 的每行元素之和为 2，所以

$$\boldsymbol{A}\begin{bmatrix}1\\1\\1\end{bmatrix}=2\begin{bmatrix}1\\1\\1\end{bmatrix},$$

即 $\lambda_1=2$ 是 $\boldsymbol{A}$ 的一个特征值，其对应的一个特征向量为

$$\boldsymbol{\xi}_1=(1,1,1)^{\mathrm{T}}.$$

又由 $\boldsymbol{\alpha}=(1,1,0)^{\mathrm{T}}$ 是线性方程组 $(\boldsymbol{A}-2\boldsymbol{E})\boldsymbol{x}=\boldsymbol{0}$ 的解，有 $(\boldsymbol{A}-2\boldsymbol{E})\boldsymbol{\alpha}=\boldsymbol{0}$，即 $\boldsymbol{A}\boldsymbol{\alpha}=2\boldsymbol{\alpha}$，所以 $\lambda_2=2$ 是 $\boldsymbol{A}$ 的一个特征值，其对应的一个特征向量为

$$\boldsymbol{\xi}_2=\boldsymbol{\alpha}=(1,1,0)^{\mathrm{T}}.$$

再由二次型 $f(x_1,x_2,x_3)=\boldsymbol{x}^{\mathrm{T}}\boldsymbol{A}\boldsymbol{x}$ 的秩为 2，可知 $\lambda_3=0$ 也是 $\boldsymbol{A}$ 的一个特征值，设其对应的一个特征向量为

$$\boldsymbol{\xi}_3=(x_1,x_2,x_3)^{\mathrm{T}},$$

于是有$(\boldsymbol{\xi}_1,\boldsymbol{\xi}_3)=0,(\boldsymbol{\xi}_2,\boldsymbol{\xi}_3)=0$,即

$$\begin{cases}x_1+x_2+x_3=0,\\x_1+x_2=0.\end{cases}$$

解得

$$\begin{bmatrix}x_1\\x_2\\x_3\end{bmatrix}=k\begin{bmatrix}-1\\1\\0\end{bmatrix},$$

其中 k 为任意非零常数,可取 $\boldsymbol{\xi}_3=(-1,1,0)^{\mathrm{T}}$.

取

$$\boldsymbol{c}_1=\begin{bmatrix}1\\1\\1\end{bmatrix},\boldsymbol{c}_2=\begin{bmatrix}1\\1\\0\end{bmatrix},\boldsymbol{c}_3=\begin{bmatrix}-1\\1\\0\end{bmatrix},$$

显然 $\boldsymbol{c}_1-\boldsymbol{c}_2=\begin{bmatrix}0\\0\\1\end{bmatrix}$ 与 $\boldsymbol{c}_2=\begin{bmatrix}1\\1\\0\end{bmatrix}$ 正交,于是得两两正交的单位向量组

$$\boldsymbol{e}_1=\begin{bmatrix}0\\0\\1\end{bmatrix},\boldsymbol{e}_2=\frac{1}{\sqrt{2}}\begin{bmatrix}1\\1\\0\end{bmatrix},\boldsymbol{e}_3=\frac{1}{\sqrt{2}}\begin{bmatrix}-1\\1\\0\end{bmatrix},$$

令矩阵 $\boldsymbol{Q}=(\boldsymbol{e}_1,\boldsymbol{e}_2,\boldsymbol{e}_3)$,则 $\boldsymbol{Q}$ 为正交矩阵,作正交变换 $\boldsymbol{x}=\boldsymbol{Q}\boldsymbol{y}$,该变换将 $f(x_1,x_2,x_3)$ 化为标准形

$$f(x_1,x_2,x_3)=2y_1^2+2y_2^2.$$

(2) 结合(1),由 $\boldsymbol{Q}^{-1}\boldsymbol{A}\boldsymbol{Q}=\boldsymbol{\Lambda}$,得

$$\begin{aligned}\boldsymbol{A}&=\boldsymbol{Q}\boldsymbol{\Lambda}\boldsymbol{Q}^{-1}\\&=\begin{bmatrix}0&\frac{1}{\sqrt{2}}&-\frac{1}{\sqrt{2}}\\0&\frac{1}{\sqrt{2}}&\frac{1}{\sqrt{2}}\\1&0&0\end{bmatrix}\begin{bmatrix}2&&\\&2&\\&&0\end{bmatrix}\begin{bmatrix}0&0&1\\\frac{1}{\sqrt{2}}&\frac{1}{\sqrt{2}}&0\\-\frac{1}{\sqrt{2}}&\frac{1}{\sqrt{2}}&0\end{bmatrix}\end{aligned}$$

$$=\begin{bmatrix}1&1&0\\1&1&0\\0&0&2\end{bmatrix}.$$

$$(\boldsymbol{A}-\boldsymbol{E})^{10}=(\boldsymbol{Q}\boldsymbol{\Lambda}\boldsymbol{Q}^{-1}-\boldsymbol{Q}\boldsymbol{Q}^{-1})^{10}$$

$$=[\boldsymbol{Q}(\boldsymbol{\Lambda}-\boldsymbol{E})\boldsymbol{Q}^{-1}]^{10}=\boldsymbol{Q}(\boldsymbol{\Lambda}-\boldsymbol{E})^{10}\boldsymbol{Q}^{-1}$$

$$=\boldsymbol{Q}\begin{bmatrix}1&&\\&1&\\&&-1\end{bmatrix}^{10}\boldsymbol{Q}^{-1}=\boldsymbol{Q}\begin{bmatrix}1^{10}&&\\&1^{10}&\\&&(-1)^{10}\end{bmatrix}\boldsymbol{Q}^{-1}$$

$$=\boldsymbol{E}.$$

(3) 方法 1　在正交变换 $\boldsymbol{x}=\boldsymbol{Q}\boldsymbol{y}$ 下，$f(x_1,x_2,x_3)=0$ 化成 $2y_1^2+2y_2^2=0$，解之得 $y_1=y_2=0$，从而

$$\boldsymbol{x}=\boldsymbol{Q}\boldsymbol{y}=\boldsymbol{Q}\begin{bmatrix}0\\0\\y_3\end{bmatrix}=(\boldsymbol{e}_1,\boldsymbol{e}_2,\boldsymbol{e}_3)\begin{bmatrix}0\\0\\y_3\end{bmatrix}=y_3\boldsymbol{e}_3$$

$$=k\begin{bmatrix}-1\\1\\0\end{bmatrix},$$

其中 k 为任意常数.

方法 2　由于

$$f(x_1,x_2,x_3)=x_1^2+x_2^2+2x_3^2+2x_1x_2=(x_1+x_2)^2+2x_3^2=0,$$

所以 $$\begin{cases}x_1+x_2=0,\\x_3=0.\end{cases}$$

故其通解为 $\boldsymbol{x}=k(-1,1,0)^{\mathrm{T}}$，其中 k 为任意常数.

4. 设三元二次型 $f(x_1,x_2,x_3)=\boldsymbol{x}^{\mathrm{T}}\boldsymbol{A}\boldsymbol{x}$（$\boldsymbol{A}$ 是 3 阶实对称矩阵）经正交变换化为标准形 $2y_1^2-y_2^2-y_3^2$. 又设 3 阶矩阵 $\boldsymbol{B}$ 满足 $\left(\frac{1}{2}\boldsymbol{A}^*\right)^{-1}\boldsymbol{B}\boldsymbol{A}^{-1}=\boldsymbol{A}\boldsymbol{B}+4\boldsymbol{E}$，且 $\boldsymbol{A}^*\boldsymbol{\alpha}=\boldsymbol{\alpha}$，其中 $\boldsymbol{\alpha}=(1,1,-1)^{\mathrm{T}}$. 求用正交变换 $\boldsymbol{x}=\boldsymbol{Q}\boldsymbol{y}$，将二次型 $g(x_1,x_2,x_3)=\boldsymbol{x}^{\mathrm{T}}(\boldsymbol{B}^*\boldsymbol{A}^{-1})\boldsymbol{x}$ 化为标准形，并写出这个标准形.

解

由题设知，$\boldsymbol{A}$ 有特征值 2，-1（二重），从而 $|\boldsymbol{A}|=2\times(-1)\times(-1)=2$. 于是所给的矩阵方程化为

$$\left(\frac{1}{2}|\boldsymbol{A}|\boldsymbol{A}^{-1}\right)^{-1}\boldsymbol{B}\boldsymbol{A}^{-1}=\boldsymbol{A}\boldsymbol{B}+4\boldsymbol{E},$$

即
$$\boldsymbol{A}\boldsymbol{B}\boldsymbol{A}^{-1}=\boldsymbol{A}\boldsymbol{B}+4\boldsymbol{E},\boldsymbol{A}\boldsymbol{B}(\boldsymbol{A}^{-1}-\boldsymbol{E})=4\boldsymbol{E}.$$

所以
$$\boldsymbol{B}=4\boldsymbol{A}^{-1}(\boldsymbol{A}^{-1}-\boldsymbol{E})^{-1}=4[(\boldsymbol{A}^{-1}-\boldsymbol{E})\boldsymbol{A}]^{-1}=4(\boldsymbol{E}-\boldsymbol{A})^{-1}.$$

从而，$\boldsymbol{B}$ 有特征值 $4\times\frac{1}{1-2},4\times\frac{1}{1-(-1)}$（二重），即 $-4,2$（二重），且 $|\boldsymbol{B}|=(-4)\times2\times2=-16$. 因此

$$\begin{aligned}\boldsymbol{B}^*\boldsymbol{A}^{-1}&=|\boldsymbol{B}|\boldsymbol{B}^{-1}\boldsymbol{A}^{-1}=-16[4(\boldsymbol{E}-\boldsymbol{A})^{-1}]^{-1}\boldsymbol{A}^{-1}\\&=-4(\boldsymbol{E}-\boldsymbol{A})\boldsymbol{A}^{-1}=-4(\boldsymbol{A}^{-1}-\boldsymbol{E}).\end{aligned}$$

由此可知，$\boldsymbol{B}^*\boldsymbol{A}^{-1}$ 是实对称矩阵，它有特征值

$$-4\left(\frac{1}{2}-1\right)=2,-4\left(\frac{1}{-1}-1\right)=8\text{（二重）}.\qquad(*)$$

下面计算使得 $\boldsymbol{Q}^{\mathrm{T}}\boldsymbol{A}\boldsymbol{Q}=\begin{bmatrix}2&&\\&-1&\\&&-1\end{bmatrix}$ 的正交矩阵 $\boldsymbol{Q}$.

由 $\boldsymbol{A}^*\boldsymbol{\alpha}=\boldsymbol{\alpha}$ 知，$\mu_1=1$ 是 $\boldsymbol{A}^*$ 的特征值，它对应的特征向量为 $\boldsymbol{\alpha}=(1,1,-1)^{\mathrm{T}}$. 从而 $\boldsymbol{A}$ 的特征值 $\lambda_1=\frac{|\boldsymbol{A}|}{\mu_1}=2$ 对应的特征向量为 $\boldsymbol{\alpha}$.

由于 $\boldsymbol{A}$ 是实对称矩阵，因此 $\lambda_2=\lambda_3=-1$ 对应的特征向量 $\boldsymbol{\beta}=(b_1,b_2,b_3)^{\mathrm{T}}$ 应与 $\boldsymbol{\alpha}$ 正交，故有 $b_1+b_2-b_3=0$. 该方程有基础解系 $(-1,1,0)^{\mathrm{T}},(1,0,1)^{\mathrm{T}}$，故可取特征向量 $\boldsymbol{\beta}_1=(-1,1,0)^{\mathrm{T}},\boldsymbol{\beta}_2=(1,0,1)^{\mathrm{T}}$，将它们正交化：

$$\boldsymbol{\gamma}_1=\boldsymbol{\beta}_1=(-1,1,0)^{\mathrm{T}},$$

$$\boldsymbol{\gamma}_2=\boldsymbol{\beta}_2-\frac{(\boldsymbol{\beta}_2,\boldsymbol{\gamma}_1)}{(\boldsymbol{\gamma}_1,\boldsymbol{\gamma}_1)}\boldsymbol{\gamma}_1=(1,0,1)^{\mathrm{T}}-\frac{-1}{2}(-1,1,0)^{\mathrm{T}}=\left(\frac{1}{2},\frac{1}{2},1\right)^{\mathrm{T}}.$$

显然，$\boldsymbol{\alpha},\boldsymbol{\gamma}_1,\boldsymbol{\gamma}_2$ 是正交向量组，再将它们单位化：

$$e_1=\frac{\boldsymbol{\alpha}}{\|\boldsymbol{\alpha}\|}=\left(\frac{1}{\sqrt{3}},\frac{1}{\sqrt{3}},-\frac{1}{\sqrt{3}}\right)^{\mathrm{T}},$$

$$e_2=\frac{\boldsymbol{\gamma}_1}{\|\boldsymbol{\gamma}_1\|}=\left(-\frac{1}{\sqrt{2}},\frac{1}{\sqrt{2}},0\right)^{\mathrm{T}},$$

$$e_3=\frac{\boldsymbol{\gamma}_2}{\|\boldsymbol{\gamma}_2\|}=\left(\frac{1}{\sqrt{6}},\frac{1}{\sqrt{6}},\frac{2}{\sqrt{6}}\right)^{\mathrm{T}}.$$

记 $\boldsymbol{Q}=(\boldsymbol{e}_1,\boldsymbol{e}_2,\boldsymbol{e}_3)=\begin{bmatrix}\frac{1}{\sqrt{3}} & -\frac{1}{\sqrt{2}} & \frac{1}{\sqrt{6}}\\ \frac{1}{\sqrt{3}} & \frac{1}{\sqrt{2}} & \frac{1}{\sqrt{6}}\\ -\frac{1}{\sqrt{3}} & 0 & \frac{2}{\sqrt{6}}\end{bmatrix}$，则 $\boldsymbol{Q}$ 是正交矩阵，且 $\boldsymbol{Q}^{\mathrm{T}}\boldsymbol{A}\boldsymbol{Q}=\begin{bmatrix}2 & & \\ & -1 & \\ & & -1\end{bmatrix}$，并

由(*)式知 $\boldsymbol{Q}^{\mathrm{T}}(\boldsymbol{B}^*\boldsymbol{A}^{-1})\boldsymbol{Q}=\boldsymbol{Q}^{\mathrm{T}}[-4(\boldsymbol{A}^{-1}-\boldsymbol{E}_3)]\boldsymbol{Q}=\begin{bmatrix}2 & & \\ & 8 & \\ & & 8\end{bmatrix}$.

所以，所求的正交变换即为 $\boldsymbol{x}=\boldsymbol{Q}\boldsymbol{y}=\begin{bmatrix}\frac{1}{\sqrt{3}} & -\frac{1}{\sqrt{2}} & \frac{1}{\sqrt{6}}\\ \frac{1}{\sqrt{3}} & \frac{1}{\sqrt{2}} & \frac{1}{\sqrt{6}}\\ -\frac{1}{\sqrt{3}} & 0 & \frac{2}{\sqrt{6}}\end{bmatrix}\boldsymbol{y}$，它将 $g(x_1,x_2,x_3)$ 化为标准形

$$2y_1^2+8y_2^2+8y_3^2.$$

5. 设二次型 $f(x_1,x_2)=x_1^2-4x_1x_2+4x_2^2$ 经正交变换 $\boldsymbol{x}=\boldsymbol{Q}\boldsymbol{y}$ 可化为二次型 $g(y_1,y_2)=ay_1^2+4y_1y_2+by_2^2$，则 $a-b=$________.

解

二次型 $f(x_1,x_2)$ 和 $g(y_1,y_2)$ 的矩阵分别为 $\boldsymbol{A}=\begin{bmatrix}1 & -2\\ -2 & 4\end{bmatrix}$，$\boldsymbol{B}=\begin{bmatrix}a & 2\\ 2 & b\end{bmatrix}$，且 $\boldsymbol{Q}^{\mathrm{T}}\boldsymbol{A}\boldsymbol{Q}=\boldsymbol{B}$，

由于 $\boldsymbol{Q}$ 是正交矩阵，于是 $\boldsymbol{Q}^{-1}\boldsymbol{A}\boldsymbol{Q}=\boldsymbol{B}$，所以 $\begin{cases}\operatorname{tr}(\boldsymbol{A})=\operatorname{tr}(\boldsymbol{B}),\\ |\boldsymbol{A}|=|\boldsymbol{B}|,\end{cases}$ 即 $\begin{cases}5=a+b,\\ 0=ab-4,\end{cases}$ 又 $a\geqslant b$，则 $a=4$，$b=1$. 故 $a-b=3$.

注

(1) 二次型$f=\boldsymbol{x}^{\mathrm{T}}\boldsymbol{A}\boldsymbol{x}$经正交变换$\boldsymbol{x}=\boldsymbol{Q}\boldsymbol{y}$可化为二次型$g=\boldsymbol{y}^{\mathrm{T}}\boldsymbol{B}\boldsymbol{y}\Leftrightarrow$实对称矩阵$\boldsymbol{A}$和$\boldsymbol{B}$有相同特征值.

(2) 进一步可求出符合本题要求的一个正交矩阵$\boldsymbol{Q}=\frac{1}{5}\begin{bmatrix}4 & -3\\ -3 & -4\end{bmatrix}$.

6. 设$\boldsymbol{A}$是n阶实对称矩阵,其特征值为

$$\lambda_1\leqslant\lambda_2\leqslant\cdots\leqslant\lambda_n,$$

求多元函数$R(\boldsymbol{x})=\frac{\boldsymbol{x}^{\mathrm{T}}\boldsymbol{A}\boldsymbol{x}}{\boldsymbol{x}^{\mathrm{T}}\boldsymbol{x}}$的最大值和最小值.

解

$\boldsymbol{A}$是实对称矩阵,故存在正交矩阵$\boldsymbol{Q}=(\boldsymbol{\xi}_1,\boldsymbol{\xi}_2,\cdots,\boldsymbol{\xi}_n)$,其中$\boldsymbol{\xi}_i$是$\lambda_i$对应的标准正交特征向量,使得

$$\boldsymbol{Q}^{\mathrm{T}}\boldsymbol{A}\boldsymbol{Q}=\boldsymbol{Q}^{-1}\boldsymbol{A}\boldsymbol{Q}=\mathrm{diag}[\lambda_1,\lambda_2,\cdots,\lambda_n].$$

在$R(\boldsymbol{x})$中作正交变换$\boldsymbol{x}=\boldsymbol{Q}\boldsymbol{y}$,得

$$R(\boldsymbol{x})=\frac{\boldsymbol{x}^{\mathrm{T}}\boldsymbol{A}\boldsymbol{x}}{\boldsymbol{x}^{\mathrm{T}}\boldsymbol{x}}=\frac{(\boldsymbol{Q}\boldsymbol{y})^{\mathrm{T}}\boldsymbol{A}\boldsymbol{Q}\boldsymbol{y}}{(\boldsymbol{Q}\boldsymbol{y})^{\mathrm{T}}\boldsymbol{Q}\boldsymbol{y}}=\frac{\boldsymbol{y}^{\mathrm{T}}(\boldsymbol{Q}^{\mathrm{T}}\boldsymbol{A}\boldsymbol{Q})\boldsymbol{y}}{\boldsymbol{y}^{\mathrm{T}}(\boldsymbol{Q}^{\mathrm{T}}\boldsymbol{Q})\boldsymbol{y}}$$

$$=\frac{\lambda_1y_1^2+\lambda_2y_2^2+\cdots+\lambda_ny_n^2}{y_1^2+y_2^2+\cdots+y_n^2}.$$

因$\lambda_1\leqslant\lambda_2\leqslant\cdots\leqslant\lambda_n$,对任意$\boldsymbol{y}\neq\boldsymbol{0}$,对上式放大、缩小,有

$$\lambda_1\leqslant R(\boldsymbol{x})=\frac{\boldsymbol{x}^{\mathrm{T}}\boldsymbol{A}\boldsymbol{x}}{\boldsymbol{x}^{\mathrm{T}}\boldsymbol{x}}=\frac{\lambda_1y_1^2+\lambda_2y_2^2+\cdots+\lambda_ny_n^2}{y_1^2+y_2^2+\cdots+y_n^2}\leqslant\lambda_n.$$

且当$\boldsymbol{y}^{(1)}=(1,0,\cdots,0)^{\mathrm{T}}$时,即当

$$\boldsymbol{x}^{(1)}=\boldsymbol{Q}\boldsymbol{y}^{(1)}=(\boldsymbol{\xi}_1,\boldsymbol{\xi}_2,\cdots,\boldsymbol{\xi}_n)\begin{bmatrix}1\\0\\\vdots\\0\end{bmatrix}=\boldsymbol{\xi}_1$$

时,有

$$R(\boldsymbol{\xi}_1)=\lambda_1=\min R(\boldsymbol{x}).$$

当$\boldsymbol{y}^{(2)}=(0,0,\cdots,1)^{\mathrm{T}}$时,即当

$$x^{(2)}=Qy^{(2)}=(\xi_1,\xi_2,\cdots,\xi_n)\begin{bmatrix}0\\0\\\vdots\\1\end{bmatrix}=\xi_n$$

时,有

$$R(\xi_n)=\lambda_n=\max R(x).$$

注

(1) $R(x)=\dfrac{x^{\mathrm T}Ax}{x^{\mathrm T}x}$的最小值,最大值也是$f(x)=x^{\mathrm T}Ax$ 在条件 $x^{\mathrm T}x=1$ 时的最大值,最小值.

(2) 本题可以具体化,例如求

$$R(x)=\frac{x_1^2-2x_2^2+x_3^2+2x_1x_2-4x_1x_3+2x_2x_3}{x_1^2+x_2^2+x_3^2}$$

的最大值,最小值.读者自行计算.

(3) 利用本结论还可以方便证明如下结论,设 A,B 均为 n 阶实对称矩阵,且 A 的特征值全大于 a,B 的特征值全大于 b,其中 a,b 均为实常数,则矩阵 $A+B$ 的特征值全大于 $a+b$.

证明:设 c 为 $A+B$ 的最小特征值,对应的特征向量为 ξ_1,并设 A,B 的最小特征值分别为 λ_A 和 λ_B,则由本题的结论知 $c=\dfrac{\xi_1^{\mathrm T}(A+B)\xi_1}{\xi_1^{\mathrm T}\xi_1}=\dfrac{\xi_1^{\mathrm T}A\xi_1}{\xi_1^{\mathrm T}\xi_1}+\dfrac{\xi_1^{\mathrm T}B\xi_1}{\xi_1^{\mathrm T}\xi_1}\geqslant\lambda_A+\lambda_B>a+b$.

专题十五 正定矩阵

解题要点

若对任意非零列向量 $\boldsymbol{x}$，恒有二次型 $f=\boldsymbol{x}^{\mathrm{T}}\boldsymbol{A}\boldsymbol{x}>0$，则称二次型 f 是正定二次型，对应的矩阵 $\boldsymbol{A}$ 称为正定矩阵.

1. 若二次型 $f=\boldsymbol{x}^{\mathrm{T}}\boldsymbol{A}\boldsymbol{x}$ 正定，则

(1) $\boldsymbol{A}$ 的主对角线元素 $a_{ii}>0$；(2) $\boldsymbol{A}$ 的行列式 $|\boldsymbol{A}|>0$.

2. 二次型 $f=\boldsymbol{x}^{\mathrm{T}}\boldsymbol{A}\boldsymbol{x}$ 正定

$\Leftrightarrow$对 $\forall\, \boldsymbol{x}\neq\boldsymbol{0}$，有 $\boldsymbol{x}^{\mathrm{T}}\boldsymbol{A}\boldsymbol{x}>0$

$\Leftrightarrow\boldsymbol{A}$ 的特征值都大于 0

$\Leftrightarrow\boldsymbol{A}$ 的全部顺序主子式都大于 0.

3. 设 $m\times n$ 实矩阵 $\boldsymbol{A}$，$\boldsymbol{A}^{\mathrm{T}}\boldsymbol{A}$ 是 $n\times n$ 实对称矩阵，且 $\boldsymbol{A}^{\mathrm{T}}\boldsymbol{A}$ 正定$\Leftrightarrow r(\boldsymbol{A})=n$.

1. 若 $f(x_1,x_2,x_3)=(ax_1+2x_2-3x_3)^2+(x_2-2x_3)^2+(x_1+ax_2-x_3)^2$ 是正定二次型，则 a 的取值范围是________.

解

若 $\begin{vmatrix} a & 2 & -3 \\ 0 & 1 & -2 \\ 1 & a & -1 \end{vmatrix}\neq 0$，则可令 $\begin{cases} ax_1+2x_2-3x_3=y_1, \\ x_2-2x_3=y_2, \\ x_1+ax_2-x_3=y_3, \end{cases}$ 此时 $f=y_1^2+y_2^2+y_3^2$，显然此时 f 正定，故 $f(x_1,x_2,x_3)$ 正定时 a 的范围是 $a\neq 1$ 且 $a\neq -\dfrac{1}{2}$.

注

$$\text{事实上,本题} f(x_1,x_2,x_3) \text{正定} \Leftrightarrow \begin{cases} ax_1+2x_2-3x_3=0, \\ \qquad x_2-2x_3=0, \\ x_1+\ ax_2-x_3=0 \end{cases} \text{只有零解.}$$

2. 设 $\boldsymbol{\alpha}_1=(1,2)^{\mathrm{T}}$,$\boldsymbol{\alpha}_2=(1,t)^{\mathrm{T}}$,$\boldsymbol{x}=(x_1,x_2)^{\mathrm{T}}$,若 $f(x_1,x_2)=\sum\limits_{i=1}^{2}(\boldsymbol{\alpha}_i,\boldsymbol{x})^2$ 是正定二次型,则 t 的取值范围是________.

解

本题只是形式新颖,但仔细审题,$(\boldsymbol{\alpha}_i,\boldsymbol{x})$ 就是 $\boldsymbol{\alpha}_i$ 与 $\boldsymbol{x}=(x_1,x_2)^{\mathrm{T}}$ 的内积,也就是 $(\boldsymbol{\alpha}_i,\boldsymbol{x})=\boldsymbol{\alpha}_i^{\mathrm{T}}\boldsymbol{x}=\boldsymbol{x}^{\mathrm{T}}\boldsymbol{\alpha}_i$,其中 $i=1,2$. 于是

$$\begin{aligned} f(x_1,x_2)&=\boldsymbol{x}^{\mathrm{T}}\boldsymbol{\alpha}_1\cdot\boldsymbol{\alpha}_1^{\mathrm{T}}\boldsymbol{x}+\boldsymbol{x}^{\mathrm{T}}\boldsymbol{\alpha}_2\cdot\boldsymbol{\alpha}_2^{\mathrm{T}}\boldsymbol{x}\\ &=\boldsymbol{x}^{\mathrm{T}}(\boldsymbol{\alpha}_1\boldsymbol{\alpha}_1^{\mathrm{T}}+\boldsymbol{\alpha}_2\boldsymbol{\alpha}_2^{\mathrm{T}})\boldsymbol{x}\\ &=\boldsymbol{x}^{\mathrm{T}}\left(\begin{bmatrix}1&2\\2&4\end{bmatrix}+\begin{bmatrix}1&t\\t&t^2\end{bmatrix}\right)\boldsymbol{x}\\ &=\boldsymbol{x}^{\mathrm{T}}\begin{bmatrix}2&2+t\\2+t&4+t^2\end{bmatrix}\boldsymbol{x}, \end{aligned}$$

由题意,f 正定,知 $\begin{vmatrix}2&2+t\\2+t&4+t^2\end{vmatrix}>0$,即 $(t-2)^2>0$,

于是当且仅当 $t\neq2$ 时,f 正定.

专题十六　合同矩阵

解题要点

实对称矩阵 $\boldsymbol{A}$ 与 $\boldsymbol{B}$ 合同

$\Leftrightarrow$存在可逆矩阵 $\boldsymbol{P}$，使得 $\boldsymbol{P}^{\mathrm{T}}\boldsymbol{A}\boldsymbol{P}=\boldsymbol{B}$

$\Leftrightarrow$二次型 $\boldsymbol{x}^{\mathrm{T}}\boldsymbol{A}\boldsymbol{x}$ 和 $\boldsymbol{x}^{\mathrm{T}}\boldsymbol{B}\boldsymbol{x}$ 有相同的正、负惯性指数

$\Leftrightarrow$实对称矩阵 $\boldsymbol{A}$ 与 $\boldsymbol{B}$ 有相同的正、负特征值个数.

1. 设二次型 $f(x_1,x_2,x_3)=x_1^2+x_2^2+x_3^2+2ax_1x_2+2ax_1x_3+2ax_2x_3$ 经可逆线性变换 $\boldsymbol{x}=\boldsymbol{P}\boldsymbol{y}$ 可化为 $g(y_1,y_2,y_3)=y_1^2+y_2^2+4y_3^2+2y_1y_2$，则 $a=$________.

解

由题意，二次型 $f(x_1,x_2,x_3)$ 与 $g(y_1,y_2,y_3)$ 的矩阵分别为

$$\boldsymbol{A}=\begin{bmatrix}1&a&a\\a&1&a\\a&a&1\end{bmatrix},\quad \boldsymbol{B}=\begin{bmatrix}1&1&0\\1&1&0\\0&0&4\end{bmatrix},$$

且 $\boldsymbol{P}^{\mathrm{T}}\boldsymbol{A}\boldsymbol{P}=\boldsymbol{B}$，于是 $r(\boldsymbol{A})=r(\boldsymbol{B})=2$，故

$$|\boldsymbol{A}|=\begin{vmatrix}1&a&a\\a&1&a\\a&a&1\end{vmatrix}=(2a+1)(a-1)^2=0,$$

得 $a=1$ 或 $a=-\dfrac{1}{2}$. 当 $a=1$ 时，$r(\boldsymbol{A})=1$（舍去），所以 $a=-\dfrac{1}{2}$.

注

(1) 二次型 $f=\boldsymbol{x}^{\mathrm{T}}\boldsymbol{A}\boldsymbol{x}$ 经可逆变换 $\boldsymbol{x}=\boldsymbol{P}\boldsymbol{y}$ 可化为二次型 $g=\boldsymbol{y}^{\mathrm{T}}\boldsymbol{B}\boldsymbol{y}\Leftrightarrow$ 实对称矩阵 $\boldsymbol{A}$ 和 $\boldsymbol{B}$ 有相同的正、负惯性指数.

(2) 进一步可求出符合本题要求的一个可逆矩阵 $\boldsymbol{P}=\begin{bmatrix}1 & 2 & \frac{2}{\sqrt{3}}\\ 0 & 1 & \frac{4}{\sqrt{3}}\\ 0 & 1 & 0\end{bmatrix}$.

2. 设 $\boldsymbol{A}=\begin{bmatrix}3 & 4 & 2\\ 4 & 5 & 2\\ 2 & 2 & 1\end{bmatrix}$，则二次型 $f(x_1,x_2,x_3)=\boldsymbol{x}^{\mathrm{T}}\boldsymbol{A}\boldsymbol{x}$ 的正、负惯性指数分别为________.

解

解法 1　由 $|\boldsymbol{A}|=-1<0$，知特征值 λ 必是一个负值、两个正值或三个都是负值，而 $\sum\limits_{i=1}^{3}a_{ii}=3+5+1>0$，则特征值 λ 不可能三个都是负值，故特征值 λ 只能是一个负值、两个正值.

解法 2　$|\lambda\boldsymbol{E}-\boldsymbol{A}|=\begin{vmatrix}\lambda-3 & -4 & -2\\ -4 & \lambda-5 & -2\\ -2 & -2 & \lambda-1\end{vmatrix}=\lambda^3-9\lambda^2-\lambda+1$（本行列式不便于恒等变形使某行(列)含两个零元素，故采取直接展开的方式，但方程 $\lambda^3-9\lambda^2-\lambda+1=0$ 又没有整数根，如此好像行不通.但还可以考虑尝试一下“零点定理”)，记 $\varphi(\lambda)=\lambda^3-9\lambda^2-\lambda+1$，则 $\varphi(-1)=-8<0$（或 $\varphi(-\infty)=-\infty<0$），$\varphi(0)=1>0$，$\varphi(1)=-8<0$，$\varphi(10)=91>0$（或 $\varphi(+\infty)=+\infty>0$），且注意到 $\varphi(\lambda)$ 是三次多项式，故 $\varphi(\lambda)=\lambda^3-9\lambda^2-\lambda+1=0$ 有且仅有三个根，即 $\lambda_1\in(-1,0)$，$\lambda_2\in(0,1)$，$\lambda_3\in(1,10)$，故正、负惯性指数分别为 2 和 1.

解法 3　$f(x_1,x_2,x_3)=\boldsymbol{x}^{\mathrm{T}}\boldsymbol{A}\boldsymbol{x}=3x_1^2+5x_2^2+x_3^2+8x_1x_2+4x_1x_3+4x_2x_3$

$$=3\left(x_1^2+\frac{8}{3}x_1x_2+\frac{4}{3}x_1x_3\right)+5x_2^2+x_3^2+4x_2x_3$$

$$=3\left(x_1+\frac{4}{3}x_2+\frac{2}{3}x_3\right)^2-\frac{16}{3}x_2^2-\frac{4}{3}x_3^2-\frac{16}{3}x_2x_3+5x_2^2+x_3^2+4x_2x_3$$

$$=3\left(x_1+\frac{4}{3}x_2+\frac{2}{3}x_3\right)^2-\frac{1}{3}x_2^2-\frac{1}{3}x_3^2-\frac{4}{3}x_2x_3$$

$$=3\left(x_1+\frac{4}{3}x_2+\frac{2}{3}x_3\right)^2-\frac{1}{3}(x_2^2+4x_2x_3)-\frac{1}{3}x_3^2$$

$$=3\left(x_1+\frac{4}{3}x_2+\frac{2}{3}x_3\right)^2-\frac{1}{3}(x_2+2x_3)^2+x_3^2.$$

于是正惯性指数和负惯性指数分别为 2 和 1.

第三篇 概率论与数理统计

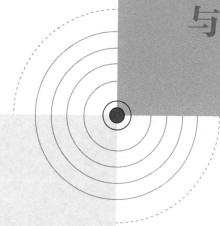

专题一 随机事件与概率

解题要点

1. 在古典概型中，事件 A 发生的概率 $P=\frac{k}{n}=\frac{A\text{ 中基本事件个数}}{\Omega\text{ 中基本事件个数}}$.

2. 在几何概型中，事件 A 发生的概率 $P=\frac{S_A}{S_\Omega}=\frac{A\text{ 的度量（长度、面积、体积）}}{\Omega\text{ 的度量（长度、面积、体积）}}$.

3. 在 n 重伯努利概型中，事件 A 发生 k 次的概率 $P=\mathrm{C}_n^k p^k(1-p)^{n-k}$，$k=0,1,\cdots,n$，其中 p 是每次试验 A 发生的概率.

4. 若 $P(AB)=P(A)P(B)$，则称 A,B 相互独立；

若 $$P(AB)=P(A)P(B),P(BC)=P(B)P(C),P(AC)=P(A)P(C),$$
$$P(ABC)=P(A)P(B)P(C),$$
则称 A,B,C 相互独立；若只满足前三个等式，则称 A,B,C 两两独立.

5. 独立的性质.

(1) A 与 B 独立 $\Leftrightarrow A$ 与 $\overline{B}$ 独立 $\Leftrightarrow \overline{A}$ 与 B 独立 $\Leftrightarrow \overline{A}$ 与 $\overline{B}$ 独立.

(2) 若 $P(A)>0$，则 A,B 独立 $\Leftrightarrow P(B\mid A)=P(B)$；

若 $0<P(A)<1$，则 A,B 独立 $\Leftrightarrow P(B\mid \overline{A})=P(B\mid A)\Leftrightarrow P(B\mid A)+P(\overline{B}\mid \overline{A})=1$.

(3) 若 $P(A)=0$ 或 $P(A)=1$，则 A 与任意事件独立.

(4) 若 $A=\Omega$ 或 $A=\varnothing$，则 A 与任意事件独立.

1. 在以原点为圆心的单位圆内画平行弦，如果这些弦与垂直于弦的直径的交点在该直径上的位置是等可能的，则任意画的弦其长度大于 1 的概率为________.

解

如图 3-1-1 所示,弦 AB 与 x 轴垂直,设其交点为 x,依题意该交点在横轴 x 上的位置是等可能的.这是一个几何型概率问题.设事件 C 表示"弦 AB 的长度 $|AB|$ 大于 1",依题意 C 的样本点集合为 $C=\{x:|AB|=2\sqrt{1-x^2}>1\}=\left\{x:|x|<\dfrac{\sqrt{3}}{2}\right\}$,样本空间 $\Omega=\{x:|x|<1\}$,C 与 Ω 的长度分别为 $\mu(C)=\sqrt{3}$,$\mu(\Omega)=2$,则根据几何概率定义可得

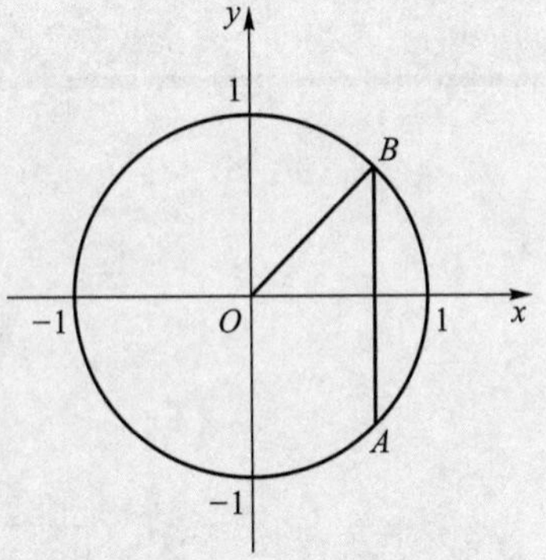

图 3-1-1

$$P(C)=\frac{\mu(C)}{\mu(\Omega)}=\frac{\sqrt{3}}{2}.$$

2. 随机抛甲、乙两个骰子,则甲骰子出现的点数大于乙骰子出现的点数的概率为________.

解

设甲骰子出现的点数大于乙骰子出现的点数的概率为 p,则对称地知道乙骰子出现的点数大于甲骰子出现的点数的概率也为 p,并设甲骰子出现的点数等于乙骰子出现的点数的概率为 q,则 $2p+q=1$,且 $q=\sum\limits_{i=1}^{6}P\{$甲骰子出现 i 点$\}.P\{$乙骰子出现 i 点$\}=\sum\limits_{i=1}^{6}\dfrac{1}{6}\cdot\dfrac{1}{6}=\dfrac{1}{6}$,于是 $p=\dfrac{1-q}{2}=\dfrac{5}{12}$.

3. 设 (X,Y) 为二维连续型随机变量,$P\{XY\leqslant 0\}=\dfrac{3}{5}$,$P\{\max(X,Y)>0\}=\dfrac{4}{5}$,则 $P\{\min(X,Y)\leqslant 0\}=($　　$)$.

(A) $\dfrac{1}{5}$　　(B) $\dfrac{2}{5}$　　(C) $\dfrac{3}{5}$　　(D) $\dfrac{4}{5}$

解

设 $A=\{X\leqslant 0\}$,$B=\{Y\leqslant 0\}$,则 $\{XY\leqslant 0\}=A\overline{B}\cup B\overline{A}$,

$$\{\max(X,Y)>0\}=\overline{A}\cup\overline{B}=\overline{AB},\{\min(X,Y)\leqslant 0\}=A\cup B.$$

于是 $P\{\min(X,Y)\leqslant 0\}=P(A\cup B)=P(A\overline{B}\cup B\overline{A}\cup AB)=P(A\overline{B}\cup B\overline{A})+P(AB)$

$$=P\{XY\leqslant 0\}+1-P(\overline{AB})=P\{XY\leqslant 0\}+1-P\{\max(X,Y)>0\}$$

$$=\frac{3}{5}+1-\frac{4}{5}=\frac{4}{5}.$$

4. 设有两批数量相同的零件，已知有一批产品全部合格，另一批产品有 25%不合格，从这两批产品中任取 1 只，经检验是正品，放回原处，并从原所在批次中再取 1 只，则这只产品是次品的概率为________.

解

两次抽取情况有所不同，第一次是在完全不知情的情况下等可能地从两批产品中抽取，第二次是在第一次抽取产品并检验合格后再进行抽取，这时对所要抽取的产品是第一批产品还是第二批产品的可能性已有推断，因此计算要分两步.第一步，在已知抽取产品合格的条件下，计算抽取的是第一批产品还是第二批产品的概率，属贝叶斯概型；第二步，以分别从两个批次抽取产品为完备事件组来计算第二次抽到次品的概率，属全概率概型.将两种概型复合，常常是该类题型的特点.

设 $H_i(i=1,2)$ 为“第一次从第 i 批产品中抽取”，A 为“取正品”，则

$$P(H_1)=P(H_2)=\frac{1}{2},P(A\mid H_1)=1,P(A\mid H_2)=\frac{3}{4},$$

即有

$$P(A)=P(H_1)P(A\mid H_1)+P(H_2)P(A\mid H_2)=\frac{7}{8},$$

从而

$$P(H_1\mid A)=\frac{P(H_1)P(A\mid H_1)}{P(A)}=\frac{4}{7},$$

$$P(H_2\mid A)=1-P(H_1\mid A)=\frac{3}{7}.$$

又设 $C_i(i=1,2)$ 为“第二次从第 i 批产品中抽取”，则

$$P(\overline{A})=P(C_1)P(\overline{A}\mid C_1)+P(C_2)P(\overline{A}\mid C_2)=\frac{4}{7}\times 0+\frac{3}{7}\times\frac{1}{4}=\frac{3}{28}.$$

专题二 一维随机变量及其分布

解题要点

1. 分布函数 $F(x)=P\{X\leqslant x\},-\infty<x<+\infty$.

$F(x_0)$的值是$\{X\leqslant x_0\}$这个事件的概率,即随机变量 X 落在$(-\infty,x_0]$上的概率.

2. 分布函数 $F(x)$的性质(充要条件).

(1) 规范性:$F(-\infty)=0,F(+\infty)=1$.

(2) 右连续性:$\forall x_0$,有 $F(x_0)=F(x_0+0)$.

(3) 单调不减性:$\forall x_1<x_2$,有 $F(x_1)\leqslant F(x_2)$.

3. 分布函数 $F(x)$的应用(求概率).

$P\{X\leqslant a\}=F(a)$;

$P\{X<a\}=F(a-0)$;

$P\{X=a\}=F(a)-F(a-0)$.

4. 设 $X\sim B(n,p)$,则当正整数 k 的取值满足$(n+1)p-1\leqslant k\leqslant(n+1)p$ 时,$P\{X=k\}$最大.

5. 设 $X\sim P(\lambda)$,则当正整数 k 的取值满足 $\lambda-1\leqslant k\leqslant\lambda$ 时,$P\{X=k\}$最大.

6. 若 $x\sim f(x)$,则 $P\{X\in I\}=\int_I f(x)\mathrm{d}x$.

7. 设随机变量 X 是连续型的,其分布函数为 $F(x)$,令 $Y=F(X)$,则 $Y\sim U(0,1)$,这与 X 具体是何种分布无关.

1. 设随机变量 X 的概率密度为$f(x)=\begin{cases}\dfrac{1}{2}\cos\dfrac{x}{2}, & 0<x<\pi,\\ 0, & 其他,\end{cases}$ Y 表示对 X 的 4 次独立重复观察中观测值大于$\dfrac{\pi}{3}$的次数,则能使 $P\{Y=k\}$最大的 k 是(   ).

(A) 1 (B) 2 (C) 3 (D) 4

解

显然 $Y-B(4,p)$，其中 $p=P\left\{X>\frac{\pi}{3}\right\}=\int_{\frac{\pi}{3}}^{\pi}\frac{1}{2}\cos\frac{x}{2}\mathrm{d}x=\frac{1}{2}$，于是 $Y\sim B\left(4,\frac{1}{2}\right)$，由 $(n+1)p-1\leqslant k\leqslant(n+1)p$，得唯一正整数 $k=2$，于是 $P\{Y=2\}$ 最大，选(B).

2. 设 X 是随机变量，s,t 是正数，m,n 是正整数.

(1) 若 $X\sim G(p)$，则 $P\{X>m+n\mid X>m\}$ 与 m 无关；

(2) 若 $X\sim P\{X=k\}=\frac{1}{k(k+1)}$，$k=1,2,\cdots$，则 $P\{X\geqslant 2n\mid X\geqslant n\}$ 与 n 无关；

(3) 若 $X\sim E(\lambda)$，则 $P\{X>s+t\mid X>s\}$ 与 s 无关；

(4) 若 $X\sim f(x)=\begin{cases}\frac{1}{x^2}, & x>1,\\ 0, & \text{其他},\end{cases}$ 则当 $t>1$ 时，$P\{X\geqslant 2t\mid X\geqslant t\}$ 与 t 无关.

则上述结论中正确的个数是(   ).

(A) 1　　(B) 2　　(C) 3　　(D) 4

解

(1)和(3)分别是几何分布与指数分布的无记忆性，正确.

(2) $P\{X\geqslant 2n\mid X\geqslant n\}=\frac{P\{X\geqslant 2n,X\geqslant n\}}{P\{X\geqslant n\}}=\frac{P\{X\geqslant 2n\}}{P\{X\geqslant n\}}=\frac{1-P\{X<2n\}}{1-P\{X<n\}}$

$$=\frac{1-\left(\frac{1}{1\cdot 2}+\frac{1}{2\cdot 3}+\cdots+\frac{1}{(2n-1)\cdot 2n}\right)}{1-\left(\frac{1}{1\cdot 2}+\frac{1}{2\cdot 3}+\cdots+\frac{1}{(n-1)\cdot n}\right)}=\frac{1-\left(1-\frac{1}{2}+\frac{1}{2}-\frac{1}{3}+\cdots+\frac{1}{2n-1}-\frac{1}{2n}\right)}{1-\left(1-\frac{1}{2}+\frac{1}{2}-\frac{1}{3}+\cdots+\frac{1}{n-1}-\frac{1}{n}\right)}$$

$$=\frac{1-\left(1-\frac{1}{2n}\right)}{1-\left(1-\frac{1}{n}\right)}=\frac{1}{2}.$$

(4) $P\{X\geqslant 2t\mid X\geqslant t\}=\frac{P\{X\geqslant 2t,X\geqslant t\}}{P\{X\geqslant t\}}=\frac{P\{X\geqslant 2t\}}{P\{X\geqslant t\}}=\frac{\int_{2t}^{+\infty}\frac{1}{x^2}\mathrm{d}x}{\int_{t}^{+\infty}\frac{1}{x^2}\mathrm{d}x}=\frac{-\frac{1}{x}\Big|_{2t}^{+\infty}}{-\frac{1}{x}\Big|_{t}^{+\infty}}=\frac{1}{2}.$

3. 向$\triangle OAB$中随机掷一点P,并将AP延长交OB于Q,则Q点在OB上服从(　　).

(A) 均匀分布　　(B) 几何分布　　(C) 指数分布　　(D) 正态分布

解

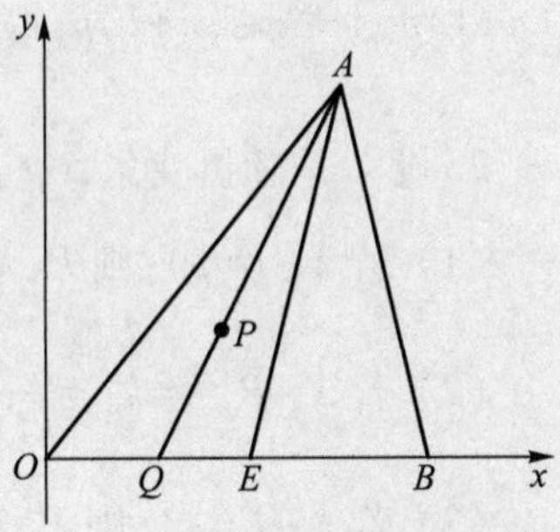

图 3-2-1

作坐标图(如图 3-2-1),记P点的坐标为(X,Y),则(X,Y)服从$\triangle OAB$上的均匀分布,记S为$\triangle OAB$的面积,则

$$f(x,y)=\begin{cases}\dfrac{1}{S}, & (x,y)\in\triangle OAB,\\ 0, & \text{其他}.\end{cases}$$

记Q点的坐标为$(Z,0)$,E点坐标为$(z,0)$,B点坐标为$(b,0)$.当$0\leqslant z<b$时,

$$F_Z(z)=P\{Z\leqslant z\}=P\{OQ\leqslant OE\}=P\{P\text{点}\in\triangle AOE\}$$

$$=\frac{S_{\triangle AOE}}{S_{\triangle AOB}}=\frac{OE}{OB}=\frac{z}{b},$$

其中第三个等号是由于点P落在$\triangle AOE$内等价于AP的延长线与OB的交点落在OE上.

故$F_Z(z)=\begin{cases}0, & z<0,\\ \dfrac{z}{b}, & 0\leqslant z<b,\\ 1, & z\geqslant b.\end{cases}$从而$Z$服从$(0,b)$上的均匀分布.

4. 设$X\sim E(1)$,$Y=[X+1]$,其中$[\,\bullet\,]$表示取整符号,则Y服从(　　).

(A) 参数为e^{-1}的几何分布　　(B) 参数为$1-e^{-1}$的几何分布

(C) 参数为e^{-1}的泊松分布　　(D) 参数为$1-e^{-1}$的泊松分布

解

$$P\{Y=k\}=P\{[X+1]=k\}=P\{[X]+1=k\}=P\{[X]=k-1\}=P\{k-1\leqslant X<k\}$$

$$=\int_{k-1}^{k}e^{-x}dx=e^{1-k}-e^{-k}=e^{1-k}(1-e^{-1})=(e^{-1})^{k-1}(1-e^{-1}),k=1,2,\cdots.$$

故$Y\sim G(1-e^{-1})$.

专题三 一维随机变量函数的分布

解题要点

1. 设 $X \sim f_X(x)$，$Y=g(X)$，求 $F_Y(y)$，$f_Y(y)$.

$F_Y(y)=P\{Y\leqslant y\}=P\{g(X)\leqslant y\}$，$-\infty<y<+\infty$.

对 y 进行 $(-\infty,+\infty)$ 上的分段讨论，分别求出 $P\{g(X)\leqslant y\}$ 的值.

若 $F_Y(y)$ 没有间断点，则进一步得 $f_Y(y)=F_Y'(y)$.

2. 设 $X\sim f_X(x)$，且 $Y=g(X)$ 是关于 X 的严格单调可导函数，则

$$f_Y(y)=\begin{cases} f_X[h(y)]\,|h'(y)|, & c<y<d, \\ 0, & 其他, \end{cases}$$

其中 $x=h(y)$ 是 $y=g(x)$ 的反函数，$c=\min\{g(x)\}$，$d=\max\{g(x)\}$.

1. 设 $X\sim f_X(x)=\dfrac{1}{\pi(1+x^2)}$，$-\infty<x<+\infty$，令 $Y=\arctan X$，则 $f_Y(y)=$ ________.

解

$y=\arctan x$ 的反函数为 $x=\tan y$，$-\dfrac{\pi}{2}<y<\dfrac{\pi}{2}$，于是

$$f_Y(y)=f_X(\tan y)\cdot|(\tan y)'|=\frac{1}{\pi(1+\tan^2 y)}\cdot\sec^2 y=\frac{1}{\pi},-\frac{\pi}{2}<y<\frac{\pi}{2},$$

故 $f_Y(y)=\begin{cases}\dfrac{1}{\pi}, & -\dfrac{\pi}{2}<y<\dfrac{\pi}{2}, \\ 0, & 其他.\end{cases}$

注

不可漏掉“$f_Y(y)=0$,其他”这一段.

2. 设 $X\sim U(0,1)$,则 $Y=X^{\ln X}$的概率密度 $f_Y(y)=$ ________.

解

$F_Y(y)=P\{Y\leqslant y\}=P\{X^{\ln X}\leqslant y\}=P\{\mathrm{e}^{(\ln X)^2}\leqslant y\},-\infty<y<+\infty$.

若 $y<1$,则 $F_Y(y)=0$.

若 $y\geqslant 1$,则

$$F_Y(y)=P\{\mathrm{e}^{(\ln X)^2}\leqslant y\}=P\{(\ln X)^2\leqslant \ln y\}=P\{-\ln X\leqslant \sqrt{\ln y}\}=P\{X\geqslant \mathrm{e}^{-\sqrt{\ln y}}\}=1-\mathrm{e}^{-\sqrt{\ln y}}.$$

所以 $f_Y(y)=F'_Y(y)=\begin{cases}\mathrm{e}^{-\sqrt{\ln y}}\cdot\dfrac{1}{2\sqrt{\ln y}}\cdot\dfrac{1}{y}, & y>1,\\ 0, & \text{其他}.\end{cases}$

专题四　多维随机变量及其分布

解题要点

1.（二维离散型随机变量）联合分布律中有 0⇒X,Y 不独立.

2.（二维连续型随机变量）联合概率密度 $f(x,y)$ 的非零区域不是矩形⇒X,Y 不独立；若 $f(x,y)$ 的非零区域是矩形，但二元函数 $f(x,y)$ 对 x 和 y 不具有乘法分离性⇒X,Y 不独立.

若 $f(x,y)$ 的非零区域是矩形，且二元函数 $f(x,y)$ 对 x 和 y 具有乘法分离性⇒X,Y 相互独立，如设 $(X,Y)\sim f(x,y)=\begin{cases}4xy, & 0<x<1,0<y<1,\\ 0, & \text{其他},\end{cases}$ 则 X,Y 独立.

3. 相互独立的随机变量的性质

(1) 若 $X_1,X_2,\cdots,X_n$ 相互独立，则其中任意 $k(2\leqslant k\leqslant n)$ 个随机变量也相互独立.

(2) 若 $X_1,X_2,\cdots,X_n$ 相互独立，则其函数 $g_1(X_1),g_2(X_2),\cdots,g_n(X_n)$ 也相互独立.

4. 服从单值分布的随机变量与任一随机变量独立，即若 $P\{X=c\}=1$（其中 c 为某常数），则 X 与任一随机变量独立.

5. 若 $(X,Y)\sim f(x,y)$，则 $P\{(X,Y)\in D\}=\iint\limits_D f(x,y)\,\mathrm{d}x\mathrm{d}y$.

6. 若连续型随机变量 X 与 Y 相互独立且同分布，则 $P\{X\leqslant Y\}=P\{X\geqslant Y\}=\dfrac{1}{2}$.

7. 设 $(X,Y)\sim N(\mu_1,\mu_2,\sigma_1^2,\sigma_2^2;\rho)$，其中 $\mu_1=EX,\mu_2=EY,\sigma_1^2=DX,\sigma_2^2=DY,\rho\in(-1,1)$. 则

(1) $X\sim N(\mu_1,\sigma_1^2)$，$Y\sim N(\mu_2,\sigma_2^2)$，反之不成立（独立时反之成立）.

(2) 在条件 $Y=y$ 下，$X\sim N\left(\mu_1+\rho\dfrac{\sigma_1}{\sigma_2}(y-\mu_2),\sigma_1^2(1-\rho^2)\right)$.

在条件 $X=x$ 下，$Y\sim N\left(\mu_2+\rho\dfrac{\sigma_2}{\sigma_1}(x-\mu_1),\sigma_2^2(1-\rho^2)\right)$.

(3) $aX+bY\sim N(\mu,\sigma^2)$, a,b 为不全为零的常数.

(4) 若 $\begin{vmatrix} a & c \\ b & d \end{vmatrix}\neq 0$,则 $(aX+bY,cX+dY)$ 服从二维正态分布.

(5) X,Y 相互独立$\Leftrightarrow X,Y$ 不相关,即 $\rho_{XY}=0$.

1. 设随机变量 $X_i\sim\begin{pmatrix} -1 & 0 & 1 \\ \frac{1}{4} & \frac{1}{2} & \frac{1}{4} \end{pmatrix}(i=1,2)$,且满足 $P\{X_1X_2=0\}=1$,则 $P\{X_1=X_2\}$ 等于( ).

(A) 0　　(B) $\frac{1}{4}$　　(C) $\frac{1}{2}$　　(D) 1

解

题目给出 X 和 Y 的边缘分布及概率或数字特征,要立即去写 (X,Y) 的联合分布.

首先,列出二维随机变量 (X_1,X_2) 的联合分布律及其边缘分布律中的部分数值.

X_1	X_2			$P\{X_1=x_{1i}\}$
	-1	0	1	
-1	a	b	c	$\frac{1}{4}$
0	d	e	f	$\frac{1}{2}$
1	g	h	k	$\frac{1}{4}$
$P\{X_2=x_{2i}\}$	$\frac{1}{4}$	$\frac{1}{2}$	$\frac{1}{4}$	1

由于 $P\{X_1X_2=0\}=1$,故 $P\{X_1X_2\neq 0\}=0$.因此 $a=0,c=0,g=0,k=0$.根据边缘分布的性质

$$b=\frac{1}{4},h=\frac{1}{4},e=\frac{1}{2}-(b+h)=\frac{1}{2}-\frac{1}{2}=0.$$

至此,(X_1,X_2) 的联合分布律应为

X_1	X_2			$P\{X_1=x_{1i}\}$
	-1	0	1	
-1	0	$\frac{1}{4}$	0	$\frac{1}{4}$
0	$\frac{1}{4}$	0	$\frac{1}{4}$	$\frac{1}{2}$
1	0	$\frac{1}{4}$	0	$\frac{1}{4}$
$P\{X_2=x_{2i}\}$	$\frac{1}{4}$	$\frac{1}{2}$	$\frac{1}{4}$	1

可见 $P\{X_1=X_2\}=P\{X_1=-1,X_2=-1\}+P\{X_1=0,X_2=0\}+P\{X_1=1,X_2=1\}=0.$

2. 设随机变量 X 在 $[0,2]$ 上服从均匀分布，Y 服从参数 $\lambda=2$ 的指数分布，且 X,Y 相互独立.则关于 a 的方程 $a^2+Xa+Y=0$ 有实根的概率为________（答案用标准正态分布的分布函数 $\phi(x)$ 表示）.

解

由于 $f_X(x)=\begin{cases}\frac{1}{2}, & 0\leqslant x\leqslant 2,\\ 0, & \text{其他},\end{cases}$ $f_Y(y)=\begin{cases}2\mathrm{e}^{-2y}, & y>0,\\ 0, & y\leqslant 0,\end{cases}$ 且 X,Y 相互独立，故

$$f(x,y)=\begin{cases}\mathrm{e}^{-2y}, & 0\leqslant x\leqslant 2,y>0,\\ 0, & \text{其他}.\end{cases}$$

方程 $a^2+Xa+Y=0$ 有实根，则需要 $X^2-4Y\geqslant 0$，即 $Y\leqslant \frac{X^2}{4}$.

如图 3-4-1 所示，故方程有实根的概率为

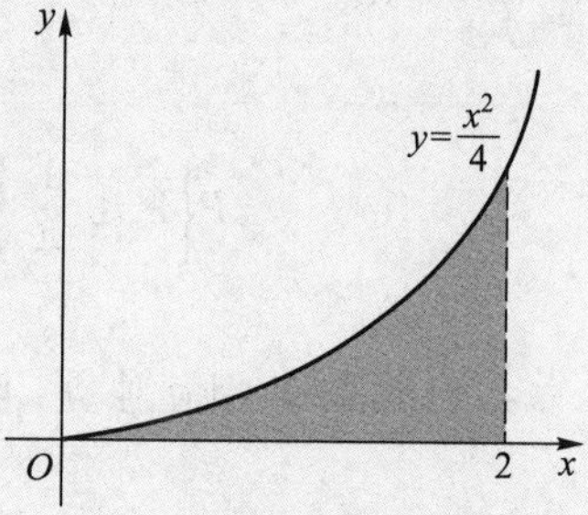

图 3-4-1

$$P\left\{Y\leqslant \frac{X^2}{4}\right\}=\iint\limits_{y\leqslant \frac{x^2}{4}} f(x,y)\,\mathrm{d}x\mathrm{d}y=\iint\limits_{y\leqslant \frac{x^2}{4}} \mathrm{e}^{-2y}\,\mathrm{d}x\mathrm{d}y$$

$$=\int_0^2\mathrm{d}x\int_0^{\frac{x^2}{4}}\mathrm{e}^{-2y}\mathrm{d}y=-\frac{1}{2}\int_0^2 \mathrm{e}^{-2y}\Big|_0^{\frac{x^2}{4}}\mathrm{d}x$$

$$=-\frac{1}{2}\int_0^2(\mathrm{e}^{-\frac{x^2}{2}}-1)\,\mathrm{d}x=1-\frac{1}{2}\int_0^2\mathrm{e}^{-\frac{x^2}{2}}\mathrm{d}x$$

$$=1-\frac{\sqrt{2\pi}}{2}\int_0^2\frac{1}{\sqrt{2\pi}}e^{-\frac{x^2}{2}}dx$$

$$=1-\sqrt{\frac{\pi}{2}}[\Phi(2)-\Phi(0)]$$

$$=1-\sqrt{\frac{\pi}{2}}\left[\Phi(2)-\frac{1}{2}\right].$$

3. 设二维随机变量(X,Y)的概率密度为$f(x,y)=\begin{cases}e^{-x}, & 0<y<x,\\ 0, & \text{其他}.\end{cases}$

(1) 求$f_{Y|X}(y|x)$；

(2) 求$P\left\{Y\leqslant\frac{1}{4}\middle|X=\frac{1}{2}\right\}$.

解

(1) 因为X的概率密度为

$$f_X(x)=\int_{-\infty}^{+\infty}f(x,y)dy=\begin{cases}\int_0^x e^{-x}dy, & x>0,\\ 0, & \text{其他}\end{cases}=\begin{cases}xe^{-x}, & x>0,\\ 0, & \text{其他},\end{cases}$$

则在$X=x(x>0)$的条件下，Y的条件概率密度为$f_{Y|X}(y|x)=\dfrac{f(x,y)}{f_X(x)}=\begin{cases}\dfrac{1}{x}, & 0<y<x,\\ 0, & \text{其他}.\end{cases}$

(2) 由(1)知$f_{Y|X}\left(y\middle|\frac{1}{2}\right)=\begin{cases}2, & 0<y<\frac{1}{2},\\ 0, & \text{其他}\end{cases}$$\left(\text{即}X=\frac{1}{2}\text{时},Y\text{的条件概率密度}\right)$，于是

$$P\left\{Y\leqslant\frac{1}{4}\middle|X=\frac{1}{2}\right\}=\int_0^{\frac{1}{4}}f_{Y|X}\left(y\middle|\frac{1}{2}\right)dy=\int_0^{\frac{1}{4}}2dy=\frac{1}{2}.$$

4. 已知X,Y相互独立，且都服从指数分布，参数依次是1,2，则$P\{X=\min(X,Y)\}=$

________.

解

$$P\{X=\min(X,Y)\}=P\{X\leqslant X,X\leqslant Y\}=P\{X\leqslant Y\}=\iint\limits_D f(x,y)\,\mathrm{d}x\mathrm{d}y$$

$$=\int_0^{+\infty}\mathrm{d}x\int_x^{+\infty}f_X(x)f_Y(y)\,\mathrm{d}y=\int_0^{+\infty}\mathrm{d}x\int_x^{+\infty}\mathrm{e}^{-x}\cdot 2\mathrm{e}^{-2y}\mathrm{d}y=\int_0^{+\infty}\mathrm{e}^{-x}\cdot\mathrm{e}^{-2x}\mathrm{d}x=\frac{1}{3}.$$

专题五 多维随机变量函数的分布

解题要点

1. 设随机变量 X,Y 相互独立,其分布函数分别是 $F_X(x)$,$F_Y(y)$.

(1) 对 $Z=\max\{X,Y\}$,有 $F_Z(z)=F_X(z)F_Y(z)$,$f_Z(z)=F'_Z(z)$;

(2) 对 $Z=\min\{X,Y\}$,有 $F_Z(z)=1-[1-F_X(z)][1-F_Y(z)]$,$f_Z(z)=F'_Z(z)$.

以上结论可推广到 n 个相互独立的随机变量 $X_1,X_2,\cdots,X_n$ 的情形.

2. 设随机变量 X,Y 相互独立,且 $X\sim E(\lambda_1)$,$Y\sim E(\lambda_2)$,记 $Z=\min\{X,Y\}$,则 $Z\sim E(\lambda_1+\lambda_2)$.

该结论可推广到 n 个相互独立且均服从指数分布的随机变量 $X_1,X_2,\cdots,X_n$ 的情形.

1. (1) 设 X,Y 独立且分别服从参数为 λ_1 和 λ_2 的指数分布,则 $\min\{X,Y\}$ 也服从指数分布;

(2) $(X,Y)\sim f(x,y)=\begin{cases}2\mathrm{e}^{-(x+y)}, & 0<x<y,\\ 0, & \text{其他},\end{cases}$ 则 $Y-X$ 服从指数分布;

(3) 设 $(X,Y)\sim f(x,y)=\dfrac{1}{2\pi}\mathrm{e}^{-\frac{1}{2}(x^2+y^2)}$,$-\infty<x<+\infty$,$-\infty<y<+\infty$,则 X^2+Y^2 服从指数分布.

上述命题正确的个数是(　　).

(A) 0　　(B) 1　　(C) 2　　(D) 3

解

(1) 令 $Z=\min\{X,Y\}$,则

$$F_Z(z)=1-[1-F_X(z)][1-F_Y(z)]$$

$$=\begin{cases}1-[1-(1-\mathrm{e}^{-\lambda_1 z})][1-(1-\mathrm{e}^{-\lambda_2 z})], & z\geqslant 0,\\ 1-(1-0)(1-0), & z<0\end{cases}=\begin{cases}1-\mathrm{e}^{-(\lambda_1+\lambda_2)z}, & z\geqslant 0,\\ 0, & z<0.\end{cases}$$

故 $Z=\min\{X,Y\}\sim E(\lambda_1+\lambda_2)$.

（2）令 $Z=Y-X$，由 $z=y-x$，得 $y=z+x$，于是 $f_Z(z)=\int_{-\infty}^{+\infty} f(x,z+x)\,\mathrm{d}x$.

f 的非零区域 $0<x<y \Leftrightarrow 0<x<z+x$.

若 $z<0$，则 $f_Z(z)=0$.

若 $z>0$，则 $f_Z(z)=\int_0^{+\infty} 2\mathrm{e}^{-(2x+z)}\,\mathrm{d}x=\mathrm{e}^{-z}$.

故 $Z=Y-X\sim E(1)$.

（3）令 $Z=X^2+Y^2$，则 $F_Z(z)=P\{Z\leqslant z\}=P\{X^2+Y^2\leqslant z\}$.

若 $z<0$，则 $F_Z(z)=0$.

若 $z\geqslant 0$，则 $F_Z(z)=P\{X^2+Y^2\leqslant z\}=\iint\limits_{x^2+y^2\leqslant z} f(x,y)\,\mathrm{d}x\mathrm{d}y=\int_0^{2\pi}\mathrm{d}\theta\int_0^{\sqrt{z}}\frac{1}{2\pi}\mathrm{e}^{-\frac{1}{2}r^2}r\mathrm{d}r=1-\mathrm{e}^{-\frac{1}{2}z}$.

故 $Z=X^2+Y^2\sim E\left(\frac{1}{2}\right)$.

2. 设 $X\sim f(x)=\begin{cases}2x, & 0<x<1,\\ 0, & \text{其他},\end{cases}$ 在给定 $X=x(0<x<1)$ 的条件下，$Y\sim U(-x,x)$.

（1）求 (X,Y) 的概率密度 $f(x,y)$；

（2）若 $[Y]$ 表示不超过 Y 的最大整数，求 $W=X+[Y]$ 的分布函数.

解

（1）由题意得，当 $0<x<1$ 时，

$$f_{Y|X}(y\,|\,x)=\begin{cases}\dfrac{1}{2x}, & -x<y<x,\\ 0, & \text{其他},\end{cases}$$

则

$$\begin{aligned}f(x,y)&=f_X(x)f_{Y|X}(y\,|\,x)\\&=\begin{cases}1, & 0<x<1\text{ 且 }-x<y<x,\\ 0, & \text{其他}.\end{cases}\end{aligned}$$

（2）$F_W(w)=P\{W\leqslant w\}=P\{X+[Y]\leqslant w\}$

$=P\{X+[Y]\leqslant w,\ [Y]=-1\}+P\{X+[Y]\leqslant w,\ [Y]=0\}$

$=P\{X\leqslant w+1,\ -x<Y<0\}+P\{X\leqslant w,\ 0<Y<x\}$.

若 $w<-1$,则 $F_W(w)=0$.

若 $-1\leqslant w<0$,则 $F_W(w)=\int_0^{w+1}\mathrm{d}x\int_{-x}^{0}1\mathrm{d}y+0=\frac{1}{2}(w+1)^2$.

若 $0\leqslant w<1$,则 $F_W(w)=\int_0^{1}\mathrm{d}x\int_{-x}^{0}1\mathrm{d}y+\int_0^{w}\mathrm{d}x\int_0^{x}1\mathrm{d}y=\frac{1}{2}+\frac{1}{2}w^2$.

若 $w\geqslant 1$,则 $F_W(w)=1$.

$$F_W(w)=\begin{cases}0, & w<-1,\\ \frac{1}{2}(w+1)^2, & -1\leqslant w<0,\\ \frac{1}{2}+\frac{1}{2}w^2, & 0\leqslant w<1,\\ 1, & w\geqslant 1.\end{cases}$$

专题六　随机变量的数字特征

解题要点

1. 设 $X \sim f(x)$，$g(x)$ 是 x 的函数，则 $E[g(X)]=\int_{-\infty}^{+\infty} g(x)f(x)\,\mathrm{d}x$.

2. 设 $(X,Y)\sim f(x,y)$，$g(x,y)$ 是 x,y 的函数，则

$$E[g(X,Y)]=\int_{-\infty}^{+\infty}\mathrm{d}x\int_{-\infty}^{+\infty} g(x,y)f(x,y)\,\mathrm{d}y.$$

3. 设 $X\sim N(0,1)$，则 $E(|X|)=\sqrt{\frac{2}{\pi}}$，$D(|X|)=1-\frac{2}{\pi}$.

4. 若 X 与 Y 独立，则 $D(XY)=DX\cdot DY+(EX)^2\cdot DY+(EY)^2\cdot DX\geqslant DX\cdot DY$.

5. 若 $Y=aX+b$，则 $\rho_{XY}=\begin{cases}1, & a>0,\\ -1, & a<0.\end{cases}$

如，2012 年数学一试题，将长度为 1 m 的木棒随机地截成两段，则两段长度的相关系数为(　　).

(A) 1　　(B) $\frac{1}{2}$　　(C) $-\frac{1}{2}$　　(D) -1

解　设两段长度分别为 X,Y，则 $X+Y=1$，即 $Y=1-X$，所以 X 与 Y 存在线性关系，且为负相关，所以 $\rho_{XY}=-1$，故选(D).

1. 某人用 n 把钥匙去开门，假设只有一把能打开，今逐个任取一把试开，记 X 为打开此门所需的开门次数，又设打不开的钥匙不放回，则 $DX=$________.

解

$$\begin{pmatrix} X & 1 & 2 & \cdots & n \\ p & \frac{1}{n} & \frac{1}{n} & \cdots & \frac{1}{n} \end{pmatrix} \Rightarrow EX = 1\times\frac{1}{n}+2\times\frac{1}{n}+\cdots+n\times\frac{1}{n}=\frac{1+2+\cdots+n}{n}=\frac{n+1}{2},$$

$$EX^2 = 1^2\times\frac{1}{n}+2^2\times\frac{1}{n}+\cdots+n^2\times\frac{1}{n}=\frac{1^2+2^2+\cdots+n^2}{n}=\frac{(n+1)(2n+1)}{6}.$$

所以 $DX=EX^2-(EX)^2=\frac{(n+1)(2n+1)}{6}-\frac{(n+1)^2}{4}=\frac{n^2-1}{12}.$

2. 假设每次试验只有成功与失败两种结果,并且每次试验的成功率都是 $p(0<p<1)$.现进行重复独立试验直至成功与失败的结果都出现为止,已知试验次数 X 的数学期望 $EX=3$,则 $p=$________.

解

首先求出 X 的概率分布,再用期望定义求解 p 的值.依题意 X 取值为 $2,3,\cdots$,且

$$P\{X=n\}=pq^{n-1}+qp^{n-1}(q=1-p),$$

$$EX=\sum_{n=2}^{\infty} nP\{X=n\}=\sum_{n=2}^{\infty} npq^{n-1}+\sum_{n=2}^{\infty} nqp^{n-1}$$

$$=\sum_{n=1}^{\infty} npq^{n-1}+\sum_{n=1}^{\infty} nqp^{n-1}-p-q=\frac{1}{p}+\frac{1}{q}-1,$$

解方程 $\frac{1}{p}+\frac{1}{1-p}=4$,得 $p=\frac{1}{2}.$

3. 掷一颗骰子直到所有点数全部出现为止,则所需投掷次数 Y 的数学期望为________.

解

记 X_1 为"出现第一个点数的投掷次数",

X_2 为"第一点数得到后,等待第二个不同点数出现的总投掷次数",

X_3 为"第一、二点数得到后,等待第三个不同点数出现的总投掷次数",

……

X_6 为“第一至五点数得到后，等待第六个不同点数出现的总投掷次数”，则 $Y=X_1+X_2+\cdots+X_6$. 于是只要分别求出 $E(X_1),E(X_2),\cdots,E(X_6)$，即可得到 $E(Y)$.

X_1 可能取的值为 1，且 $P\{X_1=1\}=1$，于是 $E(X_1)=1$.

$X_2\sim G\left(\frac{5}{6}\right)$，于是 $EX_2=\frac{6}{5}$. $X_3\sim G\left(\frac{4}{6}\right)$，于是 $EX_3=\frac{6}{4}$，同理 $EX_4=\frac{6}{3}$，$EX_5=\frac{6}{2}$，$EX_6=\frac{6}{1}$.

注

引入随机变量 $X_1,X_2,\cdots,X_6$ 是本题的关键，它避免了计算 Y 的概率分布（Y 的概率分布是不易计算的）.

4. 设随机变量 $X\sim N(0,1)$，则 $E(X^2e^{2X})=$________.

解

$E(X^2e^{2X})=\int_{-\infty}^{+\infty}x^2e^{2x}\cdot\frac{1}{\sqrt{2\pi}}e^{-\frac{x^2}{2}}dx=\int_{-\infty}^{+\infty}x^2\cdot\frac{1}{\sqrt{2\pi}}e^{-\frac{x^2}{2}+2x}dx=\int_{-\infty}^{+\infty}x^2\cdot\frac{1}{\sqrt{2\pi}}e^{-\frac{(x-2)^2}{2}+2}dx=$ $e^2\int_{-\infty}^{+\infty}x^2\cdot\frac{1}{\sqrt{2\pi}\cdot 1}e^{-\frac{(x-2)^2}{2\cdot 1^2}}dx=e^2(2^2+1^2)=5e^2$，这里被积函数中的 $\frac{1}{\sqrt{2\pi}\cdot 1}e^{-\frac{(x-2)^2}{2\cdot 1^2}}(-\infty<x<+\infty)$ 看作正态分布 $N(2,1^2)$ 的概率密度.

5. (1) 设 $(X,Y)\sim N\left(\mu,\mu,\sigma^2,\sigma^2;\frac{1}{2}\right)$，则 $E\max\{X,Y\}=$________；

(2) 设 X,Y 独立且都服从参数为 λ 的指数分布，则 $E\max\{X,Y\}=$________.

解

(1) $\max\{X,Y\}=\frac{X+Y+|X-Y|}{2}\left(\min\{X,Y\}=\frac{X+Y-|X-Y|}{2}\right)$

$\Rightarrow E\max\{X,Y\}=\frac{1}{2}(\mu+\mu+E|X-Y|)=\mu+\frac{1}{2}E|X-Y|$；

且 $E(X-Y)=EX-EY=\mu-\mu=0$，

$$D(X-Y)=DX+DY-2\mathrm{Cov}(X,Y)=\sigma^2+\sigma^2-2\rho_{XY}\sqrt{DX}\sqrt{DY}=\sigma^2,$$

则 $X-Y\sim N(0,\sigma^2)$，故 $\frac{X-Y}{\sigma}\sim N(0,1)$，进而 $E\left|\frac{X-Y}{\sigma}\right|=\sqrt{\frac{2}{\pi}}$，

所以 $E|X-Y|=\sigma\sqrt{\frac{2}{\pi}}$，从而 $E\max\{X,Y\}=\mu+\frac{1}{2}\sigma\sqrt{\frac{2}{\pi}}$.

(2) $\max\{X,Y\}+\min\{X,Y\}=X+Y\Rightarrow E\max\{X,Y\}+E\min\{X,Y\}=EX+EY$，

且 $EX=EY=\frac{1}{\lambda}$，$\min\{X,Y\}\sim E(2\lambda)$，于是 $E\min\{X,Y\}=\frac{1}{2\lambda}$，

故 $E\max\{X,Y\}=\frac{1}{\lambda}+\frac{1}{\lambda}-\frac{1}{2\lambda}=\frac{3}{2\lambda}$.

6. 在线段 $[0,1]$ 上任取 n 个点，则最远两点距离的数学期望为(　　).

(A) $\frac{n+1}{n-1}$　　(B) $\frac{n-1}{n+1}$　　(C) 1　　(D) $\frac{1}{2}$

解

设这 n 个点分别为 $X_1,X_2,\cdots,X_n$，它们独立且都服从 $U[0,1]$.

记 $Y=\min\{X_1,X_2,\cdots,X_n\}$，$Z=\max\{X_1,X_2,\cdots,X_n\}$，$\xi=Z-Y$.

于是 $F_Y(y)=1-[1-F_{X_1}(y)]^n=\begin{cases}0, & y<0,\\ 1-(1-y)^n, & 0\leqslant y<1,\\ 1, & y>1,\end{cases}$

进而 $f_Y(y)=F'_Y(y)=\begin{cases}n(1-y)^{n-1}, & 0<y<1,\\ 0, & \text{其他}.\end{cases}$

同时 $F_Z(z)=[F_{X_1}(z)]^n=\begin{cases}0, & z<0,\\ z^n, & 0\leqslant z<1,\\ 1, & z>1,\end{cases}$ 进而 $f_Z(z)=F'_Z(z)=\begin{cases}nz^{n-1}, & 0<z<1,\\ 0, & \text{其他}.\end{cases}$

于是 $E\xi=EZ-EY=\int_0^1 z\cdot nz^{n-1}\mathrm{d}z+\int_0^1 y\cdot n(1-y)^{n-1}\mathrm{d}y=\frac{n}{n+1}-\frac{1}{n+1}=\frac{n-1}{n+1}$，选(B).

7. 设随机变量 X 与 Y 独立，且 $X\sim U[2,4]$，$Y\sim N(2,16)$，则 $\mathrm{Cov}(2X+XY,Y^2-2Y)=$

________.

解

$$\begin{aligned}&\mathrm{Cov}(2X+XY,Y^2-2Y)\\=&\mathrm{Cov}(2X,Y^2-2Y)+\mathrm{Cov}(XY,Y^2-2Y)=\mathrm{Cov}(XY,Y^2-2Y)\\=&\mathrm{Cov}(XY,Y^2)-2\mathrm{Cov}(XY,Y)\\=&E(XY^3)-E(XY)E(Y^2)-2[E(XY^2)-E(XY)E(Y)]\\=&E(X)E(Y^3)-E(X)E(Y)E(Y^2)-2[E(X)E(Y^2)-E(X)E(Y)E(Y)],\end{aligned}$$

由条件知 $E(X)=\dfrac{2+4}{2}=3,E(Y)=2,E(Y^2)=D(Y)+[E(Y)]^2=16+2^2=20.$

而 $\xi=\dfrac{Y-2}{4}\sim N(0,1)$,所以 $Y=4\xi+2$,所以

$$E(Y^3)=E(4\xi+2)^3=64E(\xi^3)+96E(\xi^2)+48E(\xi)+8.$$

因为 $E(\xi)=0,E(\xi^2)=D(\xi)+(E(\xi))^2=1+0^2=1$,

$E(\xi^3)=\int_{-\infty}^{+\infty}t^3\dfrac{1}{\sqrt{2\pi}}\mathrm{e}^{-\frac{t^2}{2}}\mathrm{d}t=0$(奇函数、积分区间对称,积分收敛),

故 $$E(Y^3)=64\times0+96\times1+48\times0+8=104,$$

由原式 $\mathrm{Cov}(2X+XY,(Y-1)^2)=3\times104-3\times2\times20-2\times(3\times20-3\times2\times2)=96.$

8. 设 X,Y_1,Y_2 相互独立,$X\sim B\left(1,\dfrac{1}{2}\right)$,$Y_1\sim U(0,1)$,$Y_2\sim U(0,1)$,且 $S=XY_1$,$T=(1-X)Y_2$,则 S 与 T 的相关系数 $\rho_{ST}=$________.

解

$$DS=D(XY_1)=DXDY_1+(EX)^2DY_1+DX\,(EY_1)^2=\frac{1}{4}\cdot\frac{1}{12}+\left(\frac{1}{2}\right)^2\cdot\frac{1}{12}+\frac{1}{4}\cdot\left(\frac{1}{2}\right)^2=\frac{5}{48},$$

同理 $DT=\dfrac{5}{48}$,且

$$\begin{aligned}\mathrm{Cov}(S,T)&=E(ST)-ES\cdot ET\\&=E[XY_1\cdot(1-X)Y_2]-E(XY_1)\cdot E[(1-X)Y_2]\\&=0-EX\cdot EY_1\cdot E(1-X)\cdot EY_2\end{aligned}$$

$$=-\frac{1}{2}\cdot\frac{1}{2}\cdot\left(1-\frac{1}{2}\right)\cdot\frac{1}{2}$$

$$=-\frac{1}{16},$$

于是 $\rho_{ST}=\dfrac{\operatorname{Cov}(S,T)}{\sqrt{DS}\cdot\sqrt{DT}}=-\dfrac{3}{5}$.

9. 袋中装有红、白、黑三种颜色的球若干个，从袋中任取 1 球，已知取到红球的概率为 p_1，取到白球的概率为 $p_2(p_1+p_2<1)$. 现从袋中有放回的摸球 n 次，共取到红球 X 次，取到白球 Y 次，则 X 与 Y 的相关系数 $\rho_{XY}=$________.

解

设取得黑球 Z 次，不难看出，每次取黑球的概率均为 $1-p_1-p_2$，且有 $X+Y+Z=n$，并且

$$X\sim B(n,p_1),Y\sim B(n,p_2),Z\sim B(n,1-p_1-p_2),$$

所以 $E(X)=np_1,D(X)=np_1(1-p_1),E(Y)=np_2,D(Y)=np_2(1-p_2)$,

$$E(Z)=n(1-p_1-p_2),D(Z)=n(1-p_1-p_2)(p_1+p_2).$$

因为 $X+Y=n-Z$，故 $D(X+Y)=D(n-Z)$，即有

$$D(X)+D(Y)+2\operatorname{Cov}(X,Y)=D(Z),$$

代入得 $np_1(1-p_1)+np_2(1-p_2)+2\operatorname{Cov}(X,Y)=n(1-p_1-p_2)(p_1+p_2)$，化简得

$$\operatorname{Cov}(X,Y)=-np_1p_2,$$

故 $\rho_{(X,Y)}=\dfrac{\operatorname{Cov}(X,Y)}{\sqrt{D(X)}\sqrt{D(Y)}}=\dfrac{-np_1p_2}{\sqrt{np_1(1-p_1)}\sqrt{np_2(1-p_2)}}=\dfrac{-\sqrt{p_1p_2}}{\sqrt{(1-p_1)(1-p_2)}}$.

10. 假设二维随机变量 (X,Y) 在矩形 $G=\{(x,y)\mid 0\leqslant x\leqslant 2,0\leqslant y\leqslant 1\}$ 上服从均匀分布. 记

$$U=\begin{cases}0, & X\leqslant Y,\\ 1, & X>Y,\end{cases}\quad V=\begin{cases}0, & X\leqslant 2Y,\\ 1, & X>2Y.\end{cases}$$

(1) 求 U 和 V 的联合分布；(2) 求 U 和 V 的相关系数 r.

解

由题设作图 3-6-1,可得

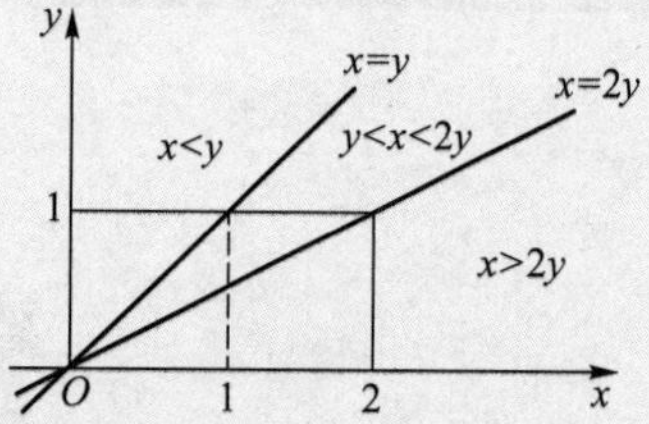

图 3-6-1

$$P\{X\leqslant Y\}=\frac{1}{4},P\{X>2Y\}=\frac{1}{2},P\{Y<X\leqslant 2Y\}=\frac{1}{4}.$$

(1) (U,V) 可能取值为 $(0,0),(0,1),(1,0),(1,1)$.

$$P\{U=0,V=0\}=P\{X\leqslant Y,X\leqslant 2Y\}=P\{X\leqslant Y\}=\frac{1}{4};$$

$$P\{U=0,V=1\}=P\{X\leqslant Y,X>2Y\}=0;$$

$$P\{U=1,V=0\}=P\{X>Y,X\leqslant 2Y\}=P\{Y<X\leqslant 2Y\}=\frac{1}{4};$$

$$P\{U=1,V=1\}=1-\left(\frac{1}{4}+\frac{1}{4}\right)=\frac{1}{2}.$$

(2) 由以上可见 UV,U 以及 V 的分布分别为

$$UV\sim\begin{pmatrix}0 & 1\\ \frac{1}{2} & \frac{1}{2}\end{pmatrix},U\sim\begin{pmatrix}0 & 1\\ \frac{1}{4} & \frac{3}{4}\end{pmatrix},V\sim\begin{pmatrix}0 & 1\\ \frac{1}{2} & \frac{1}{2}\end{pmatrix}.$$

于是,有

$$EU=\frac{3}{4},DU=\frac{3}{16};EV=\frac{1}{2},DV=\frac{1}{4};E(UV)=\frac{1}{2};$$

$$\operatorname{Cov}(U,V)=E(UV)-EU\cdot EV=\frac{1}{8};$$

$$r=\frac{\operatorname{Cov}(U,V)}{\sqrt{DU\cdot DV}}=\frac{1}{\sqrt{3}}.$$

专题七 独立性与相关性

解题要点

1. 若对任意(x,y)，有$F(x,y)=F_X(x)\cdot F_Y(y)$，则称$X,Y$独立.

对应地，若存在(x_0,y_0)，使$F(x_0,y_0)\neq F_X(x_0)\cdot F_Y(y_0)$，则$X,Y$不独立，即存在$(x_0,y_0)$，使$P\{X\leqslant x_0,Y\leqslant y_0\}\neq P\{X\leqslant x_0\}\cdot P\{Y\leqslant y_0\}$，则$X,Y$不独立.

2. 若$\rho_{XY}=0$，则称X,Y不相关(注意，不相关是指没有线性关系，但可以有非线性关系).

X,Y不相关$\Leftrightarrow\rho_{XY}=0\Leftrightarrow \mathrm{Cov}(X,Y)=0\Leftrightarrow E(XY)=EX\cdot EY\Leftrightarrow D(X\pm Y)=DX+DY$.

3. 判定X,Y的相关性与独立性一般可参考如下程序：

$$\mathrm{Cov}(X,Y)=E(XY)-EX\cdot EY\begin{cases}\neq 0\Rightarrow X,Y\text{ 相关}\Rightarrow X,Y\text{ 不独立}.\\ =0\Rightarrow X,Y\text{ 不相关}\begin{cases}(X,Y)\text{ 服从二维正态分布}\Rightarrow X,Y\text{ 独立}.\\ (X,Y)\text{ 不服从二维正态分布，参考上述}\\ \text{1 中方法讨论}.\end{cases}\end{cases}$$

4. 若X的概率密度$f_X(x)$是偶函数，$y=g(x)$也是偶函数，$Y=g(X)$，则X与Y不相关，且不独立.

如，1993年数学一试题，设$X\sim f(x)=\frac{1}{2}e^{-|x|}(-\infty<x<+\infty)$，$y=|X|$，则$X,Y$不相关，且不独立.

1. 设二维随机变量(X,Y)的概率分布为

X	Y		
	−1	0	1
−1	$\frac{1}{3}$	0	0

续表

X	Y		
	-1	0	1
0	0	$\frac{1}{3}$	0
1	0	0	$\frac{1}{3}$

则下列关于随机变量 X,Y 以及 Y^2 的关系的命题中,正确的是(　　).

(A) X 与 Y 相关,X 与 Y^2 不相关且独立

(B) X 与 Y 不相关,X 与 Y^2 相关

(C) X 与 Y 独立,X 与 Y^2 独立

(D) X 与 Y 不独立,X 与 Y^2 不相关但不独立

解

列出二维随机变量(X,Y^2)的概率分布如下:

X	Y^2	
	0	1
-1	0	$\frac{1}{3}$
0	$\frac{1}{3}$	0
1	0	$\frac{1}{3}$

首先考虑相关性.分别计算 X 与 Y,Y^2 的协方差.

$$E(X)=E(Y)=(-1+0+1)\times\frac{1}{3}=0,E(Y^2)=0\times\frac{1}{3}+1\times\frac{2}{3}=\frac{2}{3},$$

$$E(XY)=(-1)^2\times\frac{1}{3}+0\times\frac{1}{3}+1^2\times\frac{1}{3}=\frac{2}{3},E(XY^2)=(-1)\times\frac{1}{3}+0\times\frac{1}{3}+1\times\frac{1}{3}=0.$$

于是,

$$\mathrm{Cov}(X,Y)=E(XY)-E(X)E(Y)=\frac{2}{3}-0=\frac{2}{3}\neq0,$$

$$\mathrm{Cov}(X,Y^2)=E(XY^2)-E(X)E(Y^2)=0-0=0.$$

因此，X 与 Y 相关，与 Y^2 不相关. 由 X 与 Y 相关可得，X 与 Y 不独立.

下面考虑 X 与 Y^2 是否独立.

由于

$$P\{X=0,Y^2=0\}=\frac{1}{3},P\{X=0\}P\{Y^2=0\}=\frac{1}{3}\times\frac{1}{3}=\frac{1}{9},$$

故 $P\{X=0,Y^2=0\}\neq P\{X=0\}P\{Y^2=0\}$，从而 X 与 Y^2 不独立.

综上所述，X 与 Y 相关，从而不独立，与 Y^2 不相关但不独立. 应选(D).

2. 在区间$(-1,1)$上任意投一质点，以 X 表示该质点的坐标. 设该质点落在$(-1,1)$中任意小区间内的概率与这个小区间的长度成正比，则(　　).

(A) X 与 $|X|$ 相关，且相关系数 $|\rho|=1$　　(B) X 与 $|X|$ 相关，但 $|\rho|<1$

(C) X 与 $|X|$ 不相关，且也不独立　　(D) X 与 $|X|$ 相互独立

解

依题设，X 在$(-1,1)$上服从均匀分布，其概率密度为

$$f(x)=\begin{cases}\dfrac{1}{2}, & |x|<1,\\ 0, & \text{其他}.\end{cases}$$

由于 $$EX=\int_{-1}^{1}x\cdot\frac{1}{2}\mathrm{d}x=0,E(X|X|)=\int_{-1}^{1}x|x|\cdot\frac{1}{2}\mathrm{d}x=0,$$

故 $\mathrm{Cov}(X,|X|)=0$，从而 $\rho=0$，X 与 $|X|$ 不相关. 于是可排除(A)与(B).

对于任意实数 $a(0<a<1)$，有 $P\{X<a\}=\dfrac{a+1}{2}$，$P\{|X|<a\}=a$. 又

$$P\{X<a,|X|<a\}=P\{|X|<a\}=a,$$

从而 $$P\{X<a\}P\{|X|<a\}\neq P\{X<a,|X|<a\}，即\frac{a+1}{2}a\neq a(0<a<1).$$

所以 X 与 $|X|$ 不独立，故应选(C).

注

通常用 $f_{(X,Y)}(x,y)\neq f_X(x)\cdot f_Y(y)$ 来证明 X 与 Y 不独立. 而在本题中无法写出 X 与 $|X|$ 的联合概率密度，可以用下式来证明：当 $A,B\subset\mathbf{R}$ 时，$P\{X\in A,|X|\in B\}\neq P\{X\in A\}\cdot P\{|X|\in B\}$. 这里 $A=(-\infty,a)$，$B=[0,a)(a>0)$.

3. 设随机变量 $X\sim U[0,2\pi]$，记 $Y=\cos X,Z=\sin X$，则(　　).

(A) Y 与 Z 独立　　(B) Y 与 Z 不相关，但 Y 与 Z 不独立

(C) Y 与 Z 相关，但 $|\rho|<1$　　(D) Y 与 Z 相关，但 $|\rho|=1$

解

$f_X(x)=\begin{cases}\dfrac{1}{2\pi}, & x\neq 0,\\ 0, & x=0,\end{cases}$ 则 $EY=\int_0^{2\pi}\cos x\cdot\dfrac{1}{2\pi}\mathrm{d}x=0$，且 $E(YZ)=\int_0^{2\pi}\cos x\sin x\cdot\dfrac{1}{2\pi}\mathrm{d}x=0$，

于是 $\operatorname{Cov}(Y,Z)=E(YZ)-EY\cdot EZ=0$，所以 Y 与 Z 不相关.

若 Y 与 Z 独立，则 Y^2 与 Z^2 也独立，而事实上 $Y^2+Z^2=1$，于是 Y^2 和 Z^2 的相关系数 $\rho_{Y^2Z^2}=-1\neq 0$，这说明 Y^2 和 Z^2 是相关的，矛盾！故 Y 与 Z 不独立，选(B).

4. 设随机变量 (X,Y) 服从二维正态分布，且 $X\sim N(1,3^2)$，$Y\sim N(0,4^2)$，X 与 Y 的相关系数 $\rho_{XY}=-\dfrac{1}{2}$，设 $Z=\dfrac{X}{3}+\dfrac{Y}{2}$，则(　　).

(A) X 与 Z 不相关，但 X 与 Z 不独立　　(B) X 与 Z 独立

(C) Y 与 Z 不相关，但 X 与 Z 不独立　　(D) Y 与 Z 独立

解

$\operatorname{Cov}(X,Z)=\operatorname{Cov}\left(X,\dfrac{X}{3}+\dfrac{Y}{2}\right)=\dfrac{1}{3}\operatorname{Cov}(X,X)+\dfrac{1}{2}\operatorname{Cov}(X,Y)=\dfrac{1}{3}DX+\dfrac{1}{2}\rho_{XY}\sqrt{DX}\cdot\sqrt{DY}=$ $\dfrac{1}{3}\cdot 3^2+\dfrac{1}{2}\cdot\left(-\dfrac{1}{2}\right)\cdot 3\cdot 4=0$，于是 X 与 Z 不相关.

因为 $\begin{vmatrix}1 & \dfrac{1}{3}\\ 0 & \dfrac{1}{2}\end{vmatrix}\neq 0$，且 (X,Y) 服从二维正态分布，故 $\left(X,\dfrac{X}{3}+\dfrac{Y}{2}\right)$，即 (X,Z) 也服从二维正态分布，故 X 与 Z 独立.

$\operatorname{Cov}(Y,Z)=\operatorname{Cov}\left(Y,\dfrac{X}{3}+\dfrac{Y}{2}\right)=\dfrac{1}{3}\operatorname{Cov}(Y,X)+\dfrac{1}{2}\operatorname{Cov}(Y,Y)=\dfrac{1}{3}\rho_{XY}\sqrt{DX}\cdot\sqrt{DY}+\dfrac{1}{2}DY=$ $\dfrac{1}{3}\cdot\left(-\dfrac{1}{2}\right)\cdot 3\cdot 4+\dfrac{1}{2}\cdot 4^2\neq 0$，于是 Y 与 Z 相关.

专题八 三大分布

解题要点

1. χ^2 分布.

设 $X_1,X_2,\cdots,X_n$ 都服从标准正态分布 $N(0,1)$，且相互独立，则 $X_1^2+X_2^2+\cdots+X_n^2\sim\chi^2(n)$.

2. t 分布.

设 $X\sim N(0,1)$，$Y\sim\chi^2(n)$，且 X,Y 独立，则 $\dfrac{X}{\sqrt{\dfrac{Y}{n}}}\sim t(n)$.

3. F 分布.

设 $X\sim\chi^2(n_1)$，$Y\sim\chi^2(n_2)$，且 X,Y 独立，则 $\dfrac{\dfrac{X}{n_1}}{\dfrac{Y}{n_2}}\sim F(n_1,n_2)$.

4. 设总体 $X\sim N(\mu,\sigma^2)$，$X_1,X_2,\cdots,X_n$ 是来自总体 X 的简单随机样本，$\overline{X}$ 是样本均值，S^2 是样本方差，则

(1) $\overline{X}$ 与 S^2 独立；

(2) $\overline{X}\sim N\left(\mu,\dfrac{\sigma^2}{n}\right)$，进一步 $\dfrac{\overline{X}-\mu}{\dfrac{\sigma}{\sqrt{n}}}\sim N(0,1)$；

(3) $\dfrac{\overline{X}-\mu}{\dfrac{S}{\sqrt{n}}}\sim t(n-1)$；

(4) $\dfrac{(n-1)S^2}{\sigma^2}=\dfrac{1}{\sigma^2}\sum\limits_{i=1}^{n}(X_i-\overline{X})^2\sim\chi^2(n-1)$；

(5) $\dfrac{1}{\sigma^2}\sum\limits_{i=1}^{n}(X_i-\mu)^2\sim\chi^2(n)$.

1. 总体 $X\sim N(\mu,\sigma^2)$，从 X 中抽得样本 $X_1,X_2,\cdots,X_n$，$\overline{X}$ 为样本均值.记

$$S_1^2=\frac{1}{n-1}\sum_{i=1}^{n}(X_i-\overline{X})^2,\quad S_2^2=\frac{1}{n}\sum_{i=1}^{n}(X_i-\overline{X})^2,$$
$$S_3^2=\frac{1}{n-1}\sum_{i=1}^{n}(X_i-\mu)^2,\quad S_4^2=\frac{1}{n}\sum_{i=1}^{n}(X_i-\mu)^2,$$

则服从自由度为 $n-1$ 的 t 分布的随机变量是 $T=$(　　).

(A) $\dfrac{\overline{X}-\mu}{S_1/\sqrt{n-1}}$　　(B) $\dfrac{\overline{X}-\mu}{S_2/\sqrt{n-1}}$

(C) $\dfrac{\overline{X}-\mu}{S_3/\sqrt{n}}$　　(D) $\dfrac{\overline{X}-\mu}{S_4/\sqrt{n}}$

解

由题意，有 $\overline{X}\sim N\left(\mu,\dfrac{\sigma^2}{n}\right)$，所以 $\dfrac{\overline{X}-\mu}{\sigma/\sqrt{n}}\sim N(0,1)$. 又

$$\frac{(n-1)S_1^2}{\sigma^2}=\frac{nS_2^2}{\sigma^2}\sim\chi^2(n-1),\frac{(n-1)S_3^2}{\sigma^2}=\frac{nS_4^2}{\sigma^2}\sim\chi^2(n),$$

而　S_1^2,S_2^2 均与 $\overline{X}$ 相互独立(S_3^2,S_4^2 与 $\overline{X}$ 未必独立)，因此

$$\frac{\dfrac{\overline{X}-\mu}{\sigma/\sqrt{n}}}{\sqrt{\dfrac{nS_2^2}{\sigma^2(n-1)}}}\sim t(n-1),\text{即}\frac{\overline{X}-\mu}{S_2/\sqrt{n-1}}\sim t(n-1),$$

故选(B).

注

由于 S_3,S_4 与 $\overline{X}$ 未必独立，故(C)、(D)应排除(当然从题目"自由度为 $n-1$"上也可看出(C)、(D)不能选).若用 S_1，则应有 $\dfrac{\dfrac{\overline{X}-\mu}{\sigma/\sqrt{n}}}{\sqrt{\dfrac{(n-1)S_1^2}{\sigma^2(n-1)}}}=\dfrac{\overline{X}-\mu}{S_1/\sqrt{n}}\sim t(n-1)$，与(A)不符.

2. 设随机变量 X_1,X_2,X_3,X_4 相互独立且都服从标准正态分布 $N(0,1)$，已知 $Y=\dfrac{X_1^2+X_2^2}{X_3^2+X_4^2}$，对给定的 $\alpha(0<\alpha<1)$，数 y_α 满足 $P\{Y>y_\alpha\}=\alpha$，则有(　　).

(A) $y_\alpha y_{1-\alpha}=1$ (B) $y_\alpha y_{1-\frac{\alpha}{2}}=1$

(C) $y_\alpha y_{1-\alpha}=\dfrac{1}{2}$ (D) $y_\alpha y_{1-\frac{\alpha}{2}}=\dfrac{1}{2}$

解

依题意可知，$X_1^2+X_2^2$ 与 $X_3^2+X_4^2$ 相互独立且都服从自由度为 2 的 χ^2 分布，因此 $Y=\dfrac{X_1^2+X_2^2}{X_3^2+X_4^2}=\dfrac{\dfrac{X_1^2+X_2^2}{2}}{\dfrac{X_3^2+X_4^2}{2}}\sim F(2,2)$. 因为 $P\{Y>y_\alpha\}=\alpha$，即 $y_\alpha=F_\alpha(2,2)$，又

$$1-\alpha=1-P\{Y>y_\alpha\}=P\{Y\leqslant y_\alpha\}=P\{Y<y_\alpha\}=P\left\{\frac{1}{Y}>\frac{1}{y_\alpha}\right\},$$

而 $\dfrac{1}{Y}\sim F(2,2)$，所以 $\dfrac{1}{y_\alpha}=F_{1-\alpha}(2,2)$，又由 $y_\alpha=F_\alpha(2,2)$，知 $y_{1-\alpha}=F_{1-\alpha}(2,2)$，于是 $y_{1-\alpha}=\dfrac{1}{y_\alpha}$，即 $y_\alpha y_{1-\alpha}=1$.

应选(A).

3. 设总体 $X\sim N(\mu,\sigma^2)$，从 X 中抽得样本 $X_1,X_2,\cdots,X_n,X_{n+1}$，记 $\overline{X}=\dfrac{1}{n}\sum\limits_{i=1}^{n}X_i$，$S_n^2=\dfrac{1}{n}\sum\limits_{i=1}^{n}(X_i-\overline{X})^2$，则统计量 $\dfrac{X_{n+1}-\overline{X}}{S_n}\sqrt{\dfrac{n-1}{n+1}}$ 服从(　　).

(A) $t(n)$ (B) $t(n-1)$ (C) $F(1,n)$ (D) $F(n,1)$

解

$X_{n+1}\sim N(\mu,\sigma^2)$，$\overline{X}\sim N\left(\mu,\dfrac{\sigma^2}{n}\right)$，且独立，于是 $X_{n+1}-\overline{X}\sim N\left(0,\dfrac{n+1}{n}\sigma^2\right)$.

而 $\dfrac{(n-1)S^2}{\sigma^2}=\dfrac{1}{\sigma^2}\sum\limits_{i=1}^{n}(X_i-\overline{X})^2\sim\chi^2(n-1)$，即 $\dfrac{nS_n^2}{\sigma^2}\sim\chi^2(n-1)$.

于是 $\dfrac{X_{n+1}-\overline{X}}{\sqrt{\dfrac{n+1}{n}\sigma^2}}\Big/\sqrt{\dfrac{nS_n^2}{\sigma^2}/n-1}\sim t(n-1)$，即 $\dfrac{X_{n+1}-\overline{X}}{S_n}\sqrt{\dfrac{n-1}{n+1}}\sim t(n-1)$.

4. 设$\overline{X_n}$和 S_n^2 分别是样本 $X_1,X_2,\cdots,X_n$ 的样本均值和样本方差,即$\overline{X_n}=\frac{1}{n}\sum\limits_{i=1}^{n}X_i$,$S_n^2=\frac{1}{n-1}\sum\limits_{i=1}^{n}(X_i-\overline{X})^2$,现在又获得了第 $n+1$ 个样本 X_{n+1},记$\overline{X_{n+1}}$和 S_{n+1}^2分别是 $X_1,X_2,\cdots,X_n$,X_{n+1} 的样本均值和样本方差,则(　　).

(A) $\overline{X_{n+1}}=\overline{X_n}+\frac{1}{n+1}(X_{n+1}-\overline{X_n})$,$S_{n+1}^2=\frac{n-1}{n}S_n^2+\frac{1}{n+1}(X_{n+1}-\overline{X_n})^2$

(B) $\overline{X_{n+1}}=\overline{X_n}+\frac{1}{n+1}(X_{n+1}-\overline{X_n})$,$S_{n+1}^2=\frac{n-1}{n}S_n^2+\frac{1}{n}(X_{n+1}-\overline{X_n})^2$

(C) $\overline{X_{n+1}}=\overline{X_n}+\frac{1}{n}(X_{n+1}-\overline{X_n})$,$S_{n+1}^2=\frac{n-1}{n}S_n^2+\frac{1}{n+1}(X_{n+1}-\overline{X_n})^2$

(D) $\overline{X_{n+1}}=\overline{X_n}+\frac{1}{n}(X_{n+1}-\overline{X_n})$,$S_{n+1}^2=\frac{n-1}{n}S_n^2+\frac{1}{n}(X_{n+1}-\overline{X_n})^2$

解

(1) $\overline{X_{n+1}}=\frac{1}{n+1}\sum\limits_{i=1}^{n+1}X_i=\frac{1}{n+1}\left(\sum\limits_{i=1}^{n}X_i+X_{n+1}\right)=\frac{n}{n+1}\left(\frac{1}{n}\sum\limits_{i=1}^{n}X_i+\frac{1}{n}X_{n+1}\right)$

$=\frac{n}{n+1}\overline{X_n}+\frac{1}{n+1}X_{n+1}=\left(1-\frac{1}{n+1}\right)\overline{X_n}+\frac{1}{n+1}X_{n+1}=\overline{X_n}+\frac{1}{n+1}(X_{n+1}-\overline{X_n})$.

(2) $S_{n+1}^2=\frac{1}{n}\sum\limits_{i=1}^{n+1}(X_i-\overline{X_{n+1}})^2=\frac{1}{n}\sum\limits_{i=1}^{n+1}\left[X_i-\overline{X_n}-\frac{1}{n+1}(X_{n+1}-\overline{X_n})\right]^2$

$=\frac{1}{n}\sum\limits_{i=1}^{n+1}\left[(X_i-\overline{X_n})^2+\left(\frac{1}{n+1}\right)^2(X_{n+1}-\overline{X_n})^2-2(X_i-\overline{X_n})\cdot\frac{1}{n+1}(X_{n+1}-\overline{X_n})\right]$

$=\frac{1}{n}\left[\sum\limits_{i=1}^{n}(X_i-\overline{X_n})^2+(X_{n+1}-\overline{X_n})^2+(n+1)\cdot\left(\frac{1}{n+1}\right)^2(X_{n+1}-\overline{X_n})^2-\right.$

$\left.\frac{2}{n+1}(X_{n+1}-\overline{X_n})\sum\limits_{i=1}^{n+1}(X_i-\overline{X_n})\right]$

$=\frac{1}{n}\left[\sum\limits_{i=1}^{n}(X_i-\overline{X_n})^2+(X_{n+1}-\overline{X_n})^2\left(1+\frac{1}{n+1}\right)-\frac{2}{n+1}(X_{n+1}-\overline{X_n})\sum\limits_{i=1}^{n+1}(X_i-\overline{X_n})\right]$

$=\frac{1}{n}\left[\sum\limits_{i=1}^{n}(X_i-\overline{X_n})^2+(X_{n+1}-\overline{X_n})^2\left(1+\frac{1}{n+1}\right)-\frac{2}{n+1}(X_{n+1}-\overline{X_n})\left(\sum\limits_{i=1}^{n+1}X_i-n\overline{X_n}-\overline{X_n}\right)\right]$

$=\frac{1}{n}\left[\sum\limits_{i=1}^{n}(X_i-\overline{X_n})^2+(X_{n+1}-\overline{X_n})^2\left(1+\frac{1}{n+1}\right)-\frac{2}{n+1}(X_{n+1}-\overline{X_n})(X_{n+1}-\overline{X_n})\right]$

$$=\frac{n-1}{n}S_n^2+\frac{1}{n}\left(1+\frac{1}{n+1}-\frac{2}{n+1}\right)(X_{n+1}-\overline{X_n})^2$$

$$=\frac{n-1}{n}S_n^2+\frac{1}{n+1}(X_{n+1}-\overline{X_n})^2.$$

选(A).

注

若样本容量增加一个，其 $n+1$ 个数据构成的新样本均值与样本方差无须重新计算，可由本题的公式进行计算.

专题九 统计量的数字特征

解题要点

1. 设总体 X 的期望 $EX=\mu$，方差 $DX=\sigma^2$，$X_1,X_2,\cdots,X_n$ 是来自总体 X 的一个简单随机样本，则 $E\overline{X}=EX=\mu$，$D\overline{X}=\frac{1}{n}DX=\frac{\sigma^2}{n}$，$E(S^2)=DX=\sigma^2$.

2. 若 $X\sim\chi^2(n)$，则 $EX=n$，$DX=2n$.

1. 设总体 $X\sim N(\mu,\sigma^2)$，$X_1,X_2,\cdots,X_n$ 是来自 X 的简单随机样本，$\overline{X}$，S^2 分别是样本均值和样本方差，则 $E[(\overline{X}S^2)^2]=$________.

解

在正态总体下 $\overline{X}$，S^2 独立，则 $\overline{X}^2$，$(S^2)^2$ 也独立，于是

$$E[(\overline{X}S^2)^2]=E(\overline{X}^2)\cdot E[(S^2)^2]=\{[E(\overline{X})]^2+D(\overline{X})\}\cdot\{[E(S^2)]^2+D(S^2)\},\quad(*)$$

由于 $\frac{(n-1)S^2}{\sigma^2}\sim\chi^2(n-1)$，则 $D\left[\frac{(n-1)S^2}{\sigma^2}\right]=2(n-1)$，于是 $D(S^2)=\frac{2\sigma^4}{n-1}$，又 $E(\overline{X})=\mu$，$D(\overline{X})=\frac{\sigma^2}{n}$，$E(S^2)=\sigma^2$，将以上结果代入式$(*)$，得

$$E[(\overline{X}S^2)^2]=\left(\frac{\sigma^2}{n}+\mu^2\right)\left(\frac{2\sigma^4}{n-1}+\sigma^4\right).$$

2. 设二维随机变量 $(X,Y)\sim N(0,0;1,4;0)$，则 $D(X-2Y^2)=$________.

解

由 $(X,Y)\sim N(0,0;1,4;0)$，知 $X\sim N(0,1)$，$Y\sim N(0,4)$，且 X,Y 独立，于是

$$D(X-2Y^2)=DX+4D(Y^2)=1+4D(Y^2),$$

根据$\frac{Y}{2}\sim N(0,1)$，知$\left(\frac{Y}{2}\right)^2=\frac{Y^2}{4}\sim\chi^2(1)$，进而$D\left(\frac{Y^2}{4}\right)=2$，所以

$$D(Y^2)=32.$$

综上，$D(X-2Y^2)=129.$

3. 设总体$X\sim N(\mu,\sigma^2)$，$X_1,X_2,\cdots,X_n$是来自总体X的一组样本，若$E\left(\frac{k}{n}\sum\limits_{i=1}^{n}|X_i-\mu|\right)=\sigma$，则$k=$________.

解

$E\left(\frac{k}{n}\sum\limits_{i=1}^{n}|X_i-\mu|\right)=kE\left(\frac{1}{n}\sum\limits_{i=1}^{n}|X_i-\mu|\right)=kE|X-\mu|$，由于$X\sim N(\mu,\sigma^2)$，所以$\frac{X-\mu}{\sigma}\sim N(0,1)$，进而$E\left|\frac{X-\mu}{\sigma}\right|=\sqrt{\frac{2}{\pi}}$，于是$E|X-\mu|=\sigma\sqrt{\frac{2}{\pi}}$，所以$E\left(\frac{k}{n}\sum\limits_{i=1}^{n}|X_i-\mu|\right)=k\sigma\sqrt{\frac{2}{\pi}}=\sigma$，于是$k=\sqrt{\frac{\pi}{2}}$.

4. 设总体X的概率分布为

X	1	2	3
P	$1-\theta$	$\theta-\theta^2$	θ^2

其中参数$\theta\in(0,1)$未知.以N_i表示来自总体X的简单随机样本(样本容量为n)中等于i的个数($i=1,2,3$).试求常数a_1,a_2,a_3，使$T=\sum\limits_{i=1}^{3}a_iN_i$的期望为$\theta$，并求$T$的方差.

解

记$p_1=1-\theta,p_2=\theta-\theta^2,p_3=\theta^2$.由于$N_i\sim B(n,p_i)$，$i=1,2,3$，故

$$EN_i=np_i,$$

于是

$$ET=a_1EN_1+a_2EN_2+a_3EN_3=n[a_1(1-\theta)+a_2(\theta-\theta^2)+a_3\theta^2].$$

为使$ET=\theta$，必有

$$n[a_1(1-\theta)+a_2(\theta-\theta^2)+a_3\theta^2]=\theta,$$

因此

$$a_1=0,a_2-a_1=\frac{1}{n},a_3-a_2=0,$$

由此得

$$a_1=0,a_2=a_3=\frac{1}{n}.$$

由于 $N_1+N_2+N_3=n$,故

$$T=\frac{1}{n}(N_2+N_3)=\frac{1}{n}(n-N_1)=1-\frac{N_1}{n}.$$

注意到 $N_1\sim B(n,1-\theta)$,故

$$DT=\frac{1}{n^2}DN_1=\frac{n(1-\theta)\theta}{n^2}=\frac{(1-\theta)\theta}{n}.$$

专题十　矩估计和最大似然估计

解题要点

1. 常用分布的矩估计和最大似然估计.

X 服从的分布	矩估计法	最大似然估计法
0-1 分布	$\hat{p}=\overline{X}$	$\hat{p}=\overline{X}$
$B(n,p)$	$\hat{p}=\dfrac{\overline{X}}{n}$	$\hat{p}=\dfrac{\overline{X}}{n}$
$G(p)$	$\hat{p}=\dfrac{1}{\overline{X}}$	$\hat{p}=\dfrac{1}{\overline{X}}$
$P(\lambda)$	$\hat{\lambda}=\overline{X}$	$\hat{\lambda}=\overline{X}$
$U(a,b)$	$\hat{a}=\overline{X}-\sqrt{\dfrac{3}{n}\sum\limits_{i=1}^{n}(X_i-\overline{X})^2}$, $\hat{b}=\overline{X}+\sqrt{\dfrac{3}{n}\sum\limits_{i=1}^{n}(X_i-\overline{X})^2}$	$\hat{a}=\min\{X_1,X_2,\cdots,X_n\}$, $\hat{b}=\max\{X_1,X_2,\cdots,X_n\}$
$E(\lambda)$	$\hat{\lambda}=\dfrac{1}{\overline{X}}$	$\hat{\lambda}=\dfrac{1}{\overline{X}}$
$N(\mu,\sigma^2)$	$\hat{\mu}=\overline{X},\hat{\sigma}^2=\dfrac{1}{n}\sum\limits_{i=1}^{n}(X_i-\overline{X})^2$	$\hat{\mu}=\overline{X},\hat{\sigma}^2=\dfrac{1}{n}\sum\limits_{i=1}^{n}(X_i-\overline{X})^2$

2. 最大似然估计的不变性.

设未知参数 θ 的最大似然估计为 $\hat{\theta}$,且函数 $u=u(\theta)$ 单调,则 $u(\theta)$ 的最大似然估计就是 $\hat{u}=u(\hat{\theta})$(就是把 θ 的最大似然估计 $\hat{\theta}$ 直接代入到 $u(\theta)$ 的表达式中).

1. 设总体 X 服从参数为 μ,σ^2(均未知)的正态分布,$X_1,X_2,\cdots,X_n$ 是来自总体 X 的一个样本,则 $E(\mathrm{e}^X)$ 的最大似然估计量为________.

解

$$E(\mathrm{e}^X)=\int_{-\infty}^{+\infty}\mathrm{e}^x f(x)\,\mathrm{d}x=\int_{-\infty}^{+\infty}\mathrm{e}^x\frac{1}{\sqrt{2\pi}\,\sigma}\mathrm{e}^{-\frac{(x-\mu)^2}{2\sigma^2}}\mathrm{d}x\left(令\ t=\frac{x-\mu}{\sigma}\right)$$

$$=\int_{-\infty}^{+\infty}\mathrm{e}^{\mu+t\sigma}\frac{1}{\sqrt{2\pi}}\mathrm{e}^{-\frac{t^2}{2}}\mathrm{d}t=\mathrm{e}^{\mu}\int_{-\infty}^{+\infty}\frac{1}{\sqrt{2\pi}}\mathrm{e}^{-\frac{t^2}{2}+t\sigma}\mathrm{d}t=\mathrm{e}^{\mu}\int_{-\infty}^{+\infty}\frac{1}{\sqrt{2\pi}}\mathrm{e}^{-\frac{(t-\sigma)^2}{2}+\frac{\sigma^2}{2}}\mathrm{d}t$$

$$=\mathrm{e}^{\mu}\cdot\mathrm{e}^{\frac{\sigma^2}{2}}\int_{-\infty}^{+\infty}\frac{1}{\sqrt{2\pi}}\mathrm{e}^{-\frac{(t-\sigma)^2}{2}}\mathrm{d}t=\mathrm{e}^{\mu+\frac{\sigma^2}{2}}\cdot 1=\mathrm{e}^{\mu+\frac{\sigma^2}{2}}.$$

于是 $E(\mathrm{e}^X)=\mathrm{e}^{\mu+\frac{\sigma^2}{2}}$ 的最大似然估计量为 $\mathrm{e}^{\overline{X}+\frac{\frac{1}{n}\sum\limits_{i=1}^{n}(X_i-\overline{X})^2}{2}}$.

2. 设 $X_1,X_2,\cdots,X_n$ 是来自总体 X 的简单随机样本,已知总体 X 的概率密度为 $f(x;\theta)=\frac{1}{2\theta}\mathrm{e}^{-\frac{|x|}{\theta}}(-\infty<x<+\infty)$,$\theta>0$ 未知,求 θ 的矩估计量与最大似然估计量.

解

总体 X 的概率密度中只有一个未知参数,在求 θ 的矩估计量时,首先考察 X 的期望,但是 $f(x;\theta)$ 是一个偶函数,其数学期望为零,无法得到 θ 与 $E(X)$ 的关系进行 θ 的矩估计.为此,应该计算 X 的二阶原点矩 $E(X^2)$:

$$E(X^2)=\int_{-\infty}^{+\infty}x^2f(x;\theta)\,\mathrm{d}x=2\int_0^{+\infty}\frac{x^2}{2\theta}\mathrm{e}^{-\frac{x}{\theta}}\mathrm{d}x=\int_0^{+\infty}\frac{x^2}{\theta}\mathrm{e}^{-\frac{x}{\theta}}\mathrm{d}x,$$

注意到 $g(x)=\begin{cases}\frac{1}{\theta}\mathrm{e}^{-\frac{x}{\theta}}, & x>0,\\ 0, & x\leqslant 0\end{cases}$ 是参数为 $\frac{1}{\theta}$ 的指数分布的概率密度,因此积分 $\int_0^{+\infty}\frac{x^2}{\theta}\mathrm{e}^{-\frac{x}{\theta}}\mathrm{d}x$ 可以看作参数为 $\frac{1}{\theta}$ 的指数分布的随机变量 Y 的二阶原点矩,其值为

$$E(Y^2)=D(Y)+[E(Y)]^2=\theta^2+\theta^2=2\theta^2,$$

所以 $$E(X^2)=2\theta^2,\theta=\sqrt{\frac{1}{2}E(X^2)},$$

于是 θ 的矩估计量为 $\hat{\theta}=\sqrt{\frac{1}{2n}\sum\limits_{i=1}^{n}X_i^2}$.

设 $x_1,x_2,\cdots,x_n$ 是样本 $X_1,X_2,\cdots,X_n$ 的观测值,似然函数为

$$L(\theta)=\prod_{i=1}^{n}\frac{1}{2\theta}e^{-\frac{|x_i|}{\theta}}=\frac{1}{2^n\theta^n}e^{-\frac{1}{\theta}\sum\limits_{i=1}^{n}|x_i|},$$

$$\ln L(\theta)=-n\ln 2-n\ln\theta-\frac{1}{\theta}\sum_{i=1}^{n}|x_i|,$$

$$\frac{d[\ln L(\theta)]}{d\theta}=-\frac{n}{\theta}+\frac{1}{\theta^2}\sum_{i=1}^{n}|x_i|=0,$$

解上述方程得 θ 的最大似然估计值为 $\frac{1}{n}\sum\limits_{i=1}^{n}|x_i|$,因此 θ 的最大似然估计量为 $\hat{\theta}=\frac{1}{n}\sum\limits_{i=1}^{n}|X_i|$.

注

由本题可知,对总体 X 的未知参数的点估计量,由于采用的方法不同,有时会有很大差别.

3. 设总体 $X\sim U[\theta_0,\theta_0+\theta]$,其中 θ_0 是已知常数,θ 是未知参数,$X_1,X_2,\cdots,X_n$ 是来自总体 X 的简单随机样本,求:(1) θ 的矩估计量 $\hat{\theta}_1$ 及 $E\hat{\theta}_1$;(2) θ 的最大似然估计量 $\hat{\theta}_2$ 及 $E\hat{\theta}_2$.

解

(1) $EX=\frac{\theta_0+\theta_0+\theta}{2}=\theta_0+\frac{\theta}{2}$,由 $EX=\bar{x}$,得 $\theta=2(\bar{x}-\theta_0)$,故 $\hat{\theta}_1=2(\bar{X}-\theta_0)$,且 $E\hat{\theta}_1=2(E\bar{X}-\theta_0)=2(EX-\theta_0)=\theta$.

(2) 当 $\theta_0\leqslant x_1\leqslant\theta_0+\theta,\theta_0\leqslant x_2\leqslant\theta_0+\theta,\cdots,\theta_0\leqslant x_n\leqslant\theta_0+\theta$ 时,似然函数

$$L(\theta)=f(x_1)f(x_2)\cdots f(x_n)=\left(\frac{1}{\theta}\right)^n,$$

显然 $L(\theta)$ 关于 θ 单调递减,且 $\theta_0+\theta\geqslant\max\{x_1,x_2,\cdots,x_n\}$,即 $\theta\geqslant\max\{x_1,x_2,\cdots,x_n\}-\theta_0$,所以 $\theta=\max\{x_1,x_2,\cdots,x_n\}-\theta_0$ 时,似然函数 $L(\theta)$ 达到最大,故 $\hat{\theta}_2=\max\{X_1,X_2,\cdots,X_n\}-\theta_0$.

记 $T=\max\{X_1,X_2,\cdots,X_n\}\Rightarrow F_T(t)=F_{X_1}(t)F_{X_2}(t)\cdots F_{X_n}(t)=[F_X(t)]^n$

$$=\begin{cases}0, & t<\theta_0,\\ \left(\dfrac{t-\theta_0}{\theta}\right)^n, & \theta_0\leqslant t<\theta_0+\theta,\\ 1, & t\geqslant\theta_0+\theta\end{cases}\Rightarrow f_T(t)=F'_T(t)=\begin{cases}\dfrac{n}{\theta}\left(\dfrac{t-\theta_0}{\theta}\right)^{n-1}, & \theta_0<t<\theta_0+\theta,\\ 0, & \text{其他}.\end{cases}$$

于是 $ET=\int_{\theta_0}^{\theta_0+\theta}tf_T(t)=\dfrac{n}{n+1}\theta+\theta_0$，故 $E\hat{\theta}_2=ET-\theta_0=\dfrac{n}{n+1}\theta\neq\theta.$

4. 设随机变量 X 与 Y 相互独立，且分别服从正态分布 $N(\mu,\sigma^2)$ 与 $N(\mu,2\sigma^2)$，其中 σ 是未知参数且 $\sigma>0$. 记 $Z=X-Y$.

（1）求 Z 的概率密度 $f(z;\sigma^2)$；

（2）设 $Z_1,Z_2,\cdots,Z_n$ 为来自总体 Z 的简单随机样本，求 σ^2 的最大似然估计量 $\hat{\sigma}^2$；

（3）是否存在实数 a，使得对任何 $\varepsilon>0$，都有 $\lim\limits_{n\to\infty}P\{|\hat{\sigma}^2-a|\geqslant\varepsilon\}=0$？

解

（1）因 X 与 Y 相互独立，所以 $Z=X-Y$ 服从正态分布，且 $EZ=0,DZ=DX+DY=3\sigma^2$，故

$$f(z;\sigma^2)=\frac{1}{\sqrt{6\pi\sigma^2}}\mathrm{e}^{-\frac{z^2}{6\sigma^2}},-\infty<z<+\infty.$$

（2）设 $z_1,z_2,\cdots,z_n$ 为样本 $Z_1,Z_2,\cdots,Z_n$ 的观测值，则似然函数为

$$L(\sigma^2)=\prod_{i=1}^n f(z_i;\sigma^2)=(6\pi\sigma^2)^{-\frac{n}{2}}\exp\left\{-\frac{1}{6\sigma^2}\sum_{i=1}^n z_i^2\right\},$$

$$\ln L(\sigma^2)=-\frac{n}{2}\ln(6\pi\sigma^2)-\frac{1}{6\sigma^2}\sum_{i=1}^n z_i^2.$$

令 $\dfrac{\mathrm{d}[\ln L(\sigma^2)]}{\mathrm{d}\sigma^2}=-\dfrac{n}{2\sigma^2}+\dfrac{1}{6\sigma^4}\sum\limits_{i=1}^n z_i^2=0$，解得 $\sigma^2=\dfrac{1}{3n}\sum\limits_{i=1}^n z_i^2$，

故 σ^2 的最大似然估计量为 $\hat{\sigma}^2=\dfrac{1}{3n}\sum\limits_{i=1}^n Z_i^2.$

（3）$E(\hat{\sigma}^2)=E\left(\dfrac{1}{3n}\sum\limits_{i=1}^n Z_i^2\right)=\dfrac{1}{3}EZ^2=\dfrac{1}{3}[(EZ)^2+DZ]=\sigma^2.$

$D(\hat{\sigma}^2)=D\left(\dfrac{1}{3n}\sum\limits_{i=1}^n Z_i^2\right)=\dfrac{1}{9n}DZ^2,$

注意，$Z \sim N(0,3\sigma^2)$，于是$\dfrac{Z}{\sqrt{3}\sigma} \sim N(0,1)$，

进而$\left(\dfrac{Z}{\sqrt{3}\sigma}\right)^2 = \dfrac{Z^2}{3\sigma^2} \sim \chi^2(1)$，所以$D\left(\dfrac{Z^2}{3\sigma^2}\right) = 2$，故$DZ^2 = 18\sigma^4$.因此

$$D(\hat{\sigma}^2) = D\left(\frac{1}{3n}\sum_{i=1}^{n} Z_i^2\right) = \frac{1}{9n}DZ^2 = \frac{2\sigma^4}{n}.$$

根据切比雪夫不等式，对$\forall \varepsilon>0$，有$P\{|\hat{\sigma}^2-\sigma^2|\geqslant\varepsilon\}\leqslant\dfrac{\frac{2\sigma^4}{n}}{\varepsilon^2}\to 0(n\to\infty)$，

而$P\{|\hat{\sigma}^2-\sigma^2|\geqslant\varepsilon\}\geqslant 0$，于是，$\lim\limits_{n\to\infty}P\{|\hat{\sigma}^2-\sigma^2|\geqslant\varepsilon\}=0$，所以$a=\sigma^2$.

5. 设总体$X\sim\begin{pmatrix} 0 & 1 & 2 \\ \dfrac{\theta}{4N} & \dfrac{\theta}{2N} & \dfrac{4N-3\theta}{4N}\end{pmatrix}$，其中$N$已知，$\theta$未知，设$X_1,X_2,\cdots,X_n$是来自总体$X$的简单随机样本，取到0的个数为$n_0$，取到1的个数为$n_1$，取到2的个数为$n_2$，即$n_0+n_1+n_2=n$.

（1）求θ的矩估计量$\hat{\theta}_1$和最大似然估计量$\hat{\theta}_2$；

（2）求$\hat{\theta}_1$和$\hat{\theta}_2$的期望；

（3）求$\hat{\theta}_1$和$\hat{\theta}_2$的方差.

解

（1）由$\overline{X}=EX=0\cdot\dfrac{\theta}{4N}+1\cdot\dfrac{\theta}{2N}+2\cdot\dfrac{4N-3\theta}{4N}=\dfrac{2N-\theta}{N}$，解得$\theta$的矩估计量为

$$\hat{\theta}_1=N(2-\overline{X}).$$

又$\overline{X}=\dfrac{0\cdot n_0+1\cdot n_1+2\cdot n_2}{n}=\dfrac{n_1+2n_2}{n}$，代入得

$$\hat{\theta}_1=N(2-\overline{X})=N\left[2-\frac{1}{n}(n_1+2n_2)\right]=\frac{N}{n}(2n-n_1-2n_2)=\frac{N}{n}(2n_0+n_1).$$

似然函数为

$$L(\theta)=\left(\frac{\theta}{4N}\right)^{n_0}\left(\frac{\theta}{2N}\right)^{n_1}\left(\frac{4N-3\theta}{4N}\right)^{n_2},$$

两边取对数

$$\ln L=n_0(\ln\theta-\ln 4N)+n_1(\ln\theta-\ln 2N)+n_2[\ln(4N-3\theta)-\ln 4N],$$

令

$$\frac{\mathrm{d}\ln L}{\mathrm{d}\theta}=\frac{n_0}{\theta}+\frac{n_1}{\theta}-\frac{3n_2}{4N-3\theta}=0,$$

得 θ 的最大似然估计量为

$$\hat{\theta}_2=\frac{4N}{3n}(n_0+n_1).$$

(2) 由 $n_0\sim B\left(n,\frac{\theta}{4N}\right),n_1\sim B\left(n,\frac{\theta}{2N}\right),n_2\sim B\left(n,\frac{4N-3\theta}{4N}\right)$，得

$$E\hat{\theta}_1=E\left[\frac{N}{n}(2n_0+n_1)\right]=\frac{N}{n}(2En_0+En_1)=\frac{N}{n}\left(2n\frac{\theta}{4N}+n\frac{\theta}{2N}\right)=\theta,$$

$$E\hat{\theta}_2=E\left[\frac{4N}{3n}(n_0+n_1)\right]=\frac{4N}{3n}(En_0+En_1)=\frac{4N}{3n}\left(n\frac{\theta}{4N}+n\frac{\theta}{2N}\right)=\theta.$$

注意，$E\hat{\theta}_1$ 也可以这样求：$E\hat{\theta}_1=E[N(2-\overline{X})]=N(2-E\overline{X})=N(2-EX)=N\left(2-\frac{2N-\theta}{N}\right)=\theta.$

(3) $D\hat{\theta}_1=D[N(2-\overline{X})]=N^2D\overline{X}=N^2\cdot\frac{DX}{n},$

又 $EX=\frac{2N-\theta}{N},E(X^2)=0^2\times\frac{\theta}{4N}+1^2\times\frac{\theta}{2N}+2^2\times\frac{4N-3\theta}{4N}=\frac{8N-5\theta}{2N}$，所以

$$DX=E(X^2)-(EX)^2=\frac{8N-5\theta}{2N}-\left(\frac{2N-\theta}{N}\right)^2,$$

于是 $D\hat{\theta}_1=D[N(2-\overline{X})]=N^2D\overline{X}=N^2\cdot\frac{1}{n}\cdot\left[\frac{8N-5\theta}{2N}-\left(\frac{2N-\theta}{N}\right)^2\right].$

$$D\hat{\theta}_2=D\left[\frac{4N}{3n}(n_0+n_1)\right]=\left(\frac{4N}{3n}\right)^2D(n_0+n_1)=\left(\frac{4N}{3n}\right)^2D(n-n_2)$$

$$=\left(\frac{4N}{3n}\right)^2Dn_2=\left(\frac{4N}{3n}\right)^2\cdot n\cdot\frac{4N-3\theta}{4N}\cdot\frac{3\theta}{4N}=\frac{\theta}{3n}(4N-3\theta).$$

专题十一　切比雪夫不等式、中心极限定理

解题要点

设随机变量 X 的期望 $E(X)$、方差 $D(X)$ 都存在，则对任意 $\varepsilon>0$，有

$$P\{|X-E(X)|\geqslant\varepsilon\}\leqslant\frac{D(X)}{\varepsilon^2}\text{或 }P\{|X-E(X)|<\varepsilon\}\geqslant1-\frac{D(X)}{\varepsilon^2}.$$

上述不等式表明，无论 X 的分布如何，只要 $E(X)$，$D(X)$ 存在，即可估计事件 $\{|X-E(X)|<\varepsilon\}$（或 $\{|X-E(X)|\geqslant\varepsilon\}$）的概率，可以估计 X 的取值落在以 $E(X)$ 为中心、以任意 $\varepsilon(\varepsilon>0)$ 为半径的邻域内的概率，亦可估计事件 $\{|X-E(X)|<\varepsilon\}=\{E(X)-\varepsilon<X<E(X)+\varepsilon\}$（或其对立事件）的概率.

证明　不失一般性，设 X 为连续型随机变量，概率密度为 $f(x)$，则对任意 $\varepsilon>0$ 有

$$\begin{aligned}P\{|X-E(X)|\geqslant\varepsilon\}&=\int_{|X-E(X)|\geqslant\varepsilon}f(x)\mathrm{d}x\\&\leqslant\int_{|X-E(X)|\geqslant\varepsilon}\frac{[x-E(X)]^2}{\varepsilon^2}f(x)\mathrm{d}x\\&\leqslant\frac{1}{\varepsilon^2}\int_{-\infty}^{+\infty}[x-E(X)]^2f(x)\mathrm{d}x=\frac{D(X)}{\varepsilon^2}.\end{aligned}$$

1. 设 $X_1,X_2,\cdots,X_n$ 是来自总体 $X\sim N(\mu,\sigma^2)$ 的简单随机样本，记 $\overline{X}=\frac{1}{n}\sum\limits_{i=1}^{n}X_i$，$S^2=\frac{1}{n-1}\sum\limits_{i=1}^{n}(X_i-\overline{X})^2$，则根据切比雪夫不等式，有 $P\{0<S^2<2\sigma^2\}\geqslant$________.

解

$E(S^2)=\sigma^2$，$D(S^2)=\frac{2\sigma^4}{n-1}$$\left(\text{因}\frac{(n-1)S^2}{\sigma^2}\sim\chi^2(n-1)\text{，故 }D\left[\frac{(n-1)S^2}{\sigma^2}\right]=2(n-1)\text{，从而 }D(S^2)=\frac{2\sigma^4}{n-1}\right)$，于是

$$P\{0<S^2<2\sigma^2\}=P\{-\sigma^2<S^2-\sigma^2<\sigma^2\}=P\{|S^2-\sigma^2|<\sigma^2\}\geqslant1-\frac{D(S^2)}{\sigma^4}=\frac{n-3}{n-1}.$$

2. 设 $X_1,X_2,\cdots,X_n$ 是来自总体 $X\sim\begin{pmatrix}0 & 1 & 2 & 3\\ \frac{1}{16} & \frac{3}{8} & \frac{1}{16} & \frac{1}{2}\end{pmatrix}$ 的简单随机样本,当 n 充分大时,取值为 2 的样本个数 K 满足 $\lim\limits_{n\to\infty}P\left\{\frac{K-a}{b}\leqslant x\right\}=\Phi(x)$,其中 $\Phi(x)$ 为标准正态的分布函数,则 a,b 分别是________.

(A) $\frac{1}{16},\frac{\sqrt{15}}{16}$　　(B) $\frac{n}{16},\frac{\sqrt{15n}}{16}$　　(C) $\frac{1}{16},\frac{\sqrt{15n}}{16}$　　(D) $\frac{n}{16},\frac{\sqrt{15}}{16}$

解

本题中,若认为取到 2 视为成功,则不难看出在 n 次取值中取到 2 的个数 K 服从二项分布,即 $K\sim B\left(n,\frac{1}{16}\right)$,则当 n 充分大时,有 $K\sim N\left(\frac{n}{16},\frac{15n}{16^2}\right)$,进而 $\frac{K-\frac{n}{16}}{\frac{\sqrt{15n}}{16}}\sim N(0,1)$. $a=\frac{n}{16}$, $b=\frac{\sqrt{15n}}{16}$,选(B).